그림으로 읽는
서양과학사

그림으로 읽는 서양과학사

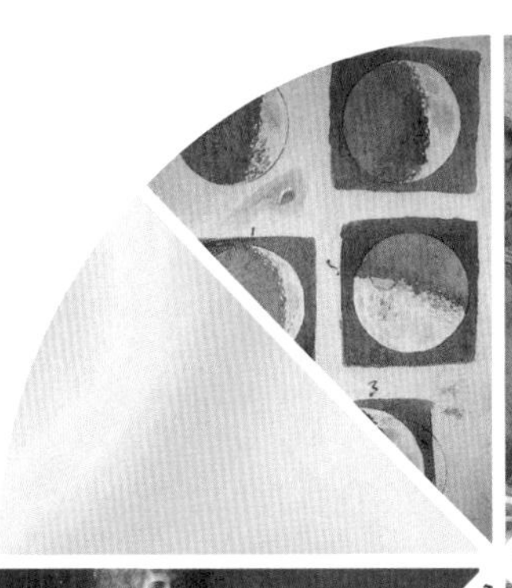

김성근 지음

플루토

개정판 서문

지난 10년간 과학사 분야를 둘러싼 환경은 많이 변화했다. 내가 이 책의 초판을 출간했을 때만 해도 시중에 과학사 개론서들은 그다지 많지 않았다. 그러나 이제 서점에서 과학사 관련 책들을 찾는 것은 더 이상 어려운 일이 아니다. 나아가 과학 각 분야의 연구서도 많이 등장했다. 지금은 물리학의 역사를 다룬 개론서나 천문학을 일반인의 시각으로 다룬 책들을 쉽게 찾아볼 수 있다. 아울러 영상 매체를 중심으로 과학사 관련 지식의 확산도 눈부시게 일어나고 있다.

과학사를 둘러싼 이 같은 환경의 변화, 그리고 대학에서의 강의와 연구 경험을 통해 나는 지난 몇 년간 책의 여러 부분을 더 깊이 있게 다듬고, 미진했던 부분을 보완하여 좀 더 완성된 서양과학사를 선보이고 싶다는 생각을 가져왔다. 나는 시간이 날 때마다 틈틈이 메모하며 새로운 내용을 추가로 써놓았고, 수업 중 학생들과 대화하며 과학사를 흥미진진하게 전달할 수 있는 힌트를 얻기도 했다. 그러나 이미 출간된 책의 개정판을 내는 일이 말처럼 쉬운 것은 아니었다. 지난 몇 년간 바쁘다는 핑계로 이 일을 차일피일 미루다가 이제야 용기를 내게 되었다.

이 책의 주된 관심은 서양과학은 어디에서 출발했고, 사회와 어떤 관계를 맺으며 성장해왔는가이다. 그러한 중심 주제를 드러내기 위해 나는 서양과학의 초기 모습은 어땠으며, 16~17세기 근대 과학혁명을 거치며 어떻게 변모했는가, 아울러 기존에 이론적 지식에 머물러 있던 과학이 기술과 결합함으로써 어떻게 '과학기술'이라는 근대 서양 문명의 막강한 지적 체계로 재탄생했고, 마침내 19세기 이후 동아시아 및 세계를 장악하게 되었는가를 물었다. 그러나 이러한 문제의식과 더불어 나는 과학을 둘러싼 외적 환경과 과학자들의 삶과 다툼, 실패한 과학 이론 등에도 공평하게 초점을 맞추었다.

사람들은 흔히 과학이 다른 학문들보다 우월한 지적 체계라고 믿는 경향이 있다. 오늘날 과학이 자연과학뿐만 아니라 사회과학, 인문과학 등 자연과학과는 무관할 것 같은 분야의 학문들과 결합한 것만 보더라도, 근대 이후의 학문에 과학이 미친 영향력을 가늠해볼 수 있을 것이다. 우리 삶을 지배하는 최첨단 과학도구를 매일 경험하면서 과학의 압도적 능력을 어떻게 모른 체할 수 있을까?

그러나 과학에 대한 이 같은 강한 확신이야말로 우리가 과학의 역사를 공부해야 하는 이유인지도 모른다. 과학사를 통해 들여다본 과학은 다른 학문 분야와 마찬가지로 많은 실수와 오해가 결합한 산물임을 보여주기 때문이다.

과학혁명기의 대표적 과학자인 갈릴레이는 경제적 후원자를 찾기 위해 혼신을 다한 구직 이력서를 써야 했다. 케플러는 천재적 수학 능력에도 불구하고 평생 경제적 궁핍과 불안정한 삶을 살았으며,

유명한 행성 운동의 세 가지 법칙을 발견하기 전에는 《우주의 신비 Mysterium Cosmographicum》에서 과학과 먼 신비주의적 우주론을 펼쳤다. 17세기 영국 일류 과학자들의 단체였던 왕립학회는 병든 사람에게 양의 피를 수혈하면 병이 나을 수 있다는 믿음을 가지고 공개적으로 실험했다. 최고의 근대 과학자로 인정받는 뉴턴은 한편으로는 최후의 연금술사라고 불릴 정도로 신비주의적 색채를 지닌 인물이었다. 과학사 연구자들은 중력에 대한 뉴턴의 생각이 연금술사들의 신비한 원격 작용력과 결코 무관하지 않았다는 사실을 밝히고 있다.

이처럼 오늘날 많은 사람이 객관적이고 한 치의 오차도 허용하지 않을 것이라고 여기는 과학은 결국 실수투성이 사람이 만든 역사임이 판명되고 있다. 과학은 겉으로는 냉혈동물처럼 차가워 보이지만, 피부 아래에는 따뜻한 피가 흐르고 있다.

우리가 과학사를 공부하는 이유는 천재적 과학자들의 노력과 영광을 재음미하려는 것만이 아니다. 과학은 본래 실수와 시행착오를 피할 수 없는 학문 활동이라는 것, 또한 과학자들의 엉뚱한 발상과 실패조차 향후 그들을 최고로 만든 천재적 발견으로부터 완벽히 잘라내는 것이 불가능함을 이해하려는 것이다.

개정판을 준비하면서 초판에 있었던 몇 개의 장을 없애고, 모든 내용을 시간 순서대로 배치해 독립된 서른두 개의 장으로 나누었다.

흥미로운 그림과 삽화들을 새롭게 추가하기도 했다. 과학혁명을 더 깊이 이해할 수 있도록 튀코 브라헤와 요하네스 케플러에 대한 내용을 하나로 독립시켰고, 과학과 기술의 만남이라는 19세기적 현상에 관해 새로운 장을 집필했다. 결과적으로 대폭적인 개정이 불가피했고, 책의 특징에 맞게 제목도 새롭게 붙이게 되었다.

나는《그림으로 읽는 서양과학사》개정판을 통해 서양과학사에 대한 좀 더 체계적인 이해가 가능해지길 기대한다. 그러나 의욕과는 달리, 과학사라는 장대한 인간의 지적 탐험을 추적하는 일에 이 책이 얼마나 성공적이었는가를 판단하는 것은 여전히 조심스럽다. 간혹 미진한 부분이 있더라도 독자 여러분의 넓은 이해와 아량을 구할 뿐이다.

끝으로 첫 만남 이후, 이 책의 개정판 작업을 끊임없이 독려해 주신 플루토의 박남주 대표님, 그리고 거친 원고를 가다듬어 멋진 책으로 편집해주신 박지연 편집장님에게 특별한 감사의 말씀을 드리고 싶다.

2022년 초봄 김성근

초판 서문

2006년 도쿄의 한 대학에서 '자연과학의 성립과 발전'이라는 과목을 강의한 적이 있다. 학생들의 눈에 졸음이 채 가시지 않은 첫 수업이기도 했지만, 무엇보다도 과학사라는 어려운 과목을 어떻게 흥미롭게 전달할 것인가가 최대의 고민거리였다. 첫 학기 수업은 쏟아부은 열정만큼이나 빠르게 흘러갔다. 그러나 첫 학기의 경험을 가지고 과학사의 세세한 부분까지도 전달하려고 했던 두 번째 학기 수업은 곧 높은 벽에 부딪쳤다. 학생들에게 강의 내용을 쉽게 전달하지 못했던 것이다. 학생들을 다시 강의에 집중시킬 수 있었던 것은 흥미로운 삽화와 DVD 등 각종 시각적인 자료 덕분이었다. 과학의 역사에서 큰 발자취를 남긴 과학자들은 이론적 이해를 돕기 위해 자신의 저서에 흥미로운 삽화들을 추가하는 경우가 많았다. 그 삽화들은 독자가 복잡한 과학 이론을 이해하는 데 좋은 효과를 발휘하곤 했다. 이 책은 이렇게 그려진 삽화에 더하여 지난 2년간 내가 영국과 미국에서 연구생활을 하며 틈틈이 수집한 자료들을 바탕으로 쓰였다.

이 책의 목적은 '과학이란 무엇인가?'라는 질문에 답하려는 것이 아니다. 과학을 '인간과 자연 사이의 지적 대화'라는 넓은 의미로 규정한다면, 인간이 자연을 어떻게 이해하고 그것을 어떠한 방식으로 체계화시켜왔는지를 보여주는 것이 목적이다.

오늘날 과학은 기술과 떼려야 뗄 수 없는 관계가 되었다. 역사상 오랫동안 거리를 유지한 채 발전해왔던 과학과 기술은 19세기 들어 본격적인 융합을 시작했고, 마침내 과학기술이라는 하나의 거대한 지적 체계로 성장한 것이다. 19세기 이후의 세계가 정치적·경제적 패러다임 속에서 과학을 제도화시켰다면, 지금의 세계는 이 과학기술에 기반한 첨단산업화를 중심으로 정치와 경제가 재편되는 과정 속에 있다고 해도 과언이 아니다.

이처럼 오늘날 인간의 삶에 지대한 영향을 주고 있는 과학이라는 괴물은 대체 어디에서 나온 것일까? 또 우리는 과학을 어떻게 이해해야 할까?

탈레스기원전 640~546를 비롯한 밀레투스의 자연철학자들이 최초로 자연현상에 대해 합리적 질문을 던진 이후, 자연에 관한 그들의 관심은 아테네의 자연철학자들에게로 이어졌다. 플라톤기원전 428~347과 아리스토텔레스기원전 384~322를 중심으로 다수의 자연철학자가 각자의 시각으로 자연을 사고했음은 잘 알려진 사실이다. 그리스 과학은 정치적·군사적 힘인 알렉산더대왕의 동진을 따라 지중해 저편으로 확대되었고, 헬레니즘 과학이라는 약 300년에 걸친 고대 학문의 황금기를 불러왔다. 그러나 지중해는 곧 강력한 군사력으로 무장한 로마의 수중에 떨어졌다. 기술과 건축공학에 대한 깊은 관심과는 달리 자연에 관한 철학적 이해는 로마인들의 흥미를 끌지 못했다. 더구나 380년 무렵 기독교가 로마의 국교로 채택되면서 상황은 더욱더 악화되기 시작했다.

중세 로마인의 과학은 사실상 기독교 수도사들의 활동을 무시하고는 언급하기가 힘들다. 위로부터는 게르만족의 남하, 밑으로부터는 이슬람교도의 팽창으로 위협받던 로마인들은 내륙 깊숙이 수도원을 건립하고 독특한 기독교 공동체를 건설했다. 중세 시대 로마의 과학은 수도원들의 도서관에서 그리스 과학 서적에 대한 주석서의 형식으로 간신히 그 명맥을 유지한다. 스콜라 학문이라는 독특한 지적 체계는 중세의 신학자들이 아리스토텔레스를 비롯한 그리스 고전 과학과 타협한 산물로부터 발전했고, 중세 대학의 지적 저변으로 자리 잡았다.

중세와 근대를 잇는 다리에는 르네상스라는 문화 운동이 있었다. 스위스의 역사가 야코프 부르크하르트Jacob Burckhardt, 1818~1897가 강조했듯이 르네상스는 이탈리아를 중심으로 시작된 그리스 학문과 예술의 재생 운동이었고, 근대 유럽의 학문을 꽃피우는 데 결정적인 역할을 했다.

근대 과학의 시작과 끝을 알리는 사건으로 역사가들은 두 권의 혁명적 저작을 든다. 1543년에 출간된 니콜라우스 코페르니쿠스1473~1543의 《천구의 회전에 관하여De revolutionibus orbium coelestium》가 그 시작이라면, 1687년에 출간된 아이작 뉴턴1642~1727의 《자연철학의 수학적 원리Philosophiae naturalis principia mathematica》가 그 끝을 장식했다. 《근대 과학의 기원The origins of modern science: 1300~1800》을 쓴 영국의 역사가 허버트 버터필드1900~1979는 이 시기의 사건들을 '과학혁명Scientific Revolution'이라 규정하고, "이 과학혁명과 비교해볼 때 르네상스나 종교개혁도 중세 기독교 세계에 있어서의 삽화적 사건이거나 내부의 교체극에 지나지 않는다"고 지적했다. 버터필드가 150년간에 걸친 이 같은 질주가 근대 과학의 기틀을 마련했다고 지적한 것처럼 실제로 과학혁명 시기에는 기존의 과학적 사유를 뒤바꾼 다양한 현상을 볼 수 있다. 튀코 브라헤1546~1601, 갈릴레오 갈릴레이1564~1642, 요하네스 케플러1571~1630와 같은 천문학자들은 우리가 사는 태양계를 새롭게 기술했고, 윌리엄 하비1578~1657는 혈액순환에 대한 새로운 사실들을 발견했으며, 로버트 훅1635~1703은 당시까지 알려지지 않았던 미시 세계를 탐험했다.

이 같은 새로운 자연철학의 등장을, 당시 활기를 띠며 제작되기 시작한 과학도구를 고려하지 않고 논하는 것은 불가능할지도 모른다. 중세 이후 기술적 성장을 거듭해온 수공업자들은 망원경, 현미경, 온도계, 공기펌프 등의 새로운 과학도구를 제작함으로써 시대적 요구에 동참했다. 이와 더불어 과학자들은 새롭게 다가간 자연을 수학이라는 언어로 기록하기 시작했다.

17세기를 '과학혁명'의 시대라고 정의한다면, 18세기는 과학이 대중 속으로 걸어 들어간 시대라고 말할 수 있다. 잘 다듬어진 과학실험은 한 편의 연극처럼 공연되었고, 극적인 흥미를 유발시키는 데 성공한 과학실험은 대중의 열광적인 찬사와 지지를 얻어냈다. 과학이 자연에 깊이 개입할수록 신은 점점 사람들의 관심 밖으로 밀려나고 있었다.

그러나 과학의 급속한 대중화에도 불구하고, 과학은 여전히 자연계에 대한 유희의 수단이라는 성격에서 벗어나지 못했다. 과학이 이른바 무소불위의 힘을 얻기 시작한 것은 19세기에 이르러 기술과 급속한 동맹을 체결하면서부터다. 오늘날 동아시아에서 보편적으로 쓰고 있는 '과학'과 '기술'의 합성어, 즉 '과학기술'은 19세기 이후 동아시아에 전해진 서양의 과학이 어떠한 성격을 가지고 있었는지 단적으로 보여준다.

서양 제국이 19세기의 동아시아에 거침없이 진군할 수 있었던 이유는 대포와 증기 군함을 앞세운 군사적 힘 때문이었다. 하지만 군사적 폭력의 이면에는 과학기술이라는 더욱 거대한 힘이 존재했다. 19세기 이후 동아시아가 맞이한 가혹한 시련이 과학기술의 부재에 있었음은 피할 수 없는 역사의 한 단면이다.

19세기 이후 동아시아는 서양 과학기술을 수용하기 위해 경쟁적으로 노력해왔다. 근대화는 사실상 서양화를 의미했고, 서양의 정신적 가치와 더불어 과학기술 문명의 수용을 통해 성취할 수 있다는 강한 공감대가 형성되었다. 20세기를 넘어 21세기에 진입한 현재에도 이런 노력은 계속되고 있다.

그러나 과학기술은 진정 인류에게 행복만을 가져다주었을까? 누구라도 이 질문에 아무런 망설임 없이 답하기는 쉽지 않을 것이다. 화학의 발달은 제1차 세계대전에 첫선을 보인 독가스의 양산 기술로 이어졌고, 물리학의 발달은 제2차 세계대전을 장식한 핵폭탄의 개발을 불러왔다. 현대 과학은 일찍이 인류가 경험하지 못했던 인간이 인간에게 저지른 대량 말살과 만나 치명적인 위험을 드러냈다. 이 같은 '과학의 외도'가 결코 일회성이나 우연이 아니라는 점은 더욱 심각하다. 전후의 우주개발이 미국과 구舊소련을 중심으로 한 우주 전쟁 시나리오와 연관되어 있었음을 누가 부인할 수 있을까?

과학의 도덕적 결함을 지적하는 것만으로 문제의 근원이 소멸되지는 않는다. 과학을 승자만의 전유물로 보는 한 과학의 도덕적 결함 또한 인류가 껴안고 갈 수밖에 없는 필요악이 될 것이기 때문이다. 20세기 과학의 폭주를 경험한 역사가들은 과학의 지난 발자취에 대해 새로운 시각으로 바라보아야 한다. 근대 이후 서유럽을 중심으로 발달한 과학을 제3세계의 모든 과학까지 아우르는 '보편적 과학'으로 보는 시각은 지금 새로운 도전에 직면해 있다.

'중세암흑설'은 오랫동안 과학의 역사를 서유럽 중심의 이미지로 구축하는 데 매우 효과적이었다. 르네상스 시대 이후 서구의 근대 과학에 절대적인 가치를 투영함으로써 1000년간의 중세를 모든 학문과 열정이 정체된 암흑시대로 치부하는 중세암흑설은 최근 들어 성급한 오류였다는 것이 판명되고 있다. 기독교 신학자들이 이끈 중세 과학은 분명 예전과 같이 번창하지 못했다. 중세 과학을 실질적으로 이끈 세력은 다름 아닌 유럽의 변방에 있던 이슬람 세력이었다. 최근 연구들은 이슬람교도들 덕분에 그리스의 고전 과학이 중세 말기 서구 라틴 세계로 전해졌다는 사실을 알려준다.

그러나 이슬람 과학을 단순히 그리스 고전 과학과 서유럽의 근대 과학을 이어준 다리로 한정하는 것은 오히려 불합리한 일인지도 모른다. 이 책에서 다루고 있듯이 이슬람교도들은 과학에 관한 독창적 발견에도 헌신적인 기여를 했기 때문이다. 나아가 이 책에서는 구체적으로 다룰 기회가 없지만, 자연을 보는 관점에서 근대의 서구인과 전혀 달랐던 동아시아인의 사유도 결코 과소평가할 수 없다. 기계적 혹은 원자론적 자연의 이해가 근대 서구 과학의 지적 중심을 이루었다면, 동아시아인은 '기氣학적 자연 이해'에 기반한 경험적인 자연 지식을 축적해왔다.

중국이라는 비교적 고정된 축을 중심으로 발달한 동아시아 과학과는 달리 서구의 과학은 끊임없는 중심 이동의 역사였다. 고대 과학의 중심지는 이집트에서 그리스·로마로, 중세 과학은 이슬람으로, 근대 과학은 서유럽으로 이동했다. 그리고 서유럽의 근대 과학은 19세기 이후 동아시아에 전면적으로 이식되었다. 이 같은 서구 근대 과학의 세계적 확산이 그것이 지닌 보편성의 산물인지, 아니면 특수한 사회적 조건의 산물인지는 여전히 논의되어야 할 사항이다. 그런 점에서 과학의 지난 발자취를 되돌아보는 것은 과학의 현재는 물론 미래를 조감하는 데도 중요한 계기가 될 것임을 믿어 의심치 않는다.

2009년 여름 캘리포니아 버클리에서

김성근

아카데메이아 입구에는
다음과 같은 그리스어 경구가
쓰여 있었다고 한다.

기하학을 모르는 자는 들어오지 말라

〈아테네 학당〉에는 많은 그리스 자연철학자가 등장한다. 플라톤[A], 아리스토텔레스[B], 소크라테스[C], 제논[D], 에피쿠로스[E], 피타고라스[F], 파르메니데스[G], 헤라클레이토스[H], 에우클레이데스[I], 프톨레마이오스[J], 조로아스터[K], 라파엘로[L] 자신이다. 라파엘로, 16세기 초, 프레스코화, 바티칸미술관.

1

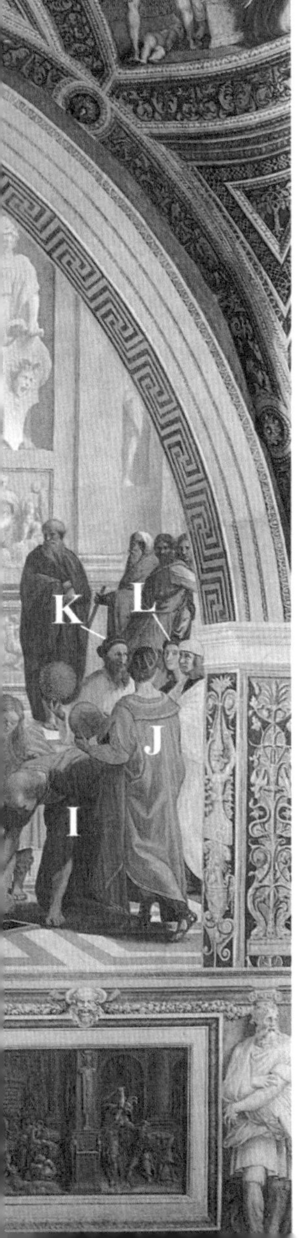

최초의 과학자, 고대 그리스의 자연철학자들

왼쪽 그림은 바티칸미술관의 한 벽면을 장식하고 있는 〈아테네 학당〉이다. 1509~1511년경 르네상스 시대의 화가 라파엘로1483~1520 작품으로, 그림 속에는 쉰네 명에 이르는 고대 그리스·로마의 사상가들과 르네상스의 고전 예술을 탄생시킨 천재적 화가 라파엘로가 등장한다.

바티칸은 복음의 중심지이다. 이 벽화를 그리던 16세기 당시 바티칸도 오늘날과 같은 기독교의 총본산이었다. 그러나 역설적이게도 벽화 속 등장인물 대부분은 기독교도가 아니었다. 로마가 지중해의 패권을 잡기 전까지 기독교는 이스라엘의 작은 민족 종교에 불과했고, 그림 속 주인공들은 기독교와는 전혀 다른 방식으로 세계를 해석했다. 그렇다면 기독교도가 아니었던 그리스 자연철학자들이 시대를 초월하여 기독교의 심장부인 바티칸에 초대된 이유는 무엇이었을까?

여기에는 당시 바티칸이 성서와 다르게 세계를 해석했던 그리스 자연철학자들에게 타협과 화해의 손길을 건넴으로써 기독교의 포용력을 과시하고 실추된 신앙의 권위를 회복하려는 숨은 의도가 있었다.

그림의 중앙을 장식한 세 사람, 소크라테스, 플라톤, 아리스토텔레스는 사제 관계로 엮여 있었다. 아테네에서 태어난 소크라테스기원전 470~399는 도시의 구석구석을 돌아다니며 사람들과 논쟁을 즐겼다. 그러나 온갖 현란한 말재주를 앞세워 진리를 상대주의 속에 빠뜨린 당대의 소피스트들에게 보편적 진리에 대한 강한 확신과 자신들의 무지를 폭로한 소크라테스는 위협적인 존재였다. 아테네의 희극작가 아리스토파네스기원전 448?~380?는 희극 《구름Nephelai》에서 소크라테스의 언행을 뜬구름에 비유하며 신랄하게 조롱하기까지 했다.

소크라테스가 독배를 마시고 죽었을 때 그의 문인이자 제자였던 플라톤은 서른 살을 갓 넘긴 청년이었다. 기원전 388년 이탈리아를 여행하고 돌아온 그는 아테네 근교에 아카데메이아Academeia라는 학교를 세웠다. 아카데메이아는 아테네의 지성들이 모두 모인 철학적 커뮤니티로 성장했다. 플라톤은 불변의 세계, 즉 '이데아'라는 초월적 진리의 세계를 논했다.

자신의 저서 《국가Politeia》에서 언급한 '동굴의 비유'는 이데아를 생생하게 전한다. 컴컴한 동굴 속에 쇠사슬에 묶인 죄수들이 입구를

플라톤은 자신의 저서 《티마이오스Timaios》를, 아리스토텔레스는 《에티카Ethica》를 손에 들고 있다. 그들의 손가락은 각각 자신들이 지향하는 대상인 이상 세계와 현실 세계로 향하고 있다. 〈아테네 학당〉 부분.

등진 채 서 있다. 죄수들은 가끔 동굴 벽면에 비친 그림자만 아주 잠깐 볼 수 있을 뿐이다. 그림자는 죄수들 뒤에 선 사람들의 움직임이 동굴 내부 벽면에 반사된 것이다. 이데아라는 진리 세계의 그림자이다. 그때 쇠사슬을 벗은 죄수 한 명이 동굴 밖으로 나가 바깥 세계를 본다. 그는 다시 동굴 속으로 돌아와 쇠사슬에 묶인 죄수들에게 바깥 세계의 진실을 전한다. 그러나 죄수들은 그의 말을 믿지 않을 뿐만 아니라 오히려 무시하고 조롱하기까지 한다. 동굴 밖의 세계를 본 죄수는 현자賢子를 의미하고, 동굴 속의 죄수들은 무지한 군중을 의미한다.

그렇다면 플라톤이 말하는 이데아를 우리는 어떻게 알 수 있을까? 플라톤은 수학이 그 매개가 될 것이라고 보았다. 학창 시절로 잠시 돌아가 생각해보자. 수학 선생님이 분필을 들어 칠판 위에 정삼각형을 그린다. 이것은 진짜 정삼각형일까? 정삼각형은 세 변의 길이가 같거나 세 각의 크기가 60도로 동일한 삼각형으로 정의한다. 그러나 어느 누구도 이 같은 정의를 '완전히' 만족시키는 정삼각형을 칠판 위에 그릴 수 없다. 그럼에도 불구하고 우리가 그것을 정삼각형으로 받아들인 이유는 무엇일까? 비록 분필로 그린 정삼각형이 부정확하다고 해도 우리는 정삼각형이 무엇인지 이미 수학적으로 알고 있기 때문이다. '완전한' 정삼각형은 손으로 그릴 수 있는 것이 아니라 마음의 눈으로 깨닫고 이해하는 것이고, 수학을 통해 가장 잘 구현될 수 있다는 것이다.

아카데메이아 입구에는 다음과 같은 그리스어 경구가 쓰여 있었다고 한다.

"기하학을 모르는 자는 들어오지 말라ageometretos medeis eisito."

플라톤은 기하학이 지닌 놀라운 정합성이 이데아라는 진리 세계를 보여줄 등불이라고 보았던 것이다.

그리스 북부의 마케도니아에서 태어난 아리스토텔레스는 열일곱 살 무렵 아테네로 나와 곧바로 아카데메이아에 입학했다. 14세기 이탈리아의 시인 단테1265~1321가 자신의 저서 《향연Il Convito》에서 아리스토텔레스를 '인간 이성의 거장il Maestro della umana ragione[•]'이라고 표현했을 만큼 그는 그리스 이후의 유럽인들에게 절대적 지성의 상징이었다.

• 단테, 《향연》, Firenze: Successor Le Monnier, 1875년, 413쪽.

폼페이에서 발견된 모자이크화. 지구의를 가리키고 있는 사람이 플라톤이다. 플라톤을 중심으로 시계 방향으로 테오프라스토스기원전 372?~287?, 소크라테스, 에피쿠로스, 피타고라스, 아리스토텔레스, 제논이다. 작자 미상, 기원전 1세기.

그러나 기원전 347년 플라톤이 죽은 후 아리스토텔레스는 곧 아테네를 떠났다. 알렉산더대왕의 가정교사로 지내던 그가 아테네로 돌아온 것은 기원전 335년이었다. 그는 아카데메이아를 이어받는 대신에 리케이온Lykeion이라는 새로운 학교를 설립했다. 리케이온은 아카데메이아와는 전혀 다른 성격을 띠었다. 아카데메이아가 수학적 문제에 치중한 반면 리케이온은 생물학적 관심을 새롭게 끌어들였다. 초월세계보다는 변화와 다양성으로 가득 찬 현실 세계에 주목했던 아리스토텔레스의 지적 취향을 반영한 것이기도 했다. 현재 남아 있는 아리스토텔레스의 저서는 대부분 리케이온에서 강의한 노트이다.

새로운 자연철학자들도 원대한 꿈을 찾아 아테네로 들어왔다. 사모스섬에서 태어난 에피쿠로스기원전 341~270가 아테네에 도착한 것은 기원전 307년이었다. 그는 아카데메이아의 입구 근처에 집과 땅을 구입하여 자신의 철학을 설파하는 학교를 열었다. 그 무렵 키프로스의 제논기원전 335~263도 아테네에 도착했다. 제논은 약 10년간 아카데메이아를 포함한 아테네의 학교에서 공부한 후 기원전 300년 무렵 아고라 근처에서 자신의 철학을 직접 가르치기 시작했다. 스토아학파의 창시자로서 그는 훗날 큰 명성을 얻는다.

그 밖에도 우리는 그림 〈아테네 학당〉에서 독특한 시선으로 세계를 바라본 자연철학자들을 만날 수 있다. 고대 그리스의 에페수스에서 태어난 헤라클레이토스기원전 540?~480?는 흔히 변화의 철학을 설파한 인물로 알려져 있다. "만물은 유전流轉한다" 혹은 "같은 강물에 발을 두 번 담글 수는 없다"는 말로 유명한 그의 철학은 세계에 영원한 것은 없으며, 모든 것은 끊임없이 변화한다고 말했다. 변화의 철학과 정반

계단에 앉아 사색에 잠겨 있는 헤라클레이토스와 그 옆에 고개를 돌린 채 서 있는 파르메니데스. 〈아테네 학당〉 부분.

대편에 선 인물은 엘레아학파의 파르메니데스기원전 6~5세기였다. 그는 모든 것을 감각이 아니라 이성의 눈으로 보길 원했다. "있는 것은 있고, 없는 것은 없다"는 말로 알려진 파르메니데스의 유명한 이론은 물질의 변화와 이동조차 불가능하다는 생각을 이끌어냈다. 물질이 이동한다는 것은 아무것도 점유하지 않은 빈 공간, 즉 '아무것도 없는 곳'으로 이동함을 뜻하는데, 아무것도 없는 곳이 '있는 것'은 불가능하다는 이론이다. 헤라클레이토스와 파르메니데스에게서 시작된 변화와 불변을 둘러싼 대립은 이후의 그리스 철학자들에게 중요한 과제를 남겨주었다.

그리스 수학 최고의 천재이자 수 이론의 창시자인 피타고라스기원전 572~497의 우주는 '수학적 질서'로 가득 찬 것이었다. 그는 수에도 두께가 있으며, 정의는 4, 결혼은 5를 뜻하듯이 사물과 숫자 사이에 대

큰 책에 뭔가를 열심히 적고 있는 피타고라스. 뒤편에서는 그리스 자연철학자 아낙시만드로스 기원전 610~546?(앉은 이)와 터번을 두른 이슬람 철학자 이븐 루시드 1126~1198, 일명 아베로에스가 그를 훔쳐보고 있다. 〈아테네 학당〉 부분.

컴퍼스로 뭔가를 측정하고 있는 에우클레이데스. 〈아테네 학당〉 부분.

응 관계가 있다고 보았다. 그는 악기의 현이 자아내는 화음을 듣고 자연의 수학적 법칙성을 연구했다. 팽팽한 하나의 현을 튕길 때 울리는 소리는 현을 정확히 2등분, 3등분, 4등분할 때 울리는 소리와 조화를 이룬다. 조금이라도 등분이 어긋나면 인간의 청각은 조화를 느끼지 못한다.

현악기의 울림이 수학적 규칙성에 따라 지배되고 있듯이 우주의 운동도 수학적인 관계로 이루어진다. 탈레스, 아낙시메네스기원전 6세기경, 엠페도클레스기원전 490~430 등 초기 그리스의 자연철학자들이 물이나 불, 공기, 흙과 같은 '물질'을 '아르케arche', 즉 세상의 근원이자 근본원리로 생각할 때 피타고라스가 제기한 '숫자'는 매우 파격적이었다. 우주에 관한 그리스인들의 사고를 '추상의 세계'로 이끌었을 뿐만 아니라 훗날 서양 근대 과학의 탄생에 없어서는 안 됐던 수학적 세계관의 시작을 알렸기 때문이다.

피타고라스의 수학은 기원전 300년경 알렉산드리아에 살던 에우클레이데스기원전 300년경, 일명 유클리드에게 이어졌다. 그가 쓴 《기하학 원론The Elements》은 지금까지 성서 다음으로 많이 번역되고 팔린 책이다. 수학의 역사에서 《기하학 원론》은 법전과도 같다.

에우클레이데스가 살던 알렉산드리아에서는 또 한 명의 유명한 천문학자가 활동했다. 바로 클라우디오스 프톨레마이오스2세기 중엽이다. 그가 집대성한 지구중심설(천동설)은 16세기에 코페르니쿠스가 등장하기 전까지 사실상 전 유럽의 천문학을 지배했다.

이처럼 그리스의 자연철학자들은 다양한 시각과 관점으로 세계와 소통했다. 중세의 기독교 세계가 그 풍요로운 지적 전통을 계승하

등을 보이고 있는 사람은 지구중심설의 대표자 프톨레마이오스이다. 수염을 기른 사람은 철학자 니체가 '자라투스트라'라고 부른 조로아스터이다. 그들은 손에 각각 지구 및 천구 모형을 들고 있다. 오른쪽에서 우리를 응시하고 있는 사람은 이 그림을 그린 라파엘로 자신이다. 〈아테네 학당〉 부분.

지 못했다 할지라도, 르네상스 시대를 거치며 일어난 그리스 문화의 대대적인 재생 운동은 근대 과학의 형성에 지대한 공헌을 했다.

1698년 프랑스의 화가 세바스티앵 르클레르Sébastien Leclerc, 1637~1714는 자신의 그림 가득히 과학자들을 등장시켰다. 〈아테네 학당〉에서 영감을 얻은 〈과학 아카데미와 미술 아카데미L'Académie des Sciences et des Beaux-Arts〉는 라파엘로가 작업한 지 약 200년 후 '과학'과 '과학자'들이 사회의 전면으로 부상하기 시작했음을 알려준다.

세바스티앵 르클레르, 〈과학 아카데미와 미술 아카데미〉, 1698년, 프랑스국립도서관.

2

중세 유럽 1000년을 지배한 아리스토텔레스의 운동

만유인력을 발견한 뉴턴이 트리니티칼리지에서 학업 중이던 1665년, 런던에서 발생한 페스트는 케임브리지에까지 영향을 미쳤다. 대학은 문을 닫고 페스트를 두려워한 학생들은 대부분 고향으로 피신했다. 뉴턴도 영국 링컨셔주의 울즈소프 고향 집으로 돌아갈 수밖에 없었다. 그가 고향에서 18개월을 보내며 중력과 빛의 이론에 대해 사색하는 동안, 사과나무에서 사과가 떨어지는 것을 보고 만유인력을 발견했다는 이야기는 과학 역사상 가장 유명한 일화 중 하나다.

오늘날 이 일화를 그대로 받아들이는 과학사 연구자들은 찾아보기 힘들지만, 그는 질량을 가진 두 물체 사이에서 끌어당기는 힘을 수학적인 법칙으로 정리함으로써 천체운동에 관한 17세기 자연철학자들의 혼란을 깨끗하게 정리했다. 그러나 뉴턴에게 영감을 불러일으켰다고 하는 질문(사과는 왜 떨어질까)을 고대 그리스 최고의 자연철학자 아리스토텔레스에게 던진다면, 과연 어떤 답이 돌아올까? 그는 아마 이렇게 답했을 것이다.

“사과를 이루는 흙과 물의 성분이 그들의 고향으로 돌아가고 있다.”

물체의 낙하운동은 시간과 장소를 불문하고 지구상 어디에서든지 일어나며 관찰할 수 있는 현상이다. 그런데 정작 과학의 역사에서 이 현상은 해석의 대전환을 가져온 가장 유명한 사례 중 하나로 손꼽힌다. 오늘날 낙하 현상은 중력의 작용 때문이라고 이해하지만, 불과 400여 년 전까지만 해도 전혀 다른 과학의 패러다임 속에서 해석되었다. 그 중심에는 아리스토텔레스가 있다.

아리스토텔레스는 스승 플라톤과 마찬가지로 엠페도클레스의 4원소설을 받아들였다. 그러나 플라톤이 4원소를 기하학적으로 이해한 반면 아리스토텔레스는 실제 사물에 적용시켰다. 아리스토텔레스에 따르면, 모든 사물은 네 가지 원소인 물·불·공기·흙이 섞여 만들어진다. 이 원소 각각은 뜨거움이나 차가움, 습함이나 건조함이라는 성질을 갖고 있다. 물은 차갑고 습하고, 불은 뜨겁고 건조하고, 공기는 뜨겁고 습하고, 흙은 차갑고 건조하다. 엠페도클레스와 달리 아리스토텔레스는 원소의 성질이 변할 수 있다고 보았다. 열을 가하면 물의 차갑고 습한 성질은 뜨겁고 습한 성질로 바뀌고, 이는 곧 물이 수증기(공기)로 변할 수 있음을 의미했다. 이 같은 아리스토텔레스의 물질 이론은 훗날 값싼 금속을 금으로 바꾸려고 했던 연금술사들의 이론적 기반이 되었다.

그런데 아리스토텔레스의 자연철학에서 네 가지 원소가 존재하

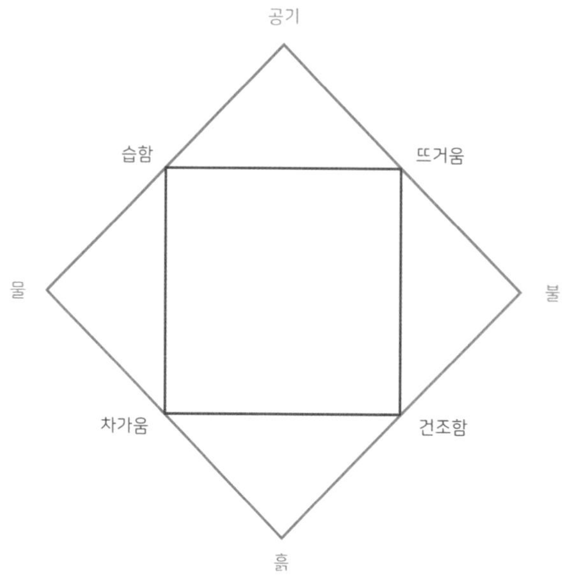

아리스토텔레스의 4원소설과 각 원소들의 성질.

고 운동하는 곳은 달 아래 세계인 지상계뿐이었다. 아리스토텔레스는 지상의 모든 정지한 물체는 그들 본연의 장소에서 휴식을 취하는 중이고, 본연의 장소를 이탈했을 때는 즉시 그곳으로 돌아가려 한다고 생각했다. 물 위로 떨어진 돌멩이는 물밑으로 가라앉고, 공기 방울은 물 위로 떠오르며 불은 공기 위로 타오른다. 이때 돌멩이가 물밑으로 가라앉는 것은 본연의 장소가 다름 아닌 지구의 중심이기 때문이다. 흙과 물은 항상 지구 중심으로 돌아가고 싶은 '욕구'를 느끼고 있는 셈이다. 마찬가지로 불과 공기가 위로 향하는 것은 그들의 고향이 달의 천구에 있기 때문이다. 따라서 사과나무에서 사과가 떨어지는 이유도 사과를 구성하는 주요 성분인 흙과 물이 밑으로 떨어지는 본성을 지녔기 때문이라는 것은 납득할 만하다. 이처럼 물체가 주어진 본성에 따라 움직이는 현상을 아리스토텔레스는 자연운동이라고 생각했다.

이렇게 볼 때 아리스토텔레스에게 강제운동이란 '자연운동을 거스르는 운동'이다. 돌멩이를 앞으로 힘껏 던지면 돌멩이는 한동안 떨어지지 않고 날아간다. 오늘날 뉴턴의 제1법칙인 관성의 법칙 덕분에 이 현상을 잘 이해할 수 있다. 외력이 작용하지 않는 한 정지한 물체는 계속 그 정지 상태를 유지하려는 성질을 지니고, 등속직선운동하는 물체는 그 운동을 지속하려는 성질을 지닌다. 따라서 누군가 던진 돌멩이는 특별한 외력의 개입이 없는 한 그 운동을 지속하기 위해 앞으로 날아간다.

그러나 물체의 정지를 지구상의 가장 자연스러운 상태로 보았던 아리스토텔레스는 당연히 강제운동을 '자연스럽지 못한' 상태로 이해할 수밖에 없었다. 그는 허공으로 던진 돌멩이처럼 '자연스럽지 못한' 운동에는 항상 그 운동을 일으키는 외적인 힘이 개입한다고 보았다. 돌멩이가 지구의 중심으로 돌아가려는 자연스러운 욕구에도 불구하고, 지구의 중심에서 멀어져 허공을 가르는 것은 자연운동을 깨뜨리는 특별한 '운동인'이 개입하기 때문이라는 것이다. 이때 운동하는 물체와 그 운동을 일으키는 힘인 운동인은 반드시 인접해 있어야 한다고 주장했다.

아리스토텔레스는 날아가는 돌멩이의 운동인을 무엇이라고 보았을까? 바로 공기였다. 돌멩이가 날아갈 때 주위의 공기는 돌멩이의 순간적인 이동으로 뒷부분에 생기는 공기의 공백을 메우기 위해 빠르게 그곳으로 밀려들어 가고, 밀려들어 간 공기는 돌멩이를 앞으로 밀

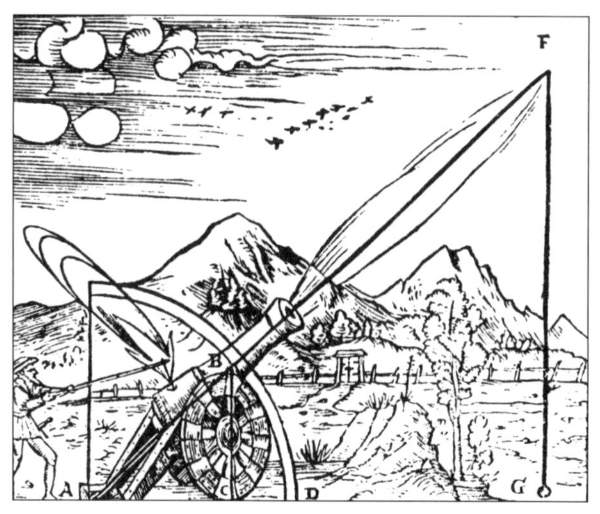

아리스토텔레스는 강제운동과 자연운동을 분리했다. 따라서 아리스토텔레스의 운동 역학에 따르면, 발사된 포탄은 강제운동인 직선운동을 하다가 그 운동이 끝난 시점에서 자연운동으로 전환하여 지구의 중심으로 떨어진다. 다니엘 산트베흐, 《천문학과 기하학의 일곱 가지 분류의 문제들》, 1561년.

어낸다. '자연은 진공을 싫어한다'는 아리스토텔레스의 명제는 공기가 재빨리 그곳으로 유입되는 현상과 잘 부합한다.

그러나 투사체의 실제 궤도는 아리스토텔레스의 이론과 아주 다르다는 것이 일찍부터 알려져 있었다. 아리스토텔레스에 따르면, 포탄의 운동인은 포탄이 대포에 장전되어 있을 때는 대포이지만, 발사된 후에는 공기이다. 그는 대포를 벗어난 포탄이 운동인인 공기에 의해 강제운동인 직선운동을 하다가 그 운동이 끝난 시점에 자연운동으로 전환하여 곧장 지구의 중심으로 떨어진다고 보았다.

하지만 실제 대포에서 발사된 포탄은 직각으로 떨어지는 것이 아니라 완만한 포물선을 그리다가 땅에 떨어진다. 이처럼 아리스토텔레

갈릴레이 이전의 운동 역학은 역사가 짧다. 니콜로 타르탈리아는 대포에서 발사된 포탄이 직선으로 날아가다가 작은 커브를 그린 후에 수직으로 떨어진다고 보았다. 이 이론은 현실과는 부합하지 않지만, 르네상스 시대에 이르기까지 아리스토텔레스 역학의 강한 영향력이 남아 있었음을 증명한다. 월터 헤르만 리프, 목판화, 1547년, 하버드대학 호턴도서관.

스의 투사체 이론은 현실과 명백히 어긋났지만 기독교가 지배한 중세를 거치면서 사람들의 관심 밖에 있었고, 따라서 별다른 반박에도 부딪히지 않았다. 그의 이론은 르네상스 시대에 이르러서야 새로운 도전에 직면했다.

베네치아의 수학자로, 삼차방정식의 해법을 발견한 니콜로 타르탈리아Niccoló Tartaglia, 1499~1557는 대포에서 발사된 포탄이 직선으로 날아가다가 작은 커브를 그린 후에 수직으로 떨어진다고 보았다. 포탄 운동에 대한 타르탈리아의 연구는 탄도학을 새로운 과학으로 끌어올렸다고 평가되는 한편, 그가 여전히 아리스토텔레스의 영향권 안에 있었음을 보여준다.

투사체에 관한 근대적인 이론은 17세기에 이르러서야 등장했다. 하지만 물체의 운동인에 관한 아리스토텔레스의 이론은 이미 14세기 경부터 비판받고 있었다. 1348년 파리대학의 학장으로 취임한 스콜라철학자 장 뷔리당Jean Buridan, 1300~1358이 먼저 포문을 열었다. 그는 6세기 기독교도이자 신플라톤주의자였던 존 필로포누스John Philoponus, 490~570의 연구를 기초로 임페투스impetus라는 개념을 완성시켰다. 필로포누스에 따르면, 투사체가 앞으로 나아가는 이유는 아리스토텔레스가 말한 공기와 같은 매질 때문이 아니라 일종의 '비물질적 운동인'이 물체 안에 있기 때문이다. 이 같은 생각을 계승한 10세기 무렵의 이슬람 철학자이자 의학자인 이븐 시나는 그 힘을 마일mayl이라고 불렀고, 뷔리당은 임페투스, 즉 '내재적 힘'이라고 불렀다.

뷔리당은 날아가는 돌멩이의 뒷부분에 공기가 밀려들어 감으로써 돌멩이가 앞으로 날아간다는 아리스토텔레스의 해석은 오류라고 보았다. 팽이는 제자리에서 회전할 뿐이지만 꽤 오랫동안 운동하는 것을 볼 수 있다. 또 뒤 끝이 넓적한 화살이 뒤 끝이 뾰족한 화살보다 더 빨리 날아가는 것도 아니다. 만약 공기가 화살을 밀어준다는 아리스토텔레스의 이론이 옳다면 뒤 끝이 넓적한 화살이 뾰족한 화살보다 더 강한 추진력을 받고 세차게 날아가야 할 것이다. 따라서 뷔리당에 따르면, 돌멩이의 운동을 지속시키는 것은 공기가 아니라 돌멩이를 던진 사람에게서 돌멩이로 전달된 임페투스라는 내재적 힘이다. 임페투스의 크기는 물체의 질량과 속도 등에 비례하고 외부 저항에 따라 감소한다. 다시 말해 외부 저항이 없다면 운동하는 물체는 임페투스에 따라 계속 나아간다.

임페투스 이론은 투사체 운동에서 일어나는 완만한 변화를 설명하는 데 설득력이 있었다. 예를 들어 대포에서 발사된 포탄이 곧장 떨어지지 않고 시간이 지난 후에 완만하게 떨어지는 것은 대포에서 포탄으로 전달된 임페투스가 조금씩 감소하기 때문이라는 것이다.

뷔리당이 임페투스 이론을 제시한 후 투사체의 운동은 과학의 새로운 테마가 되었다. 뷔리당의 제자로, 1353년 파리대학 학장이 된 독일 철학자 알베르투스Albertus de Saxonia, 1316~1390는 아리스토텔레스가 분리해 생각했던 강제운동과 자연운동을 하나로 통합했다. 아리스토텔레스는 투사체가 동시에 두 개의 서로 다른 운동을 공유할 수 없다고 보았다. 그가 대포에서 발사된 포탄이 처음에는 공기의 추진력에 따라 강제운동을 하다가 그 힘이 소멸된 후에는 곧바로 자연운동으로 전환한다고 본 것은 이 때문이었다. 알베르투스에 따르면, 아리스토텔레스의 이론은 명백한 오류였다. 그는 대포에서 포탄으로 전달된 임페투스에 의해 포탄은 자기 무게를 극복하며 직선운동을 하고, 임페투스가 약화되면서 공기의 저항과 만난 포탄은 낙하운동과 합쳐지며, 마지막으로 임페투스가 완전히 소멸된 뒤에는 무게에 의한 자연운동인 낙하운동만 남는다고 보았다. 비록 오늘날에는 사라져버린 임페투스 개념에 기반을 두고 있지만, 알베르투스는 포탄이 포물선을 그리는 이유를 합리적으로 설명하고자 했다.

임페투스 개념은 외부 저항이 없는 한 운동하는 물체는 같은 속도로 계속 직선운동을 한다고 본 점에서 오늘날의 관성운동을 연상시킨다. 그러나 운동 원인이 매질에서 물체로 옮겨갔을 뿐이라는 점에서는 여전히 아리스토텔레스적인 색채를 띠었다. 아리스토텔레스도 임페투스 이론도 둘 다 물체의 운동에 힘을 제공하는 운동인을 도입하고, 운동하는 물체 안에 힘이 있다고 가정했다는 점에서 17세기에 등장한 관성의 법칙과는 거리가 있다.

관성은 '상태'의 지속을 의미한다. 등속직선운동을 하고 있는 물체는 외력의 개입이 없는 한 계속 운동 상태를 지속하려고 하는데, 그것이 바로 자연운동이다. 정지 또한 상태의 지속을 의미한다는 점에서 동일한 운동의 범주에 속한다.

아리스토텔레스의 운동 역학은 물체를 의인화시킨 '욕망의 패러다임'이었다. 결국 그의 고전적 운동론은 임페투스라는 과도기를 거쳐 관성 개념을 도입한 근대 과학자들에 의해 폐기되었다. 그러나 우리는 이를 단순히 근대 과학의 승리라고 말하기 이전에, 동일한 운동에 대한 해석의 변화라는 점을 우선 기억할 필요가 있다. 과학의 역사는 본질적으로 해석의 역사이기 때문이다.

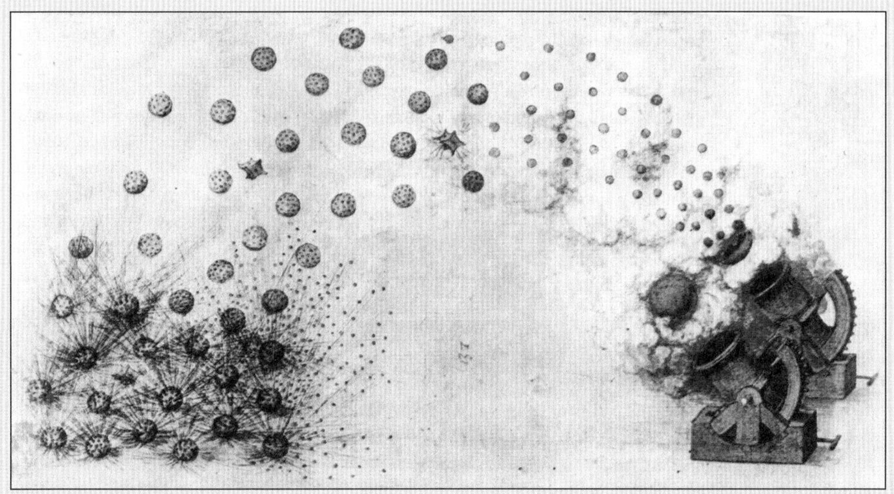

레오나르도 다빈치가 그린 포탄의 비행. 다빈치는 강제운동에서 시작한 투사체의 운동은 이후 강제운동과 자연운동이 섞인 뒤 자연운동에서 끝난다고 보았다. 그것은 완만한 포물선을 의미했다. 런던 과학박물관.

1831년 폼페이에서 발견한 알렉산더대왕의 페르시아 정복 전쟁을 묘사한 그림. 모자이크화, 기원전 150년경, 나폴리국립고고학박물관.

3

알렉산더대왕을 등에 업은 헬레니즘 시대의 수학자들

기원전 150년경에 제작된 〈알렉산더대왕 모자이크〉. 고대 서양사에 관심 있는 사람이라면 이 그림을 한 번쯤 본 적이 있을 것이다. 오랜 시간을 거치며 그림의 왼쪽 일부가 손상됐지만, 이 그림은 여전히 고대 서양사에서 가장 유명했던 전투의 한 장면을 역동적으로 담아내고 있다. 금방이라도 들려올 것 같은 말들의 비명 소리, 클로즈업된 두 인물의 치열한 기 싸움, 솟아오른 장창과 칼의 경합. 베수비오 화산이 대폭발해 어느날 갑자기 화산재 밑으로 사라진 도시 폼페이를 파헤치다가 우연히 발견한 이 그림은 원래 한 주택의 바닥을 장식한 모자이크화였다.

이 그림에 묘사된 가우가멜라 전투는 고대 전쟁사에서 중요한 분기점으로, '유럽 과학사의 중심 이동'을 가져온 결정적인 사건이기도 했다. 레스보스섬에서 바다 생태계를 연구하던 아리스토텔레스가 국왕 필리포스 2세의 부름을 받고 마케도니아로 돌아갔을 때 알렉산더대왕은 아직 열세 살 소년에 지나지 않았다.

스승이었던 아리스토텔레스가 당시 알렉산더대왕에게 구체적으로 무엇을 가르쳤는지는 잘 알려져 있지 않다. 아마도 알렉산더대왕에게 찬란한 그리스 문명의 전도사가 되라는 임무를 부여했을 것이다. 도시국가 아테네의 정치적 혼란을 틈타 필리포스 2세의 군대가 그리스 일대를 장악한 것은 기원전 338년 무렵이었다. 그로부터 2년 뒤 필리포스 2세가 암살당하자 당시 스무 살에 불과한 알렉산더대왕은 군대의 지지를 받아 왕권을 물려받았다. 그는 아버지의 뜻을 이어받아 페르시아의 지배 아래 있던 소아시아의 그리스인들을 해방시킨다는 명목으로 동방 원정에 나선다.

당시 마케도니아가 그리스를 장악하고 동방으로 진출할 수 있었던 것은 혁신적인 무기와 전술 때문이었다. 마케도니아 군대의 주력이었던 '중장보병 밀집부대'의 병사들은 무려 5미터가 넘는 장창과 방패로 중무장한 특수 집단이었다. 전투를 할 때는 수십 명이 마치 고슴도치처럼 하나의 강력한 밀집대형을 이루어 적진 속으로 돌격해 들어갔다. 앞쪽 열의 병사들이 적의 창칼에 쓰러지면 뒤쪽 열의 병사들이 재빨리 그 공백을 메움으로써 톱니바퀴와도 같은 돌진을 멈추지 않았다.

기원전 334년 알렉산더대왕은 질풍 같은 여세를 몰아 동방으로 진군하기 시작했다. 당시 동방의 관문에는 대제국을 건설하여 그리스와 대립하고 있던 페르시아가 있었다. 그러나 마케도니아의 밀집부대는 페르시아의 100만 대군마저 궤멸시키고 페르시아의 국왕 다리우스 3세에게 치명적인 패배를 안겨주었다. 페르시아에게 대승을 거둔 이후 알렉산더대왕의 대제국은 남쪽의 이집트부터 동쪽의 박트리아 왕국(지금의 아프가니스탄 부근)과 인도의 북서부 지역까지 이르게 되었다. 알렉산더대왕은 이렇게 광활한 영토를 어떻게 통치할 수 있었을까? 알렉산더대왕은 자신의 군대가 지나가는 곳곳에 군사적 요새와 함께 자신의 이름을 본 딴 '알렉산드리아'라는 도시를 세웠다.

동일한 이름으로 건설된 적어도 열한 군데의 도시는 그리스 문화를 전파하는 전진 기지로 헬레니즘 문화의 확산지가 되었다. 헬레니즘은 고대 그리스인들이 스스로를 헬렌의 자손이라는 의미를 가진 '헬레네스Hellenes'라고 부르던 데서 유래했다. 인간을 위해 불을 훔친 죄로 제우스에게 추방당한 프로메테우스가 데우칼리온을 낳았는데, 그는 훗날 피라라는 여인과 결혼한다. '헬렌Hellen'은 그들 사이에서 태어난 아들이었다.

광활한 영토를 손에 넣었던 알렉산더대왕의 대제국은 기원전 323년 그가 열병에 걸려 불과 서른세 살에 바빌론에서 죽으면서 끝난다. 알렉산더대왕의 죽음은 그가 이룩했던 광대한 마케도니아 제국의 분열로 이어졌다. 제국은 그의 휘하 장군들에 의해 이집트 지역의 프톨레마이오스 왕조, 시리아에서 인도 국경에 이르는 셀레우코스 왕조, 마케도니아 지역의 안티고노스 왕조 등으로 분할되었다. 이 세 개의 왕국 중에서도 그리스 문화의 유산을 가장 잘 계승한 곳은 프톨레마이오스 1세 소테르가 이집트에 세운 제국이었다.

프톨레마이오스 1세는 알렉산더대왕의 뜻을 이어받아 학문을 발전시키는 데 최선의 노력을 기울였다. 그는 기원전 280년 이집트의 항구도시 알렉산드리아에 무세이온Mouseion을 세웠다. 국가의 지원을 받아 세우고 운영한 최초의 전문적인 학문 연구 기관이었다. 이곳은 플라톤의 아카데메이아나 아리스토텔레스의 리케이온의 전통을 이어받았지만 교육 시설이라기보다는 연구 기관에 가까웠고, 특히 국가가 연구비를 지원했다는 점에서 그들과 달랐다. 오늘날 뮤지엄Museum의 어원이 된 무세이온은 원래 문학 중심의 기관이었으나 수학과 과학 분야에서도 활발한 연구가 이루어졌다. 무세이온은 수백만 권에 이르는 당대 서적을 보유한 알렉산드리아도서관이 생기면서 더욱더 활성화되었다. 결과적으로 무세이온과 알렉산드리아도서관은 헬레니즘 과학을 증진시키는 데 큰 밑거름이 되었다. 헬레니즘 시대의 과학자 중 다수가 이곳을 방문했으며, 알렉산드리아의 과학자들과 편지를 교환했다고 한다.

헬레니즘 시대의 과학은 무엇보다 수학이 혁신적으로 발달했다. 최초의 주목할 만한 수학자로는 알렉산드리아에서 《기하학 원론》을 집필한 에우클레이데스를 들 수 있다. 기하학, 즉 지오메트리Geometry는 땅을 뜻하는 '지오Geo'와 측량을 뜻하는 '메트리Metry'가 결합된 복합어이다. '토지의 측량'이 곧 기하학의 어원이 된 것이다. 이집트 문명의 근간은 사시사철 풍부한 수량을 자랑하는 나일강이다. 이집트인들에게 나일강은 생명의 젖줄이고, 대량의 단백질을 제공하는 원천이

에우클레이데스. 목판화, 1584년.

며, 삶의 찌꺼기를 흘려보내는 하수구였다. 그러나 오늘날과 달리 대부분 정비되지 않은 고대의 강들은 해마다 홍수 때문에 범람하곤 했다. 나일강도 토지가 물에 침식되었을 때는 토지를 새롭게 측량하여 농토를 정리해야만 했다.

에우클레이데스는 《기하학 원론》에서 '정의', '공준', '공리'라는 세 종류의 제1원리를 토대로 기하학을 발전시켰다. 우선 '공리(공통 견해)'는 기하학 전체에 적용되는 명확한 원리를 뜻한다. '공준'은 에우클레이데스 기하학의 기저를 이루는 기하학상의 근본 규정이다. 그리고 기하학의 기본적 원칙에 관한 것이 '정의'이다. 그는 이 같은 제1원리로부터 많은 개별 정리를 증명해나가는 뛰어난 연역적 추론을 보여주었다. 《기하학 원론》은 에우클레이데스의 독창적 내용이라기보다는 그보다 앞선 기하학적 지식들을 집대성한 것으로 여겨지고 있지만, 이 책을 통해 그가 기하학에 질서를 부여하고 새로운 규칙과 논리 구조를 제공했다는 점에서 이후 고등수학의 발달에 중요한 발판을 놓았다.

5세기 무렵 그리스 철학자 프로클로스410?~485는 에우클레이데스에 관한 유명한 일화를 전했다. 프톨레마이오스 1세가 "《기하학 원론》을 배우는 것보다 더 빨리 기하학을 공부하는 방법은 없는가?"라고 질문하자 에우클레이데스는 "기하학에는 왕도가 없습니다"라고 대답했다는 일화이다.

1605년 예수회 선교사 마테오 리치1552~1610와 서광계는 《기하학 원론》을 한자로 번역해 《기하원본幾何原本》이라는 이름으로 출간했다. 이 책은 이후 우리나라에도 들어와 읽힌 것으로 보인다. 19세기 지리학자 김정호는 《기하원본》의 확대 축소법을 지도 제작에 직접 활용하기도 했다.

헬레니즘 시대의 또 다른 수학자 아폴로니오스기원전 262~190는 에우클레이데스의 제자들과 알렉산드리아에서 오랫동안 함께 생활했다. 아폴로니오스는 처음으로 원뿔에 관한 체계적인 연구를 진행했는데, 하나의 직원뿔을 여러 가지 평면으로 잘라 타원, 포물선, 쌍곡선을 만들었다. 타원Ellipse, 포물선Parabola, 쌍곡선Hyperbola이라는 용어도 아폴로니오스가 최초로 만들었다.

기원전 3세기 말 알렉산드리아도서관의 관장을 지낸 사람은 수학자로 유명한 에라토스테네스기원전 275~194였다. 그는 지구 둘레의 길이를 매우 근사치까지 계산했다. 고대에는 피라미드나 산의 높이를 측정할 때 주로 작은 척도(막대)와 그림자를 이용했다. 맑은 날 척도가 만드는 그림자의 길이가 척도의 실제 길이와 같을 때 피라미드나 산

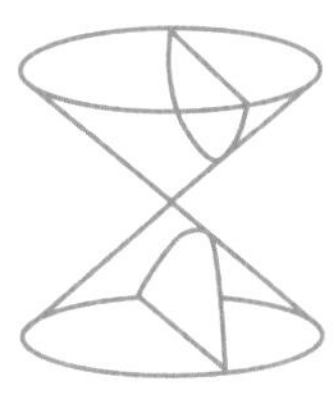

타원 포물선 쌍곡선

이 만드는 그림자의 길이 또한 피라미드나 산의 실제 높이와 같아지는 것을 활용한 원리이다.

에라토스테네스는 하짓날 정오에 시에네(지금의 이집트 아스완 지역)에서는 태양이 머리 위에 위치하기 때문에 건물의 그림자가 생기지 않으며 우물 속에 태양이 들여다보인다는 소문을 전해 들었다. 같은 하짓날 정오, 알렉산드리아에서는 태양 빛을 받은 건물이 약간의 그림자를 만들었다. 이에 에라토스테네스는 그노몬이라고 부르는 천문 관측을 위한 막대를 알렉산드리아와 시에네에 세운 다음, 하짓날 정오에 그림자의 각도를 측정했다.

측정 결과 시에네에서 그노몬과 그림자의 끝부분을 잇는 직선의 각도가 0도일 때, 알렉산드리아에서는 7과 1/5도의 값을 얻었다. 7과 1/5도의 값은 지구 중심으로부터 시에네와 알렉산드리아의 직선거리 사이가 만드는 각도의 차이와 동일하다. 시에네와 알렉산드리아의 거리는 이미 알고 있기 때문에, 그것을 360도로 환산하면 지구 둘레를 얻을 수 있다. 이 방법으로 에라토스테네스가 얻은 지구 둘레는 25만 2,000스타디아였다.

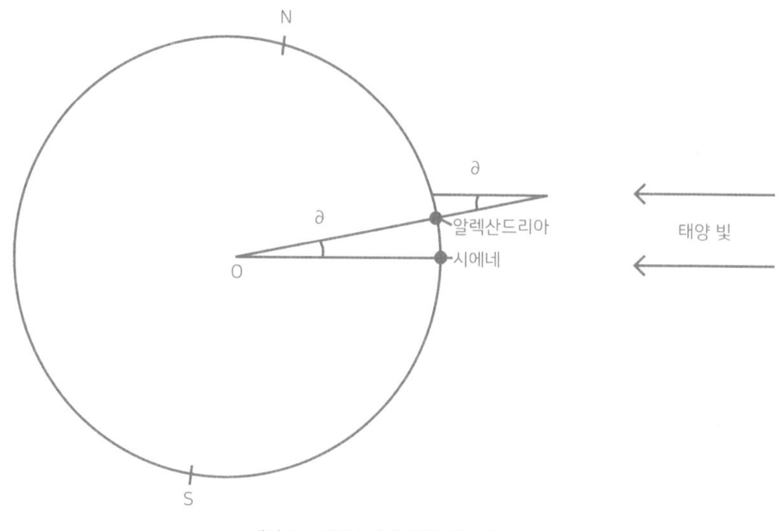

에라토스테네스가 측정한 지구 둘레.

고대의 측량 단위 중 하나인 스타디아의 실제 길이로는 다양한 값이 알려져 있으나, 그가 1스타디아를 오늘날의 157.5미터로 보았다면 지구의 총둘레는 3만 9,690킬로미터이다. 양 극점을 지나는 현재의 지구 둘레가 약 4만 킬로미터임을 생각할 때 매우 근사치이다. 측량지로 선택한 알렉산드리아와 시에네가 사실상 그가 생각했던 것과는 달리 동일한 경도상에 있지 않다는 점(시에네가 약 3도 정도 동쪽에 있다), 실제로는 적도 부근이 조금 볼록한 지구를 완전한 구로 생각했다는 점에서 약간의 오류를 감안하면 현재의 측량값과 거의 비슷하다는 것은 놀라운 결과이다.

이렇듯 천재적 수학자들의 등장으로 전성기를 구가하던 헬레니즘 과학은 기원전 30년경 지중해 일대의 패권을 장악한 신생 로마제국 때문에 프톨레마이오스 왕조가 멸망함으로써 약 300년에 걸친 전성기의 막을 내린다. 하지만 헬레니즘 시대 수학의 발달은 향후 근대 물리학이 수학의 언어를 통해 확고한 위치를 점할 수 있는 확실한 기초가 되었다.

4

로마 전선을 모두 불태워버린 아르키메데스의 집광경

약 300년에 걸친 프톨레마이오스 왕조의 안정을 배경으로 헬레니즘 과학은 최고의 전성기를 구가했다. 그사이 이탈리아 반도의 작은 도시국가로 출발한 로마는 강력한 군사력에 힘입어 지중해 일대까지 세력을 뻗친다. 당시 지중해 연안에는 해상무역으로 번성한 도시국가 카르타고가 버티고 있었다. 지중해의 패권을 놓고 카르타고와 로마가 세 차례에 걸쳐 전면전을 벌인 것이 바로 포에니전쟁이다.

기원전 214년 제2차 포에니전쟁 당시 로마의 장군 마르켈루스기원전 268~208는 명장 한니발기원전 247~183이 이끄는 카르타고와 함께 동맹 관계인 시라쿠사를 포위했다. 그때 시라쿠사의 방어에 공헌했던 사람 중에 오늘날 천재적 기하학자이자 기계공학자로 유명한 아르키메데스기원전 287~212가 있다. 역사가들에 따르면, 아르키메데스는 태양 광선

시라쿠사를 공략하는 로마 선단과 아르키메데스의 집광경. 《광학의 서》에는 그날의 전쟁 상황을 흥미롭게 묘사하고 있다. 원래 이 책은 빛의 굴절, 반사 등의 광학 현상을 설명하기 위해 쓰였다. 이븐 알 하이삼, 《광학의 서》, 1572년.

을 모아 불을 지르는 집광경集光鏡이라는 거울을 고안하여 시라쿠사를 포위했던 로마의 전선들을 모조리 불태워버렸다고 한다.

이슬람 최고의 물리학자 이븐 알 하이삼Ibn al-haytham, 라틴명 알하젠, 965~1040이 1021년에 출간한 《광학의 서書, Kitab-alManazir》 라틴어 번역판(1572년)에는 그날의 전쟁 상황을 현장감 있게 묘사한 흥미로운 삽화가 실려 있다. 해안가의 높은 건물에 설치된 세 개의 집광경이 태양 광선을 반사시켜 적의 선체와 돛에 불을 지르는 장면이다. 그러나 아르키메데스의 천재성을 과시하는 이 흥미로운 사건이 실재했는지 아닌지는 끊임없는 논란을 일으켰다. 흔히 경험과학의 대표자로 알려진 로저 베이컨Roger Bacon, 1214~1294은 집광경을 직접 제작해 사건을 재현하기 위해 3년이나 장인을 고용했고, 일부는 어느 정도 성공을 거두었다고 한다. 르네상스 시대의 수학자 지롤라모 카르다노Girolamo Cardano, 1501~1576는 아르키메데스가 만든 집광경의 형태를 추측했으며, 16세기 말 《자연 마술Magia naturalis》을 쓴 자코모 델라 포르타Giacomo della Porta, 1537~1602는 카르다노와 다른 형태의 집광경을 고안하기도 했다.

근대 과학의 시대인 17세기에도 아르키메데스의 집광경은 지식인들의 관심을 끌었다. 프랑스의 철학자이자 과학자였던 르네 데카르트René Descartes, 1596~1650는 마랭 메르센Marin Mersenne, 1588~1648 신부에게 보낸 편지에서 집광경이 얼마나 터무니없는지를 광학 지식에 근거하여 설명했다. 그는 집광경이 멀리까지 작용하려면 직경이 엄청난 크기여야 하는데, 고대인들이 실제로 만들기는 불가능했을 것이라고 지적했다. 아르키메데스가 관련된 시라쿠사 전투 무용담을 거의 완전한 '허구의 산물'로 해석했던 것이다.

시라쿠사의 방어를 위해 연구에 몰두하고 있는 아르키메데스. 프랑스국립도서관.

물론 여기서 집광경의 실재 가능성과 역사적 논쟁에 대해 다루려는 것은 아니다. 집광경이 실재했든 실재하지 않았든 아르키메데스가 뛰어난 기하학자이자 기계공학자였던 것은 틀림없기 때문이다. 아르키메데스는 일생의 대부분을 시라쿠사에서 보냈지만 이집트 알렉산드리아를 방문한 적이 있고, 그곳에 살던 수학자 에라토스테네스와는 편지를 교환하는 사이였다.

아르키메데스는 수학 중 특히 기하학에서 업적을 남겼다. 그는 원주율값의 근사치를 계산한 것으로 유명하다. 원래 원주율은 고대로부터 대략의 값이 알려져 있었지만, 아르키메데스는 원주율값을 정밀한 수학적 계산을 통해 구하는 방법을 고안했다. 그는 원에 내접하고

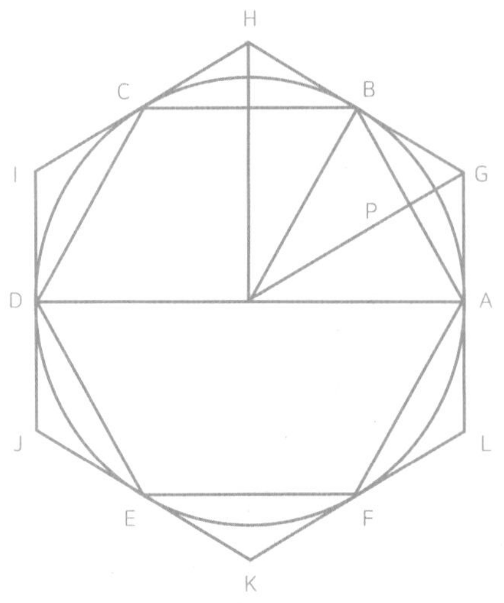

《원의 측정에 관하여Measurement of the Circle》에 나오는 아르키메데스가 구한 원주율 π 값의 기하학적 계산법.

외접하는 두 개의 다각형을 그리고, 다각형들의 변의 길이 사이에 원의 길이가 위치하고 있다는 것을 수학적으로 증명했다.

정육각형의 경우 내접하는 육각형 한 변의 길이를 1이라고 하면, 여섯 개 변의 길이의 합은 6이 된다. 원주율 π는 원의 지름으로 원의 둘레를 나눈 값이므로 그 값은 3보다는 크다. 원에 내접하는 육각형 변들의 합은 원의 둘레보다 길 수 없기 때문이다. 동시에 외접하는 육각형 변들의 합을 원의 지름 2로 나누면 그 값은 3.4641…이 된다. 이런 식으로 내접하고 외접하는 정육각형에서 원주율 π는 다음과 같다.

3 〈 π 〈 3.4641…

우리가 원에 가까운 다각형을 얻을수록 그 변들의 합은 원의 길이에 더욱 근접한다. 원에 내접하고 외접하는 정96각형의 경우 원주율은 더욱 정밀한 값에 근접한다. 내접하거나 외접하는 정96각형들의 각 변의 합은 정육각형들의 각 변의 합보다도 원의 둘레에 근접하기 때문이다. 이럴 경우 $3+10/71 < \pi < 3+1/7$, 그러니까 $3.140845\cdots < \pi < 3.142857\cdots$의 값을 얻을 수 있다. 실제 원주율은 3.141592…이므로 π는 매우 가까운 값으로 한정되는 것을 알 수 있다.

그리스의 자연철학자들에게서 수학적 관심을 찾아보는 것은 어려운 일이 아니다. 특히 플라톤이나 에우클레이데스 등은 세계에 대한 철학적 이해를 위해 수학의 필요성을 강조하거나 수학 자체의 문제에 관심을 기울였다. 그러나 아르키메데스의 수학적 업적은 유체정역학 같은 물리학적 관심과 깊이 관련되어 있었다는 사실이 중요하다.

그가 이집트에 머무는 동안 발명했다고 알려진 나선양수기(나사펌프)는 수학과 유체정역학을 기술에 응용한 도구이다. 나선양수기는 가늘고 긴 원통에 스크루를 집어넣고 축을 회전시킴으로써 물을 끌어올린다. 오늘날에도 관개용수에 사용되고 있고, 현대식 모터의 기본 구조가 되었다. 고대 로마의 기계공학자이자 건축가인 비트루비우스 Vitruvius, 기원전 1세기경는 자신이 쓴 《건축에 관하여 De achitectura》에서 아르키메데스의 나선양수기를 소개했다.

그 밖에도 부력이나 지렛대 원리의 발견, 투석기나 기중기 등 무거운 물체를 들어올리는 데 필요한 기계 장치도 수학과 물리학을 결합한 기술적 발명들이었다.

이 같은 아르키메데스의 수리물리학은 르네상스 시대에 이르러 등장한 또 한 명의 창조적 발명가 레오나르도 다빈치를 통해 맥을 잇고, 17세기에 이르러 갈릴레이를 통해 마침내 근대 과학의 중심부에서 화려한 꽃을 피운다. 그런 점에서 아르키메데스를 근대적 수리물리학의 선구자라고 해도 무리가 아니다. 아르키메데스는 고대 이후 과학의 전통과 현실을 잇는 기술적 사고의 풍부한 원천이 되었다.

아르키메데스의 나선양수기를 묘사한 목판화. 비트루비우스, 《건축에 관하여》, 1511년(베네치아 재간행).

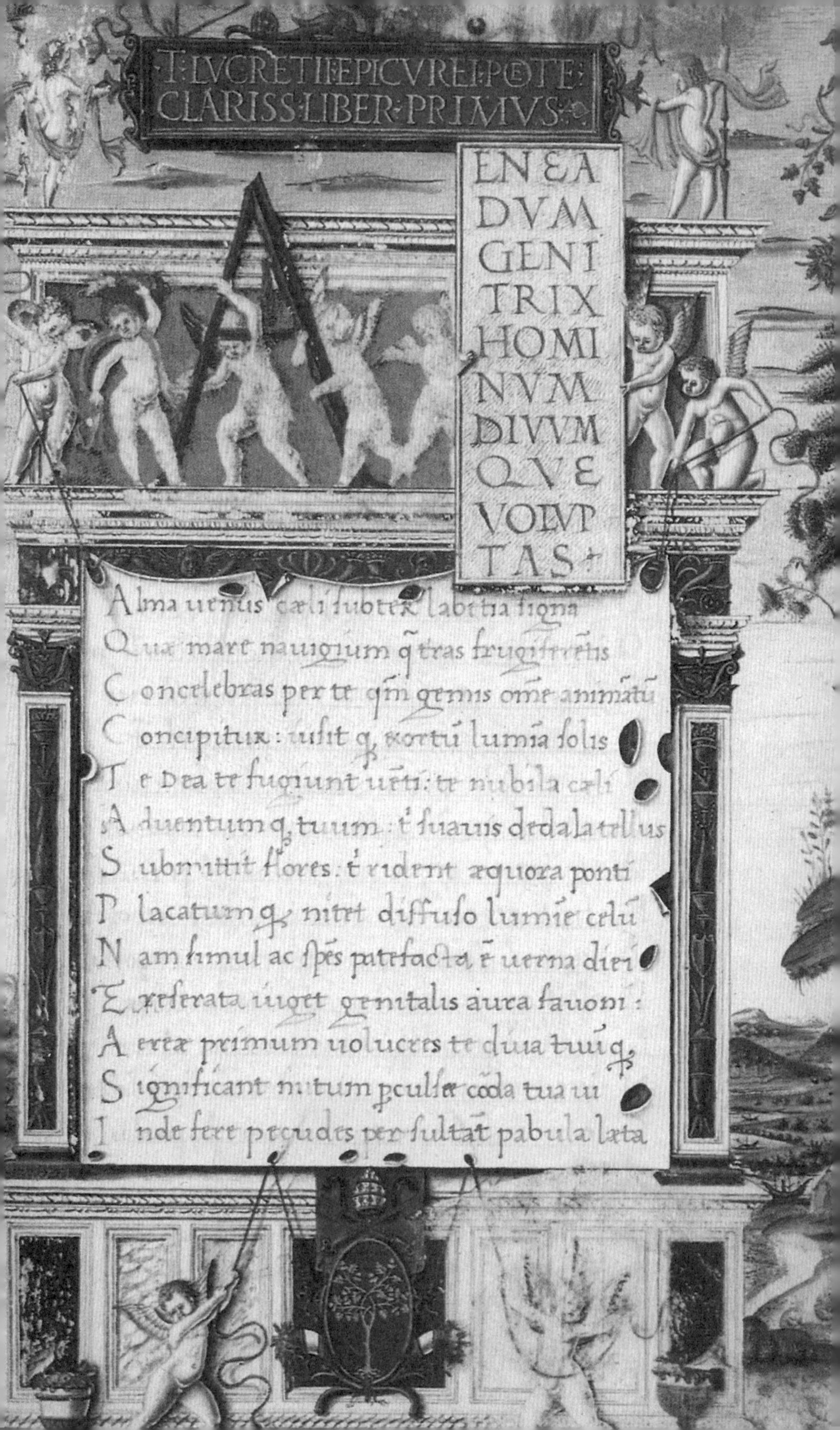

T·LVCRETII·EPICVREI·POETE·
CLARISS·LIBER·PRIMVS·

AENEA
DVM
GENI
TRIX
HOMI
NVM
DIVVM
QVE
VOLVP
TAS·

Alma uenus cæli subter labentia signa
Quæ mare nauigerum q̄ terras frugiferentis
Concelebras per te qm̄ genus omne animātū
Concipitur: uisitq; exortū lumina solis
Te dea te fugiunt uenti: te nubila cæli
Aduentumq; tuum: t̄ suauis dedala tellus
Submittit flores: t̄ rident æquora ponti
Placatumq; nitet diffuso lumīe celū
Nam simul ac spēs patefacta ē uerna diei
Et reserata uiget genitalis aura fauoni:
Aereæ primum uolucres te diua tuūq;
Significant initum pculsæ corda tua ui
Inde feræ pecudes persultāt pabula læta

5

고대 자연철학자들의 원자론

이 세계는 자연에 의해 만들어진 것으로,
원자가 스스로 우연한 충돌에 의해,
모든 방법으로 우연히 목적도 없이, 의지도 없이
결합하여 내던져졌고,
그것이 커다란 물체, 즉 대지·바다·하늘과 같은
다양한 물체들을 탄생시켰다.

-《사물의 본성에 관하여》 제2권에서

아우구스티누스 수도회의 수도사 지롤라모 디 마테오가 1483년 교황 식스투스 4세에게 바친《사물의 본성에 관하여》의 라틴어 필사본.

1417년 이탈리아 인문주의자 포조 브라치올리니Poggio Bracciolini, 1380~1459는 독일의 한 수도원 서고에서 독특한 한 편의 시를 발견했다. 기원전 1세기 무렵 로마에서 쓰인 루크레티우스기원전 99~55의 서사시 《사물의 본성에 관하여De Rerum Natura》의 사본이었다. 시의 언어로 쓰인 이 책은 고대 원자론에 관한 흥미로운 내용들로 가득 차 있었다.

루크레티우스에 대해서는 몇 개의 단편적인 기록만 남아 있을 뿐 오늘날까지도 거의 알려진 바가 없다. 로마의 정치가이자 철학자였던 키케로기원전 106~43는 동생 퀸투스에게 보낸 편지에서 "루크레티우스의 시는 네가 편지에 쓴 그대로다. 번뜩이는 재능은 풍부하지만 매우 기교적이다. 그 밖의 것은 네가 왔을 때…"라고 적었다.

이로부터 약 400년이 지난 후, 기독교 신학자였던 히에로니무스347~419는 "시인 루크레티우스 출생. 그는 후일 성욕을 일으키는 약을 먹고 발광했다. 발작 사이에 몇 권의 책을 썼는데, 키케로가 그것들을 교정했다. 마흔네 살에 자살했다"라고 기록하고 있다. 루크레티우스에게 결코 호의적이지 않았던 키케로가 그의 책을 교정했다는 사실은 믿기 힘들지만, 루크레티우스의 명성은 이미 로마 지식인들 사이에 널리 퍼져 있었음을 알 수 있다.

아리스토텔레스는 자연계에 대해 합리적인 질문을 던진 최초의 철학자로 밀레투스의 탈레스를 꼽았다. 만물의 기원을 물이라고 보았던 탈레스는 우리가 사는 지구는 물 위에 떠 있는 대륙이고, 지진은 물 위에 떠 있는 배가 출렁이듯이 지구가 출렁이는 현상이라고 설명했다. 탈레스 이후 이오니아를 중심으로 한 자연철학자들은 사물의 근본 물질에 관하여 다양한 생각을 펼치기 시작했다. 그중에서도 밀레투스의 레우키포스기원전 5세기경는 만물이 인간의 감각기관으로는 결코 지각할 수 없는 무수한 미립자로 이루어져 있다는 새로운 가설을 제시했다. 그는 이 미립자를 '더 이상 쪼갤 수 없다'를 뜻하는 그리스어인 아토마atoma, 즉 '원자들'이라고 정의하고, 허공 속을 떠도는 원자들이 서로 충돌하고 결합할 때 사물이 만들어진다고 보았다. 모든 사물에 힘을 가하면 부서져 가루가 되듯이 더 이상 쪼갤 수 없는 곳까지 이르면 원자가 있을 것이라는 상상은 충분히 설득력이 있었다.

레우키포스의 원자론을 이어받은 사람은 아브데라에서 태어난 데모크리토스기원전 460~370로, 그는 이 세계가 더 이상 쪼갤 수 없는 '원자'와 '공허'(진공)로 구성되어 있다고 보았다. '공허'는 과학 역사상 원자론자들에게 반드시 필요한 개념이었다. 그들은 물질의 변화와 창조, 소멸이라는 자연계의 흔한 현상을 원자들의 결합과 분리로 보았다. 따라서 원자들이 움직이는 공간인 '공허'가 전제되어야 했기 때문이다. 고대 원자론은 운동이 원자의 고유한 속성이라는 점, 아울러 모든 질적 감각을 원자의 운동으로 설명했다는 점에서 이전의 입자설과는 구별되었다. 또 헤라클레이토스와 파르메니데스가 제기한 변화와 불변의 철학을 모두 포용한 이론이기도 했다. 원자는 그 자체로 영원불변하지만, 해체와 재배열을 통해 새로운 물체로 변화할 수 있다고 보았기 때문이다.

데모크리토스의 원자론을 헬레니즘 시대의 중요한 철학적 사유로 포장한 것은 에피쿠로스기원전 341~270였다. 아리스토텔레스가 죽은 뒤 아테네로 들어온 에피쿠로스는 기원전 307년 무렵 아카데메이아의 입구 근처에 집과 땅을 구입하여 자신의 철학을 설파하는 학교를 열었다. 당시 아테네는 더 이상 합리적인 도시국가로서의 위용을 찾아볼 수 없을 정도로 혼란에 빠져 있었다. 알렉산더대왕의 남하 이후

월계관을 쓴 에피쿠로스. 〈아테네 학당〉 부분.

모든 권위는 절대군주에게 귀속되었고, 과거의 참여적 공동체는 붕괴됨으로써 시민들도 더 이상 미래에 대해 낙관적 기대를 품지 못했다. 나아가 알렉산더대왕이 죽은 뒤 이어진 정치적 혼란과 잦은 정복 전쟁은 그 불안감을 더욱 가중시킬 뿐이었다. 이처럼 죽음에 대한 불안과 공포에 쉽게 노출되어 있던 아테네 시민들은 불안정한 시대를 견뎌낼 새로운 희망을 찾고 있었다. 에피쿠로스의 철학은 그와 같은 아테네 시민들의 열망에 답했다.

그는 데모크리토스와 마찬가지로 원자 자체는 영원히 존재하며, 언어가 자음과 모음의 위치를 바꿈으로써 의미와 발음이 변하듯이 원자도 단지 배치와 조합을 바꿈으로써 사물에 변화를 일으킨다고 설명했다. 인간의 삶과 죽음마저도 예외는 아니었다. 그는 "죽음이 우리에게 아무것도 아니다"라는 믿음에 익숙해지길 요구했다. 삶과 죽음 또한 원자들의 해체와 재결합에 불과하기 때문이다. 인간이 죽음에 대해 고통을 느끼는 것은 감각 때문인데, 산 사람에게는 아직 죽음이 오지 않았고 죽은 사람은 이미 존재하지 않기 때문에 어느 쪽이든 죽음은 전혀 걱정할 것이 아니라는 것이다. 이러한 가르침은 당시 사람들이 지닌 죽음에 대한 공포를 씻어주는 데 효과적이었다.

에피쿠로스는 보통 쾌락을 추구한 철학자로 알려져 있다. 그러나 에피쿠로스가 말한 쾌락은 육체적이고 동적인 쾌락을 추구했던 키레네학파의 쾌락과는 전혀 달랐다. 한마디로 그의 쾌락은 모든 정신적·육체적 고통으로부터의 해방을 의미했다.

에피쿠로스의 원자론은 데모크리토스에게서 강한 영향을 받았지만 몇 가지 차이가 있었다. 데모크리토스는 원자의 크기가 작은 것부터 큰 것까지 무한하다고 보았다. 반면 에피쿠로스는 만약 그렇다면 우리 눈에 보일 정도로 큰 원자도 있을 텐데, 실제로는 그런 원자가 관찰된 적이 없다고 비판했다. 에피쿠로스는 원자의 크기는 다양할지라도 모든 크기의 원자가 존재하지는 않는다고 주장했다.

데모크리토스와 에피쿠로스 원자론의 차이는 우주의 창조를 둘러싸고 더욱 뚜렷했다. 원자들이 서로 충돌하여 뭉침으로써 사물을 형성한다고 보았던 데모크리토스는 각각의 원자가 충돌하는 이유를 무게의 차이에서 발생하는 낙하 속도의 차이로 환원했다. 무거운 원자는 가벼운 원자보다 낙하 속도가 빠르고, 그것이 두 원자 간에 충돌을 유도함으로써 사물을 만든다는 것이다. 그러나 에피쿠로스는 이런 데모크리토스의 원자 충돌론을 오류라고 지적하고 새롭게 수정했다.

에피쿠로스에 따르면, 태초의 공허 안에 있던 원자들은 무겁든 가볍든 동일한 속도로 하강한다. 마치 '무게'를 가진 원자들이 빗방울이 되어 내리는 '우주비'와 같은 것으로 이해할 수 있다. 하지만 공허 속의 원자들이 어떠한 저항과도 만나지 않고 같은 속도로 하강만 한다면, 아직 불완전한 우주론일 수밖에 없다. 원자들의 하강 속도가 동일하다면 원자들은 서로 충돌하지 않을 것이고, 그러면 우주 또한 형성될 수 없기 때문이다. 그는 불완전한 이론을 보완하기 위해 원자의 일탈을 의미하는 '클리나멘Clinamen' 개념을 도입했다. 태초의 '우주비' 속에서 원자들이 종종 수직 방향에서 옆으로 일탈하여 다른 원자와 충돌하고, 그 원자들이 뭉쳐 세계가 이루어졌다는 것이다. 물론 원인이 없는 아주 '우연한' 일탈이다.

에피쿠로스가 우연한 일탈 이론을 도입한 목적은 원자론의 엄격한 결정론으로부터 벗어나기 위해서였다. 인간의 운명은 이미 결정되어 있다는 결정론 철학은 당시 아테네 민중들 사이에 팽배했고, 전쟁의 참화 속에서 벗어날 수 없는 고통을 느끼던 그들에게 체념만을 안겨주었다. '일탈의 개념'은 '필연'으로 잠식되어버린 결정론적 사고를 물리치고, 그 안에 '자유의지'라는 가능성을 끌어들이기 위한 에피쿠로스 원자론의 핵심적인 요소였다. 유물론 철학의 창시자 카를 마르크스1818~1883는 자신의 박사 논문으로 《데모크리토스와 에피쿠로스 자연철학의 차이Uber die difernz der demokritischen und epikureischen nature philosophie》를 집필하여 에피쿠로스 철학의 독창성을 주장했다. 자본주의적 생산관계는 노동자 계급의 가열찬 투쟁 때문에 필연적으로 붕괴될 것이라는 마르크스 이론은 에피쿠로스 원자론의 자유의지와 결정론적 사고의 절묘한 조화를 연상시킨다.

에피쿠로스가 아테네에 학교를 열었던 당시, 훗날 에피쿠로스학

스토아학파의 창시자 제논. 〈아테네 학당〉 부분.

파와 더불어 헬레니즘 시대의 중요한 양대 철학 중 하나로 발전한 스토아학파도 서서히 태동을 시작했다. 기원전 300년 아테네에 문을 연 제논의 학교는 아테네 광장의 공회당에 있었고, 평소 '스토아 포이킬레'라는 채색한 주랑(줄지어 선 기둥들과 복도)에서 학생들을 가르쳤기 때문에 스토아학파라는 이름을 얻게 되었다. 제논의 철학은 에피쿠로스와 비슷한 동기에서 출발했지만, 결과적으로 핵심 내용은 에피쿠로스의 사상과 근본적으로 달랐다.

그는 세상이 오직 '원자'와 '공허'만으로 이루어져 있다는 에피쿠로스의 사상을 받아들이지 않았다. 제논은 세상이 탄력 있는 매질로 가득 차 있으며, 무한히 쪼갤 수 있는 물질의 연속체로 이루어져 있다고 생각했다. 그에게는 원자가 '더 이상 쪼갤 수 없는 물질'이 아니라 '더 쪼갤 수도 있는 물질'이었던 셈이다. 만약 물질을 무한히 쪼갤 수 있다면, 원자들이 그 위치를 바꿀 수 있도록 '요청'해야 했던 공허도 더는 필요하지 않다. 물고기가 물속을 자유롭게 헤엄치듯이 세계의 변화는 공허 없이도 충분히 가능하기 때문이다. 하지만 스토아학파는 세상을 물질의 연속체로 보는 데서 한발 더 나아갔다. 그들은 우주의 생성과 활동 속에 비물질적인 요소를 도입했다. 스토아학파는 세상의 모든 것이 이성의 원천인 '로고스'에서 비롯되었고, 우주는 신의 호흡인 '프네우마Pneuma'에 둘러싸여 있다고 보았다.

공기와 불이 다양한 비율로 결합하여 만드는 프네우마에는 '광물의 프네우마', '동식물의 프네우마'가 있고, 인간의 이성을 설명하는 원천으로서 '인간의 프네우마'가 있다. 그 밖에도 '우주적 프네우마'가 존재한다. 프네우마는 탄력성을 가지며 사물의 유기적 통합을 가능케 한다. 이러한 스토아학파의 우주론은 훗날 라이프니츠가 주장한 유기체설을 연상시킨다.

에피쿠로스의 우주론은 답하기 어려운 질문을 많이 안고 있었다. 예를 들어 인간의 삶과 죽음이 단지 원자들의 결합과 해체에 불과하다면, 자식은 왜 부모와 닮은 모습으로 태어날까? 이 같은 질문에 만족할 만한 답변을 제시하는 것은 쉽지 않았다. 세계는 원자의 결합만으로는 설명할 수 없는 복잡한 사건들로 가득 차 있기 때문이다. 우주적 생명력의 원천으로서 프네우마는 그와 같은 답하기 어려운 질문을 해결하는 데 도움을 주었다.

비물질적 가치의 중요성을 설파한 스토아학파는 인간이 로고스에 따라 사는 것이 중요하며, 이성적인 생활 태도를 견지해야 한다고 가르쳤다. 따라서 만약 인간이 불치병에 걸리거나 이성적인 삶을 더 이상 유지할 수 없을 때에는 구차하게 삶을 연명하기보다 자유의지에

아마 스토아학파의 지지자들도 이런 식의 자살을 동경했을 것이다. 레오나르도 알렌자Leonardo Alenza, 1807~1845, 〈낭만적인 자살의 풍자〉, 1845년.

따라 스스로 목숨을 끊는 편이 낫다고 보았다. 당시 많은 철학자가 이처럼 삶과 죽음에 대한 강렬한 주체적 의지가 담긴 스토아철학에 매료되었다. 앞에서 언급한 키케로를 비롯하여 로마의 정치가이자 철학자였던 세네카기원전 4~기원후 65, 로마제국의 제16대 황제였던 마르쿠스 아우렐리우스121~180 등이 대표적이다.

한편 로마제국이 지중해의 패권을 장악한 이후 로마의 박해에도 불구하고 기독교는 점점 교세를 확장해가고 있었다. 우주의 창조자인 하나님과 초월적 세계에 가치 중심을 두었던 기독교 사상은 세상을 원자와 공허로 환원한 원자론과 극명하게 대립할 수밖에 없었다. 원자론이 르네상스 이후에 재발견될 때까지 사실상 자취를 감춘 것은 이 때문이었다. 기독교적 가치관이 지배하던 중세를 통해 원자론은 잊혀갔으며, 루크레티우스조차도 무신론자 혹은 광인狂人으로 회자될 뿐이었다. 그러나 1417년 루크레티우스의 시가 재발견되고, 1473년경 처음 출간된 후 1600년까지 약 30쇄가 인쇄될 만큼 뒤늦게 인기를 끌었다.

그런데 《사물의 본성에 관하여》에서 루크레티우스는 자신의 시를 당시 로마의 정치가였던 가이우스 멤미우스에게 바친다고 적고 있다. 하지만 멤미우스는 그다지 평판이 좋은 인물은 아니었다. 정치가로서 그는 처음에 폼페이우스의 편에 섰다가 나중에는 카이사르에게 돌아섰고, 기원전 54년에는 집정관에 입후보했다가 뇌물 수수 혐의로 로마에서 추방당하기도 했다. 그 뒤 멤미우스는 아테네에 있던 에피쿠로스의 저택을 사들인 후 건물의 일부를 해체하려고 했다. 그 소식을 들은 에피쿠로스 철학의 계승자들이 건물을 재구입하겠다는 의사를 밝히고 키케로에게 중재를 요청했지만, 멤미우스는 이를 무시해버렸다. 그런 멤미우스에게 에피쿠로스 철학을 계승한 루크레티우스가 왜 이 책을 바쳤는지는 여전히 의문으로 남아 있다.

6

백과사전,
로마인의 취향

기원전 8세기 무렵 이탈리아 중부의 테베레강 유역에 자리 잡은 로마는 강력한 군사력을 바탕으로 지중해의 새로운 강자로 떠오르기 시작했다. 세 차례의 포에니전쟁을 거치면서 로마가 카르타고, 마케도니아, 그리스 일대를 수중에 넣은 것은 기원전 146년 무렵이다. 나아가 기원전 30년경에는 일찍이 그리스의 전통을 이어받아 헬레니즘 문화를 이끌던 프톨레마이오스 왕조의 이집트마저 로마에 항복함으로써 지중해의 패권은 완전히 로마의 손에 넘어갔다. 그러나 로마의 정치적·군사적 지배에도 불구하고

플리니우스의 초상화. 작자 미상, 1584년, 프랑스 국립도서관.

그리스의 문화적 전통은 쉽게 소멸되지 않았다. 매우 수준 높은 철학적 사유를 발전시켰던 그리스 문화는 오히려 로마인들을 잠식하기 시작했다. 그리스어를 말하고 쓰는 능력은 진정한 교양인들이 갖추어야 할 덕목이었다. 일례로 로마 최고의 지식인이었던 키케로가 어린 시절 그리스 교사들에게 교육을 받았고, 나중에는 직접 아테네로 건너가 그리스 철학을 공부했다는 것은 잘 알려진 사실이다.

일반적으로 그리스인들이 철학적 사유에 강한 흥미를 느꼈다면, 로마인들은 기술과 공학적 문제에 깊은 관심을 가졌다. 그리스인들이 남긴 성과가 주로 추상적이고 현실과 동떨어진 색채를 띠는 반면 로마인들이 남긴 유산은 분명히 좀 더 실용적이고 기술적이다. 로마인들의 대표적 발명품으로 일찍이 그리스 시대에는 볼 수 없었던 아치형 건축물이 있다. 아치형 구조의 도입은 기둥과 기둥 사이의 하중을 건물 밑으로 골고루 흩어지게 함으로써 건축에서 다양한 표현을 가능하게 했다. 로마제국의 도시 어디서나 볼 수 있는 견고한 건축물과 상하수도와 같은 설비들, 그리고 강력한 군사 시스템은 로마인들의 기술적 수준을 잘 보여주는 증거들이다.

물론 로마 시대에도 그리스인들이 남긴 것과 같은 과학 저서가 있었다. 그러나 그 저서 대부분은 백과사전적 경향이 강했다. 마르쿠스 테렌티우스 바로Marcus Terentius Varro, 기원전 116~27의 《학문론Disciplinarium libri》은 문법, 수사학, 논리학, 산술, 기하학, 천문학, 음악, 의학, 건축에 관한 해설서로서 후일 로마의 백과사전적 저서의 모델이 되었다. 《의학에 대하여De medicina》를 남긴 아울루스 켈수스Aulus Celsus, 기원전 30?~기원후 45?와 《자연의 의문들Quaestiones naturales》을 쓴 세네카도 백과사전적 저서의 대표자들이다. 그러나 무엇보다도 로마 시대의 대표적인 백과사전적 저서는 가이우스 플리니우스 세쿤두스Gaius Plinius Secundus, 23~79의 《박물지Naturalis Historia》이다.

이탈리아 북부의 한 유복한 가정에서 태어난 플리니우스는 로마로 나온 이후 전형적인 상류층 교육을 받았다. 대부분의 삶을 정치가이자 군인으로 보냈던 플리니우스는 근무 틈틈이 여러 권의 책을 집필했는데, 《박물지》 이외의 책들은 현재 소실되었다. 라틴어로 쓰인 《박물지》는 세계 각지의 문물과 풍속에 관한 정보의 집대성이다. 총 37권으로 이루어진 《박물지》는 77년에 먼저 10권까지 출간되었고, 플리니우스 사후에 그의 조카 소小 플리니우스가 나머지를 출간한 것으로 추정된다.

플리니우스는 독창적인 연구자라기보다는 지식의 수집가이자 집대성자에 가까웠다. 책 서문에서 그는 자신이 선택한 백 명의 저자들로부터 이만 개의 가치 있는 정보를 얻었다고 썼다. 동물, 식물, 인간, 지리, 우주 등에 관한 다양한 내용을 담고 있는 이 책은 구체적이고 실용적인 사실로 채워져 있으며, 당시 로마인들의 풍속과 세태에 대해서도 비판적인 관점을 숨기지 않았다. 예를 들어 그는 콜로세움이나 신전과 같은 당시 로마인들의 건축물이 지나치게 많은 대리석을 소비하고 있다고 날카롭게 비판했다.

《박물지》는 세계 각지에 대한 풍부한 정보를 담고 있지만, 동시에 적지 않은 한계를 지녔다. 특히 인간에 대해 기술하고 있는 제7권은 엄밀한 사실의 기록이라기보다는 신화적 기록에 가깝다. 플리니우스는 중앙아시아의 한 지역에는 눈이 하나뿐인 민족이 살고 있으며,

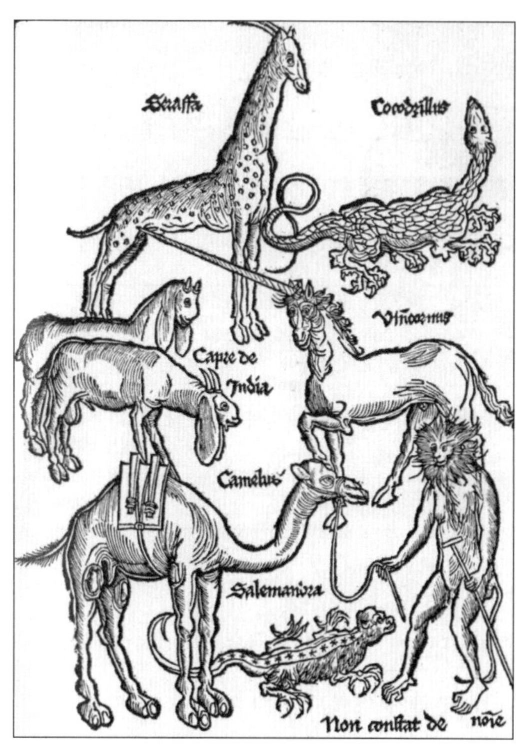

순례 여행에 관한 이 책 안에는 그가 여행 중에 만난 갖가지 진귀한 동물들의 삽화가 실려 있다. 현실과 상상이 뒤섞인 미지의 세계에 관한 기록은 중세인들의 흥미를 끌었다. 베른하르트 폰 브레이든바흐Bernhard von Breydenbach, 1440~1497, 《성지순례 여행Peregrinatio in Terram Sanctam》, 1486년.

각종 괴수 인간을 묘사한 그림이다. 그림 왼쪽에 외다리 인간이 보인다. 그들은 더운 날씨에는 바닥에 누워 큰 발로 그늘을 만들어 태양을 피한다고 한다. 그레고르 레이쉬Gregor Reisch, 1467~1525, 《철학의 정수Margarita philosophica》, 1517년판.

분노를 담아 쳐다보는 것만으로도 사람을 죽일 수 있는, 이른바 악마의 눈을 가진 종족이 존재한다고 적고 있다. 또 사람의 상체와 말의 하체를 지닌 괴수 인간, 매일 돌고래의 등을 타고 학교를 통학하는 소년의 이야기 등을 마치 실재하는 것처럼 사실적으로 기록했다. 특히 외다리 인간 이야기는 매우 흥미롭다. 그는 인도를 탐험했던 사람들의 이야기를 다음과 같이 적고 있었다.

> 크테시아스Ctesias, 기원전 400년경는 모노콜리라는 종족에 대해 말했다. 그 종족은 하나의 발을 가졌지만 놀라운 속도로 뛸 수 있다. 스키아포다스Sciapodas라고도 하는 그 생명체는 보통 더운 날씨에는 바닥에 드러누워 자신의 큰 발로 그늘을 만들어서 태양을 피한다고 한다.•

그리스어 '스키아포다스'는 Shadow-foots, '그림자 발'이라는 뜻이다. 다소 황당무계하게 들리는 이러한 내용은 물론 정확한 사실 확인을 거치지 못한 이야기이다. 인도 등 동방을 여행한 사람들이 보았던 것은 아마도 요가를 수행하던 사람들이었을지도 모른다. 한 발을 들어올리고 중심을 잡거나 다리를 비트는 모습이 마치 신비한 외다리 인간처럼 보였을 가능성이 있다. 하지만 먼 지방을 여행하는 것이 쉽지 않았던 당시 로마인들에게 외다리 인간 이야기는 많은 호기심과 흥미를 불러일으켰을 것이다.

• 플리니우스, 《박물지》 제2권, University of Harvard Press, 1969년, 521쪽.

13세기 중엽 영국에서 출간된 《할리의 동물 우화집》 삽화.

《박물지》 안에 담긴 신비한 종족들의 이야기는 후대 작가들이 삽화를 그리는 데 원천을 제공하거나 백과사전에 반영되기도 했다. 로마의 저술가 솔리누스Solinus, 3세기경가 《박물지》를 참고해 쓴 《기이한 사물의 집대성Collectanea rerum memorabilium》은 유럽에서 큰 인기를 끌었다. 그는 책에서 거대한 발을 가진 사람, 개의 머리를 달고 있는 사람, 전설 속 동물들에 대해 흥미롭게 적고 있다. 중세 후기의 유럽인들도 자신의 손길이 쉽게 닿지 않는 먼 지역에는 기상천외한 동물과 인간이 살고 있을 것이라고 믿었다. 이런 상상은 《할리의 동물 우화집Bestiary》처럼 풍부한 삽화로 표현되었고, 대중에게 널리 읽혔다.

플리니우스의 《박물지》는 출간 당시 로마의 지식인들이 알고 싶었던 것들을 가장 잘 전해준 책일 뿐만 아니라 중세 이후의 여행기나 동물지에도 큰 영향을 주었다. 로마 시대에 출간된 다른 저서와 달리 이 책은 르네상스 시대에 이르기까지 유럽인들이 지속적으로 읽고 필사했다는 점이 그 사실을 보여준다. 1492년 아메리카에 도달한 콜럼버스1451~1506는 《박물지》를 읽고 여행지의 정보를 미리 얻었다고 하며, 13세기 영국의 철학자 로저 베이컨도 북극 가까운 설원에 온난한 기후의 토지가 있다는 《박물지》의 정보를 거의 그대로 인용하고 있다. 1469년 베네치아에 인쇄소가 출현한 해에 라틴어로 출간된 《박물지》는 과학 서적 중 최초의 인쇄본으로 기록된다.

《박물지》는 르네상스 시대에 이르기까지 거의 무비판적으로 인용되다가 니콜로 레오니체노Niccolò Leoniceno, 1428~1524가 처음으로 1492년 《플리니우스의 오류에 대하여De errorbus Plinii》에서 전면으로 비판한다. 그는 플리니우스가 자연현상을 확인하는 데 '실증적 태도'를 갖추지 못했다고 지적했다. 나아가 같은 해 《플리니우스 비판Castigationes Plinianae》을 쓴 헤르모라오스 바르바루스Hermolaos Barbarus, 1454~1493도 자신이 《박물지》에서 무려 오천 개에 이르는 오류를 바로잡았다고 밝혔다. 이처럼 르네상스 시대에 이르러 재조명되기 시작한 《박물지》는 실증적 사고에 자리를 물려주면서 차츰 예전의 영향력을 잃어갔다.

그러나 항간의 비판과 달리 플리니우스는 아주 실증적 태도를 견지한 사람이었다. 그의 죽음조차도 사실은 자연에 대한 세심한 관찰의 결과였다. 79년 8월 24일, 폼페이를 덮친 베수비오 화산 대폭발 사건 당시 플리니우스는 나폴리만에서 함대 사령관으로 재직 중이었다. 그는 화산 폭발 소식을 듣고 호기심에 가득 차 배를 움직였다. 그리고 재난지에 상륙했다가 결국 유황 가스를 마시고 죽었다고 한다. 하지만 일설에는 화산 폭발로 혼란한 가운데 노예의 칼에 찔려 죽었다는 소문도 있다.

CAII PLINII SECVNDI NATVRALIS HISTORIAE LIBER .II.

AN Finitus ſit mundus: & an unus. Ca.i.

MVNDVM ET HOC QVOD NOMINE alio cælū appellari libuit: cuius circūflexu tegūt cuncta: numen eſſe credi par eſt æternū: ímēſū: neq; genitum: neq; íteriturū unq̄. Huius extera indagare nec intereſt hominū: nec capit hūanæ coniectura mentis. Sacer eſt: æternus: ímenſus: totus in toto: immo uero ipſe totū: infinitus: ac finito ſilis. Omniū rerū certus & ſimilis ícerto. Extra intra cūcta cōplexus in ſe: idéq; rerū natūræ opus: & rerū ipſa natura. Furor eſt menſurā eius animo quoſdā agitaſſe: atq; ꝑdere auſos. Alios rurſus occaſione hinc ſūpta: aut his data ínumerabiles tradidiſſe mūdos: ut totidē rerū natūras credi oporteret. Aut ſi una óes ícubarēt: totidē tamen ſoles: totidéq; lunas: & cætera etiā in uno & immenſa & innumerabilia ſydera: quaſi nō eadē quæſtiōe ſemp in termino cogitatiōis occurſura deſyderio finis alicuius. Aut ſi hæc infinitas naturæ oīū artifici poſſit aſſignari: nō illud idē in uno facilius ſit ítelligi tāto præſertī ope. Furor eſt ꝑfecto furor egredi ex eo: & tāq̄ íterna eius cūcta plane iam ſit nota: ita ſcrutari extera: quaſi uero menſurā ullius rei poſſit agere: qui ſui neſciat: aut mens hominis uidere quæ mundus ipſe nō capiat.

DE Forma eius. Cap.ii.

FOrmā eius in ſpeciē orbis abſoluti globatā eſſe nomen in primis & conſenſus in eo mortaliū orbē appellantiū. Sed & argumenta rerū docent: non ſolū quia talis figura óibus ſui partibus uergit in ſeſe: ac ſibi ipſa toleranda eſt: ſeq; includit & continet nullarū egens cōpaginū: nec finē aut initiū ullis ſui partibus ſentiens: nec quia ad motum quo ſubinde uerti debeat: ut mox apparebit: talis aptiſſima eſt: Sed oculorū quoq; ꝓbatiōe: ꝙ conuexus mediuſq; quacunq; cernat: cum id accidere í alia non poſſit figura.

DE Motu eius. Cap.iii.

HAnc ergo formam eius æterno & irrequieto ābitu inenarrabili celeritate .xxiiii. horarū ſpatio circūagi ſolis exortus & occaſus haud dubiū reliquere: an ſit ímēſus: & ideo ſenſum auriū facile excedens tantæ molis rotata uertigine aſſidua ſónitus non equidē facile dixeri: nō hercle magis q̄ circūactorū ſimul tinnitus ſyderū ſuoſque uoluentium orbes. An dulcis quidē & incredibili ſuauitate concentus nobis qui íntus agimur iuxta diebus noctibuſq; tacitus labit mundus: eſſe innūeras ei effigies aīaliū rerūq; cunctarū ípreſſas. Nec ut in uolucrum notamus ouis leuitate continua lubricū corpus: quod clariſſimi auctores dixere terrarū argumētis ídicat: quoniā inde deciduis rerū óiū ſeminibus innūeræ in mari præcipue: ac plerūq; cōfuſis mōſtrificæ dīgenerāt effigies. Præterea uiſus probatiōe alibi plauſtra: alibi urſi: tauri alibi: alibi l[ittera]æ figura cādidiore medio ſup uerticē circulo.

Cur Mundus dicat. Cap.iiii.

EQuidem & conſenſu gentium moueor. Nā quē κόσμον coſmon græci noīe ornamēti appellauerūt: eum & nos a perfecta abſolutaq; elegantia mundum. Cælum quidem haud dubie cælati argumento diximus: ut interpretatur. M. Varro. Adiuuat rerū ordo deſcripto circulo: qui ſignifer uocat: in .xii. aīaliū effigies: & p illas ſolis curſu cōgruens tot ſæculis ratio.

DE Quattuor elementis. Cap.v.

NEc de elemētis uideo dubitari quattuor eſſe ea. Ignitū ſummo: íde tot ſtellarū collucētium illos oculos. Proximū ſpiritus: quē græci nr̄iq; eodē uocabulo aera appellāt. Vitalē hunc: & p cuncta rerū meabilē totoq; conſertum: cuius ui ſuſpenſam

1469년판 플리니우스 《박물지》 인쇄본. 인쇄술의 도입 직후에 출간한 이 책은 과학 분야에 관한 최초의 인쇄본이었다.

7

풀리지 않는 천체의 운동을 기하학으로 해석한 프톨레마이오스

태양은 날마다 동쪽에서 떠올라 서쪽으로 진다. 밤이 되면 어김없이 달이 우리를 찾아오고 별들도 시시각각 정해진 길을 따라 움직인다. 이처럼 매일매일 변화하는 하늘을 보고 우리가 지구의 자전과 공전을 느끼기란 쉽지 않다. 우리가 서 있는 지구를 중심으로 하늘이 회전한다고 생각하는 편이 훨씬 자연스럽기 때문이다. 만약 지구가 하루에 한 바퀴씩 자전한다면 빠른 회전 속도 때문에 우리 몸은 우주 공간으로 날아가 버릴 것이고, 달도 미처 지구를 따라오지 못할 것이다. 고대인들이 체감한 우주의 모습은 오늘날 우리의 감각기관이 정하는 원초적인 느낌과 별반 다르지 않았다.

그리스의 천문학자 에우독소스기원전 409~356는 하늘에 관한 최초의 그럴듯한 가설을 제시했다. 하늘에는 마치 달걀 껍데기와도 같은 투

고대 왕의 복장을 한 아틀라스가 혼천의를 짊어지고 있는 이 그림은 지구중심설을 묘사하고 있다. 우주 중심에는 흙과 물로 싸인 지구가 있고, 그 위에는 공기와 불의 공간이 있다. 태양계의 행성들은 각각의 천구 안에 실려 있고, 외곽에는 별들의 공간인 창공Firmament, 투명한 천구Cristalline, 그리고 원동천Primum mobile이 있다. 원동천은 최초의 기동자First mover로서 우주의 운동을 총괄하는 힘이다. 기독교 신학은 원동천 밖에 있는 신의 장소로서 또 하나의 최고천을 두었다. 윌리엄 커닝햄, 《우주 형상의 거울The cosmographical glasses》, 1559년.

명한 동심의 천구들이 있고, 천구들이 지구 둘레를 서로 방향이 다른 축을 중심으로 회전하며 별과 행성을 실어 나른다는 이른바 '동심천구설'이었다. 천구의 숫자와 운동 원리에 대해서는 에우독소스와 의견이 달랐던 아리스토텔레스도 동심천구설을 받아들였다.

물론 고대의 모든 천문학자가 우주의 중심에 고정된 지구를 둔 것은 아니었다. 고대 그리스 수학의 전도사였던 피타고라스는 우주의 중심에 이글거리는 불을 두었고, 헤라클레이데스기원전 390~322는 지구가 비록 우주의 중심에 머물지라도 자신의 축을 중심으로 회전한다는 일종의 '자전설'을 제시했다. 기원전 3세기에는 사모스섬의 아리스타르코스기원전 310~230가 철학적 직관에 따른 '태양중심설'을 제기했고, 아폴로니오스는 지구를 우주의 중심에서 약간 떨어진 곳에 둔 새로운 태양계 모델을 제안했다.

그러나 하늘이 아니라 지구가 움직인다는 생각은 인간의 감각과는 전혀 맞지 않는다는 비판이 이어졌다. 지구가 회전한다면 지구상의 모든 것이 왜 지구 밖으로 날아가 버리지 않는지, 지구가 공전한다면 별을 보는 각도의 차이인 연주시차가 왜 나타나지 않는지와 같은 의문에 답할 수 없었기 때문이다. 따라서 인간이 사는 지구가 우주의 중심에 고정되어 있다는 '지구중심설'이 고대인들이 가장 널리 받아들인 천문학 모델이 되었다.

하늘의 별과 천체들이 추락하지 않는 이유 또한 고대인들의 큰 관심사였다. 가장 설득력 있는 해답은 투명한 천구들이 별과 천체들을 실어 나르기 때문이라는 것이다. 흔히 수정구crystalline spheres라고 불리는 투명한 천구들은 마치 양파 껍질처럼 포개져 있고, 각각의 행성은 그 천구들에 실려 움직인다고 보았다.

그런데 어마어마한 크기의 천구들이 지구 둘레를 하루 한 바퀴씩 회전한다는 것이 상식적으로 가능한 일일까? 이 질문에 답하기 위해 아리스토텔레스는 달 위의 세계가 우리가 사는 지상계와는 완전히 다른 영역이라고 역설했다. 달 아래 세계인 지상계가 물·불·공기·흙이라는 네 가지 기본 원소로 이루어졌다면, 달 위의 세계인 천상계는 신성하고 투명한 물질로 가득 차 있다는 것이다. 그 이상적인 물질을 '밝은 불꽃'을 의미하는 '에테르'라고 불렀는데, 지구상의 네 가지 원소와 구별되는 제5의 원소였다. 이 물질은 매우 가벼워서 무게가 없을 뿐만 아니라 증가하거나 감소하지도 않는다. 아울러 변화로 가득 찬 공간인 지상계와는 달리 천상계는 어떤 변화도 없는 불변의 영역이며 행성과 별들은 완벽한 등속원운동을 한다고 역설했다. 천상계에 대한 이 같은 아리스토텔레스의 물리적 해석은 그의 권위에 기대어 고대로부터 절대적 입지를 구축해나갔다.

그러나 하늘에는 아리스토텔레스가 생각했던 원운동에 완전히 위배되는 불청객이 있었다. 예고 없이 출몰하여 하늘을 휘젓는 불길한 천체, 혜성이었다. 가끔은 천구를 관통하는 듯이 불규칙한 궤도를 그리는 혜성은 모양 또한 각양각색이었다. 자신의 이론을 보기 좋게 부정하는 이 천체의 출현을 아리스토텔레스가 반겼을 리 없다. 그는 급기야 혜성을 지구에서 떨어져 나간 물질이 불의 원소로 이루어진 구에서 발화하는 현상으로 해석함으로써 자신의 이론을 지키고자 했다.

운석 또한 아리스토텔레스에게는 골치 아픈 낙하물이었다. 오늘날 지구상에 떨어지는 운석 대부분은 화성과 목성 사이의 소행성대에

4세기경 유럽에 떨어진 혜성의 파괴적인 모습. 스타니스와프 루비에니에키Stanislaw Lubieniecki, 《혜성 극장Theatrum Cometicum》, 1668년.

서 온 것이다. 그러나 아리스토텔레스에 따르면, 운석은 길거리 어디에나 나뒹구는 돌멩이에 불과했다. 그는 《기상학Meteorology》에서 다음과 같이 말했다.

> 아에고스포타미아에서 돌이 공중에서 떨어졌을 때 그것은 바람에 의해 올라갔다가 낮에 떨어졌다. 그리고 나서 역시 혜성이 서쪽에서 나타났다.•

천상계가 불변의 영역이라고 믿었던 아리스토텔레스에게 운석은 천상계에서 떨어진 물체가 아니라 바람 때문에 솟구친 돌멩이가 다시 땅으로 떨어진 것에 불과했다. 오늘날 유성, 운석 등을 뜻하는 '미티어meteor'가 기상학이라는 어휘와 연관되어 있다는 사실은 아리스토텔레스가 혜성이나 운석을 기상 현상으로 다루었음을 보여주는 결정적 증거다.

하늘의 천체 중에서 우리에게 가장 친숙한 달도 비슷한 운명을 겪었다. 오늘날 우리는 얼룩진 달의 표면이 산과 계곡, 그리고 크레이터에서 비롯된 것임을 알고 있다. 그러나 달을 천상계의 천체로 분류했던 아리스토텔레스주의자들은 달의 얼룩이 진짜 모습이 아니라 지상계 상층부의 부유물에 가린 착시 현상이거나 달을 이루는 에테르의 밀도 차이가 원인이라고 여겼다. 약 2000년 뒤 갈릴레이의 망원경이

• 아리스토텔레스, 《기상학》, Jazzybee Verlag, 2015년, 10쪽.

그런 생각을 몰아내기까지 유럽인들은 과학에 있어서 대부분 아리스토텔레스주의자였던 셈이다.

그러나 혜성, 운석, 달의 표면 같은 물리적 현상들은 논외로 하더라도 아리스토텔레스 시대의 천문학자들은 행성의 움직임이 조금씩 불규칙하다는 것과 운동 속도 또한 간혹 변화한다는 것을 알고 있었다. 예를 들어 화성이 가끔 그 전진을 멈추거나 역방향으로 거슬러 오르기도 하는 현상은 이미 고대에 알려져 있었다. 일찍이 플라톤은 '현상을 구제하라!'는 말로 이 같은 불규칙한 행성 운동의 배후를 파헤쳐 우주의 진짜 모습을 발견하라는 과제를 남겼다.

플라톤의 제자 에우독소스는 스물일곱 개의 천구를 다양한 방식으로 회전시킴으로써 현상을 구제하려는 노력을 보였다. 에우독소스의 동심천구설을 채택한 아리스토텔레스는 에우독소스 이론의 모순점을 보완한 결과, 천구의 숫자를 무려 쉰여섯 개까지 늘려놓았다. 그러나 근본적인 문제는 규칙적으로 등속원운동을 하며 어떤 불규칙 운동도 일어나지 않아야 할 천상계의 행성이 마치 멈춘 것처럼 보이거나 거꾸로 돌아가는 듯한 움직임을 보인다는 것이었다.

2세기 중엽 알렉산드리아에서 활약하던 천문학자 클라우디오스 프톨레마이오스는 아리스토텔레스의 천문학이 남긴 과제들을 새로운 방식으로 해결했다. 아리스토텔레스와 마찬가지로 그도 지구의 자전에 대해서는 부정적이었다. 만약 지구가 자전한다면 자전 속도 때문에 사나운 바람이 불 것이고, 지상의 물체들은 순식간에 하늘로 날아가 버릴 것이다. 또 우리가 머리 위로 물체를 던진다면 물체는 처음 던진 곳보다 서쪽으로 떨어질 것이다. 물체가 공중에 머무르는 동안

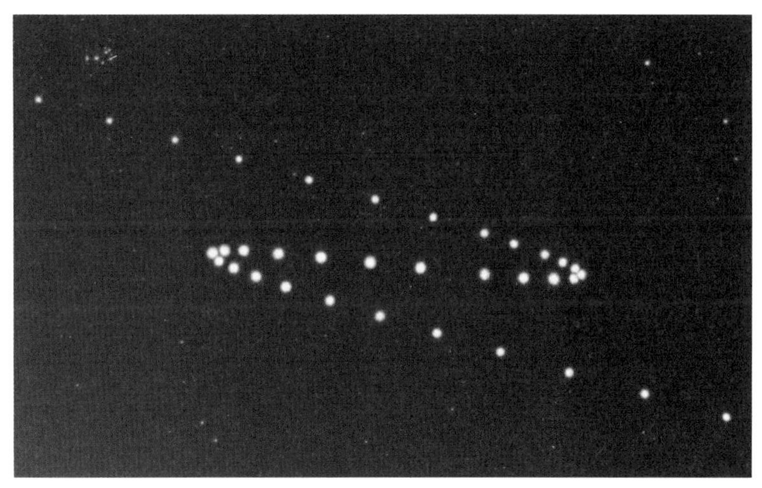

2005년 화성의 역행운동. 화성은 실제 역행운동을 하지 않지만 마치 역행하는 것처럼 관측된다.

지구는 서쪽에서 동쪽으로 빠른 속도로 회전할 것이기 때문이다. 하지만 그런 일은 실제로 일어나지 않는다.

따라서 프톨레마이오스는 태양계의 중심에 고정된 지구를 두는 전통적인 천문학에 기초하여 자신의 이론을 구축했다. 앞에서 언급했듯이 행성들의 불규칙한 운동은 이전까지의 천문학이 해결할 수 없었던 최대 골칫거리였다. 행성의 운동을 단순한 원운동으로 가정했던 동심천구설로는 행성의 역행과 광도 변화와 같은 복잡한 운동을 쉽게 설명할 수 없었던 것이다.

프톨레마이오스는 먼저 각각의 천체가 운동하는 궤도 안에 주전원이라는 작은 원들을 집어넣었다. 그리고 주전원의 중심은 이심원이라는 큰 원 위를 회전한다고 생각했다. 다음 그림을 보면 행성 P는 작은 원인 주전원의 궤도를 회전하면서 동시에 ABD의 궤도, 즉 이심원

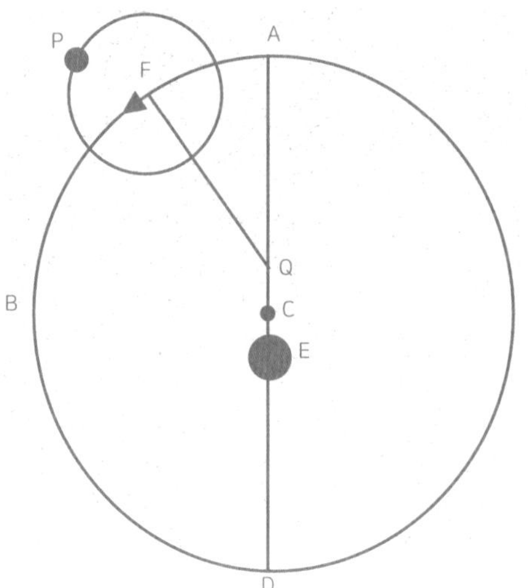

행성 P가 그리는 작은 원은 '주전원'이고, 그 원의 중심이 그리는 ABD는 '이심원'이다. 프톨레마이오스는 지구 E를 행성 운동의 기하학적 중심인 편심 C로부터 조금 떨어진 곳에 놓았고, 그 반대편에 등각속도점 Q를 두었다.

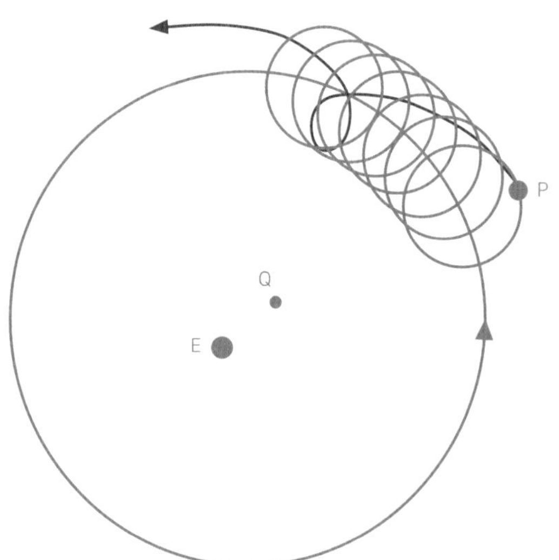

주전원 위를 회전하면서 동시에 이심원의 원주 위를 회전하는 행성 P는 마치 풀린 용수철과 같은 궤도를 그리게 된다. 만약 행성 P가 지구 E에서 가까운 주전원의 안쪽을 회전하고, 그 속도가 이심원 위의 회전속도보다 빠르다면 역행하는 듯이 보일 것이다.

위를 회전하고 있다. 이 경우 행성은 왼쪽 아래 그림처럼 풀린 용수철과 같은 궤도를 그리며 움직인다. 그런데 이때 행성 P가 지구 E로부터 먼 지점, 즉 주전원의 외곽을 회전할 때는 행성의 속도가 매우 빨라진다. 왜냐하면 주전원 위 행성의 회전속도에 이심원 위 회전속도가 더해짐으로써 행성 P의 속도가 증가하기 때문이다. 반대로 행성 P가 지구 E에서 가까운 주전원의 안쪽을 회전할 때는 이심원 위의 회전 방향과 반대가 되기 때문에 행성 P의 속도는 느려진다. 이 경우 주전원 위 행성의 속도가 이심원 위 속도보다 빠르면 행성 P는 지구 E에서 볼 때 마치 역행하는 것처럼 보일 것이다. 주전원과 이심원을 도입한 이 같은 기하학적 모델은 행성의 역행과 광도 변화를 설명하는 데 매우 설득력이 있었다.

그러나 이것만으로 행성 운동에서 관측되는 불규칙한 현상들을 설명할 수 없었던 프톨레마이오스는 편심eccentricity과 등각속도점equant point이라는 더욱 복잡한 개념을 끌어들였다. 이심원의 중심에 위치한 편심(C)은 주전원의 중심이 그리는 행성 운동의 기하학적 중심으로, 편심을 도입함으로써 지구는 그 중심에서 살짝 벗어난 자리에 놓이게 되었다. 물론 지구는 이심원의 중심에서 살짝 벗어났지만 여전히 우주의 중심에 정지해 있다. 또한 등각속도점(Q)은 지구로부터 편심의 반대편에 동일한 거리만큼 떨어져 있는 가상의 지점으로, 그곳에서 관찰하면 행성들이 그리는 주전원의 중심은 일정한 각속도로 원운동을 한다는 것이다. 프톨레마이오스가 내놓은 이론은 이전의 천문학이 껴안고 있던 행성의 역행과 광도 변화 같은 변칙적 운동을 매우 성공적으로 설명해주었다.

프톨레마이오스의 천문학은 고대로부터 내려온 천문학 이론과 실제 천체운동 사이의 불일치를 해결하기 위해, 플라톤이 남긴 '현상을 구제하라!'는 과제를 해결하는 과정에서 탄생했다. 프톨레마이오스는 자신의 천문학을 《수학적 집대성Megae syntaxis tes astronomia》으로 완성했는데, 훗날 그 책은 이슬람권으로 흘러들어 가 '위대한 책'을 의미하는 《알마게스트Almagest》 13권으로 알려졌다.

이처럼 천체운동의 새로운 모델을 제시한 프톨레마이오스의 천문학은 아리스토텔레스가 생각한 천상계의 물리적 해석과 결합하여 중세를 거쳐 르네상스 시대에 이르기까지 절대적인 영향력을 지니게 되었다.

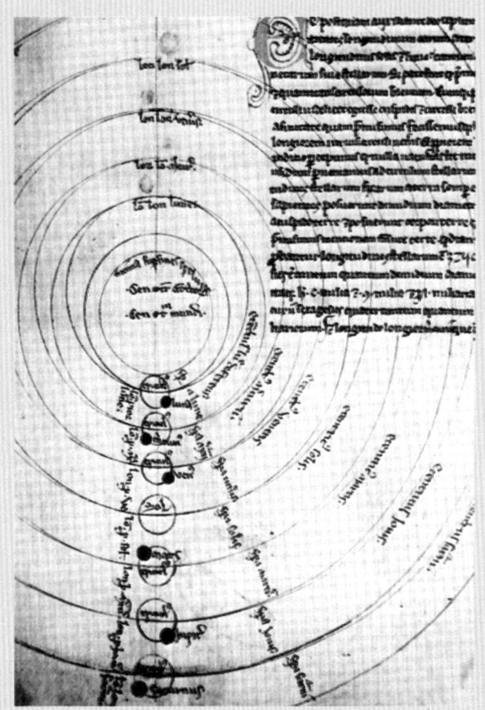

프톨레마이오스의 지구중심설. 각각의 행성은 작은 원인 주전원 위를 회전하면서 동시에 큰 원인 이심원의 궤도를 회전하고 있다. 13세기경 그림으로 추정된다. 케임브리지대학도서관.

과학의 역사에 관해
선구적인 작업을 진행한
조지 사턴은 다음과 같이 말했다.

**중세는 암흑이 아니다.
중세가 암흑이라는 것은
사실상 중세에 관한
우리들의 지식이 암흑임을 뜻한다.**

O REX ISTE TVVS LOCVS EFTERNACA VOC
EXPECTAT VENIA NOCTE DIEQ TV

8

기독교 신학자들, 중세 과학과의 타협점을 찾다

중세 수도사의 필사 작업. 그림에서 오른쪽 수도사와 달리 왼쪽 사람은 일반인 복장을 하고 있다. 이를 통해 필사는 수도사들만의 일이 아니었음을 알 수 있다. 《하인리히 3세의 복음서Das echternacher evanglistar Kaiser heinrichs》, 1039년.

과학과 기독교의 관계를 둘러싼 가장 뿌리 깊은 시각은 기독교 신앙이 과학의 발달에 큰 걸림돌이라는 것이다. 그러나 과학의 역사를 되돌아볼 때 이런 시각은 동전의 한 면만을 보는 것과 다름없다. 로마제정이 성립된 시대에 요르단강 연안의 유대인 사회에서 시작된 기독교는 313년 밀라노칙령으로 공인되었고, 380년 로마제국의 국교로 채택되면서 새로운 전기를 맞이한다.

기독교를 포용하며 제국의 안정을 도모하려던 로마는 오히려 기독교의 공세에 잠식되었다. 뿐만 아니라 콘스탄티노플에 수도를 둔 동로마와 점차 소원한 관계를 유지하다가 395년에 분열로 치달았다. 이 분열을 틈타 북에서 남하하기 시작한 게르만족은 결국 476년 서로마를 몰락으로 이끌었다. 서로마 지역에서 게르만족의 영향력이 커지자 중세 문화의 실질적 중심지 역할을 한 곳은 기독교 수도원들이었다.

529년경 성 베네딕트480~547가 로마의 남동쪽 몬테카시노에 세운 최초의 수도원을 시작으로 유럽 각지에는 여러 종파의 수도원이 문을 열었다. 당시 수도원은 교회의 타락과 신앙 세속화에 반발하여 올바른 신앙을 지키고 전파하는 데 목적이 있었다. 한편 많은 중세 문화가 수도원에서 시작되었다. 수도원은 합리적 농경의 기초를 제공했고, 직업적 수공업을 발전시켰으며, 심지어는 맥주 양조 기술의 발양지이기도 했다. 금욕과 엄격한 공동체 생활을 해야 했던 수도사들은 매일 많은 시간의 육체노동과 명상, 기도 등에 참여했다. 중세의 교육 활동 또한 수도원을 중심으로 전개되었다. 당시 대규모 수도원은 학교, 도서관, 필사실 등을 갖추었고, 수도원 부속학교는 어린이들에게 장래 수도사가 되었을 때 필요한 글쓰기, 노래, 라틴어 등을 가르쳤다. 고등교육과정에는 문법, 수사학, 논리학의 세 학과와 산술, 기하학, 천문학, 음악의 네 학과로 구성된 '자유학예'가 있었다.

수도원 도서관에는 성서를 포함한 역사서와 교과서를 포함한 그리스 고전들을 양피지 등에 필사해 소중하게 보관했다. 인쇄술이 아직 발명되지 않았던 당시 책은 주로 수도원 내부에서 수도사들이 필사해 제작했다. 필사는 특히 수도사들의 가장 중요한 일과 중 하나였다. 강인한 인내심을 필요로 했던 필사 작업은 죄를 용서받고 천국으로 들어갈 수 있는 종교적 수행으로 간주했기 때문에 많은 어려움에

필사는 구원의 길이다. 위 그림에서는 7세기 세비야의 대주교 이시도루스가 의뢰자인 브라우리오 사교에게 필사한 책을 건네고 있다. 표지에는 "당신의 의뢰에 따라 제가 완성한 책이 읽히기를"이라는 헌사가 쓰여 있다. 아래 그림에서는 그리스도가 이미 죽은 필사자의 영혼을 심판하고 있다. 저울이 필사자 쪽으로 기울어졌으므로 그의 영혼은 천국으로 들어가게 되었고, 악마는 아쉬워하며 물러가고 있다. 이시팔레우시스 이시도루스, 《어원록 Etymologiarum seuoriginum libri》, 12세기 사본.

도 불구하고 헌신적인 수도사들을 끌어모았다.

중세 시대에 수도원은 사실상 유럽 과학의 유일한 산실이었다. 그리스·로마의 자연철학적 고전 일부가 수도원의 교육과정 안으로 침투하기 시작한 것은 6세기 무렵이다. 그러나 당시에 가르친 책들은 라틴어로 번역된 극히 일부의 그리스 과학 서적과 세네카, 플리니우스 등 로마의 백과사전적 저서, 기독교 교부들의 자연학적 저서, 그리고 중세 초기의 학교에서 사용되던 자유학과에 관한 편술서와 주석서 정도였다. 수도원과 그 부속학교에서 실시한 교육은 전체적으로 과학과는 거리를 두었던 셈이다.

이처럼 게르만족의 영향권에 들어간 서로마가 과학의 침체를 겪고 있을 때, 콘스탄티노플을 중심으로 비잔틴제국을 건설한 동로마의 과학은 어떻게 되었을까? 물론 동로마의 과학도 신학적 영향으로부터 결코 자유로울 수는 없었다. 그러나 동로마의 과학 활동은 서로마보다 상대적으로 활발했다. 몇몇 그리스의 중요한 과학 고전들이 주석서 형태로 간행되었다.

아테네의 신플라톤주의자였던 심플리키오스Simplicios, 6세기는 아리스토텔레스의 《자연학Physica》과 《천체론De caelo》 등에 주석을 달았다. 필로포누스도 아리스토텔레스의 저작에 주석을 남겼는데, 특히 《자연학》에 대한 그의 주석에서는 아리스토텔레스에 대한 비판적 평가를 엿볼 수 있다. 그는 투사체의 운동을 공기와 같은 매체의 작용으로 보는 아리스토텔레스의 역학 이론뿐만 아니라 천상계와 지상계를 구분하는 아리스토텔레스의 천체론 또한 오류라고 지적했다. 이처럼 동로마의 과학에서는 미약하게나마 그리스 과학의 명맥이 유지되고 있었다.

중세 초기의 기독교 교부들은 그리스 이래의 과학적 유산과 기독교 신앙 사이에 가능한 타협점을 찾고자 노력했다. 초기 기독교 교부들은 신의 계시와 그리스 과학을 동일한 신적 '로고스'의 서로 다른 표현으로 보았다. 신학자 아우구스티누스Aurelius Augustinus, 354~430가 대표적이다. 그는 자신의 저서 《신국론De civitate dei》에서 일찍이 플라톤이 주장했던 이데아를 기독교 신학이 주장하는 신의 나라와 동일한 것으로 해석했다. 온갖 불온한 유혹과 사악함으로 가득 찬 현실 세계는 참된 세계로서의 이데아가 만들어내는 그림자에 불과한 것이고, 그 이데아는 사후 세계에 들어갈 수 있는 천국의 문이다. 또 플라톤이 언급한 혼돈으로부터 물질세계를 창조했다는 우주의 설계자 데미우르고

아우구스티누스는 과학에도 많은 관심이 있었다. 그림에서 아우구스티누스의 주변에 놓인 시계, 천구의, 기하학 서적 등을 볼 수 있다. 보티첼리, 〈성 아우구스티누스〉, 1480년, 오니산티 성당.

스Demiourgos 개념은 기독교 교부들이 유일신으로 재해석했다. 비록 플라톤이 의도하지는 않았다 할지라도, 그가 말한 철학의 핵심 키워드들은 기독교 신학이 얼마든지 변용할 수 있는 위치에 있었다.

그러나 아우구스티누스의 시도가 그리스의 자연철학 전체에 적용될 수 있었던 것은 아니다. 플라톤 철학은 기독교 신앙으로 변용될 수 있었지만, 아리스토텔레스나 에피쿠로스와 같은 철학자들의 사상은 플라톤과는 매우 다른 성격을 지녔기 때문이다. 특히 인간의 삶과 죽음을 원자들의 흩어짐과 뭉침으로 해석하는 고대 원자론은 기독교 신앙과는 오히려 적대적인 입장에 놓여 있었다.

기독교가 아리스토텔레스와 정면으로 대결하기 시작한 것은 중

이탈리아의 화가 리포 멤미가 그린 〈성 토마스 아퀴나스의 승리〉. 한가운데 토마스 아퀴나스가 앉아 있고, 양옆에는 그리스 자연철학의 2대 거두 플라톤과 아리스토텔레스가 그를 올려다보고 있다. 발밑에는 이교도로 보이는 사람이 쓰러져 있다.

세 말기에 이르러서였다. 하지만 그 대결은 비판과 충돌을 넘어 전체적으로는 절묘한 통합과 화해로 귀결되었다. 당시 통합과 화해를 이끈 사람들은 신학적 지식인이었다. 그중에서도 당대 최고의 신학자이자 철학자였던 알베르투스 마그누스1193~1280와 그의 제자이자 도미니크회 수도사였던 토마스 아퀴나스1225~1274가 제시한 화해 방식은 '스콜라철학'이라는 거대한 지적 체계로 발전하여 유럽에서 갓 태동하기 시작한 중세 대학의 교육과정으로 자리 잡았다.

특히 1256년 파리대학의 신학부 교수에 취임한 아퀴나스는 기독교 신학을 아리스토텔레스와 조화시키는 데 모든 열정을 쏟아부었다.

아리스토텔레스가 일찍이 우주의 제1기동자로 설정했던 신을 기독교의 유일신으로 해석했던 그는 신학의 울타리를 조정함으로써 아리스토텔레스의 자연철학을 포용하고자 했다. 나아가 그는 기독교 신앙을 신의 계시를 통해서만이 아니라 인간의 이성을 통해서도 얻을 수 있다고 보는, 이른바 이중 신앙론을 고안했다. 이러한 논리는 아리스토텔레스를 비롯한 그리스 자연철학자들의 자연 해석과 성서의 자연 해석 사이에 직접적 충돌을 피하고, 자연 해석에 대한 인간 이성의 노력 자체를 신의 계시로 간주하여 결과적으로 과학을 신학 안에 포섭하는 결과를 가져다주었다.

이 같은 신학적 과학의 연구는 초기 근대 과학을 형성하는 데 일종의 시대적 분위기로 자리 잡았다. 르네상스 이후 근대 과학자들의 자연 탐구가 강렬한 '신학적 동기'를 따라 추진되었음은 잘 알려져 있다. 그들은 자연에 대한 인간의 지적 탐구를 신이 인간에게 부여한 특별한 과제로 인식했으며, 자연을 신이 인간을 위해 준비한 제2의 성경으로 간주하기도 했다. 과학자인 동시에 기독교도였던 그들은 신앙과 과학 사이에 모순과 갈등보다는 융합과 조화를 발견함으로써 근대 과학의 형성에 동참했다.

9

이슬람으로 전승된 그리스 과학, 독자적으로 꽃을 피우다

과학의 역사에 관해 선구적인 작업을 진행한 조지 사턴George Sarton, 1884~1956은 자신의 저서《과학사 서설Introduction to the history of science》에서 다음과 같이 말했다.

"중세는 암흑이 아니다. 중세가 암흑이라는 것은 사실상 중세에 관한 우리들의 지식이 암흑임을 뜻한다."

그의 주장은 당시 역사학 일반에 널리 퍼져 있던 중세에 관한 오해와 편견을 날카롭게 잡아냈다. 일찍이 스위스의 역사가 야코프 부르크하르트는 1860년 출간한《이탈리아의 르네상스 문화Die Kultur der Renaissance in Italien》에서 근대 유럽 문화는 14~16세기경 이탈리아를 중심으로 시작된 르네상스라는 고전 그리스 문화와 예술의 재생 운동에 직접적인 뿌리를 두고 있다고 지적했다.

르네상스에 관한 부르크하르트의 연구는 과학사 서술에도 많은 영향을 끼쳤다. 고전 그리스의 과학적 유산에 대한 재발견과 17세기의 과학혁명을 통해 서양 과학은 근대적 형태로 새롭게 변모했기 때문이다. 그러나 서양 근대 문명과 과학의 발달에서 르네상스의 중요성은 새롭게 인식되었지만, 한편으로는 약 1000년에 이르는 중세를 암흑의 시대로 버려둔 것이기도 했다. 르네상스가 17세기의 과학혁명을 담금질하던 용광로였다면, 중세는 문화적·예술적 발전이 정체된 어둠의 시공간이었다는 것이다. 그런데 중세가 인류의 지적 성장에서 정말 아무런 기여를 하지 못한 암흑기에 불과했을까?

중세 초기를 지나며 그리스 과학은 유럽을 휩쓴 종교전쟁의 와중에 점점 영향력을 잃어갔다. 415년 광분한 기독교도들은 고대 이후 헬레니즘 문화의 산실이었고, 한때 가장 많은 그리스 과학 서적을 보유했던 알렉산드리아도서관을 파괴했다. 또한 알렉산드리아의 주교 키릴로스Kyrillos, 375~444의 선동에 이끌려 수학자 히파티아Hypatia, 360?~415를 무참히 살해했다. 529년에는 동로마의 유스티니아누스 황제가 플라톤의 아카데메이아를 폐쇄하면서 그리스 학문의 가장 중요한 거점 하나가 문을 닫았다. 624년경 이슬람 군대가 알렉산드리아를 정복했을 때 도서관은 아예 흔적조차 없이 사라져버렸다. 그리스 과학은 이렇게 역사 속으로 완전히 자취를 감췄다.

그러나 그리스 과학의 몰락에도 불구하고 한 줌의 불씨는 여전히 살아 있었다. 395년 로마제국이 동서로 분열된 이후, 게르만족에게 몰락당한 서로마와는 달리 그리스정교회를 중심으로 제국의 질서를 추스르던 동로마는 곧 종교적 이단 논쟁에 휩싸였다. 콘스탄티노플의 초기 주교였던 네스토리우스Nestorius, 5세기 초는 그리스도의 신성과 인성을 구분하는 양성설을 주장함으로써 키릴로스와 첨예하게 대립했다. 일련의 정치적 음모와 신학적 투쟁의 결과 네스토리우스와 그의 지지자들은 431년 에페수스공의회에서 이단으로 선고받아 기나긴 망명길에 오른다.

콘스탄티노플에서 쫓겨난 네스토리우스교도들은 비잔틴제국의 동쪽 변방에 있던 시리아의 에데사(지금의 터키 샨르우르파)로 들어가 신학교를 세우고 포교 활동을 시작했다. 그러나 489년 동로마의 황제 플라비우스 제노가 에데사의 학교를 폐쇄하고 또다시 박해하자 동쪽의 페르시아 영토로 피신하여 니시비스(지금의 터키 누사이빈)에 자리 잡았다. 네스토리우스교도들은 니시비스에 다시 학교를 세우고 포교 활동에 돌입하는 한편 그들의 신학에 바탕이 된 그리스 철학과 고전들을 연구했다. 그들은 그리스정교회로부터 박해당했기 때문에 그리스어 대신 토착 언어였던 시리아어로 거의 모든 활동을 했다고 한다. 네스토리우스교도들이 세운 신학교의 전성기는 6세기 중엽이었는데, 그리스 고전을 시리아어로 번역하거나 문학, 철학, 역사 등에 관한 다수의 저작을 남긴 이 학교의 교사들 덕택이었다.

그리스 자연철학을 이슬람권으로 전파하는 데 단성론자의 역할도 빼놓을 수 없다. 그리스도의 인성을 부정하고 신성만을 주장한 단성론자들은 그리스도의 인성과 신성은 분리되지 않는다고 결정한 451년 칼케돈공의회에서 역시 이단으로 몰려 추방되었다. 그들은 시리아와 메소포타미아 지방에 수도원을 세우고 단성론을 전파하는 한편 그리스 자연철학에 대해서도 폭넓게 연구했다. 6세기 무렵에 활약했던

프톨레마이오스가 쓴 《알마게스트》 제목은 원래 《클라우디우스 프톨레마이오스의 수학 논문집 13권》이었다. 827년 아랍어로 번역되면서 《알마지스티》('위대한 책'이라는 뜻)라는 새로운 제목을 붙였다. 12세기 후반에 이 책은 다시 아랍어에서 라틴어로 번역되었지만 여전히 아랍어 제목으로 유럽에 전파되었다. 《알마지스티》에 실려 있는 이 그림은 그리스신화에서 쟁기를 발명한 아르카스의 별자리로 알려진 목동자리이다.

단성론자 레샤이나의 세르기우스Sergius of Reshaina, 6세기는 아리스토텔레스, 갈레노스Galenos, 129~199 등 그리스 자연철학자들의 저서를 시리아어로 번역하는 한편 논리학, 천문학 등에 관한 독창적 논문을 남기기도 했다. 7세기 후반 시리아의 신학자 세베루스 세보크트Severus Sebokht, 575~667도 아리스토텔레스의 논리학 저서들에 주석을 썼고, 프톨레마이오스의 《알마게스트》를 시리아어로 번역한 인물로 유명하다.

한편 7세기 무렵에는 이슬람교도들이 지중해로 세력을 뻗치고 있었다. 630년 무함마드Muhammad, 570~632가 메카를 정복한 이후 약 100년 동안 이슬람교도들이 비잔틴제국의 알렉산드리아를 점령했고, 시리아와 페르시아, 인도까지 세력을 확장했다. 결과적으로 이슬람 세력의 확장은 네스토리우스, 단성론자들과의 접촉을 강화시켰고, 이슬람 과학의 새로운 전성시대를 열어주었다. 8세기 무렵부터 바그다드를 중심으로 활약한 이슬람 과학자들은 페르시아를 비롯하여 각지에 흩어져 있던 고대 그리스 과학의 유산들을 수집하여 연구하기 시작했다. 맨 처음에는 시리아어에서 아랍어로, 나중에는 그리스어에서 아랍어로 그리스 과학의 고전들을 번역해나갔다.

이슬람교도들은 830년 바그다드에 전문적인 과학 연구 기관인 '지혜의 전당'을 설립했다. 지혜의 전당은 아바스 왕조750~1258의 7대 칼리프였던 알 마문al-Mamun, 786~833의 주도로 세워졌다. 그의 부친은 《아라비안나이트》의 주인공으로 잘 알려진 하룬 알 라시드Harun al-Rashid, 766~809이다. 원래 그리스어로 쓰인 문헌을 아랍어로 번역하기 위해 설립한 지혜의 전당은 서구 라틴 사회에서는 소실되었던 그리스 과학 문헌들을 번역·정리했고, 결과적으로 이슬람 과학의 최전성기

피타고라스 저서의 아랍어 번역서.

를 이끌었다.

네스토리우스교도였던 약제사의 아들로 태어난 후나인 이븐 이스하크Hunayn ibn Ishaq, 809~873는 지혜의 전당에 정착하여 번역 작업을 총괄했고, 갈레노스, 아르키메데스, 에우클레이데스, 아리스토텔레스의 저서 등 100여 권에 이르는 그리스 과학 고전을 아랍어로 번역했다. 그리스어와 시리아어를 자유자재로 구사할 수 있었던 사비트 이븐 쿠라Thabit ibn Qurra, 834~901도 많은 그리스 원전을 아랍어로 번역했다.

지혜의 전당에서의 번역 작업이 성과를 거두자 독자적인 과학 연구도 활기를 띠었다. 후나인 이븐 이스하크는 최초로 인간의 안구에 관해 본격적인 연구를 시작했다. 그가 남긴 정확한 안구 해부도는 이

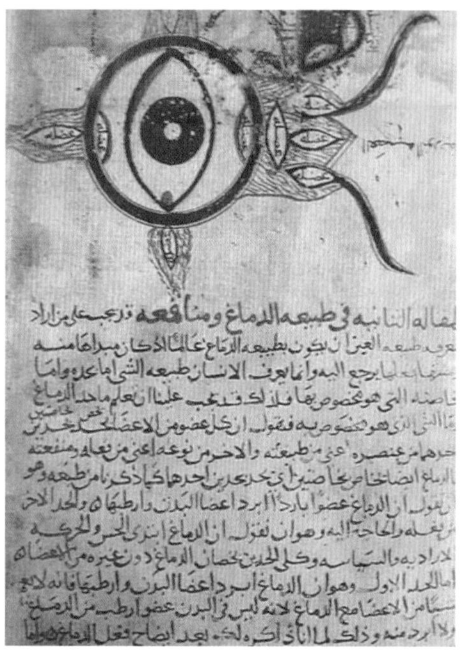

후나인 이븐 이스하크는 9세기 무렵 인간의 안구에 대한 최초의 과학적 연구를 시도했다. 《눈에 관한 10개의 논문이 담긴 책》, 1200년경 사본.

슬람과 유럽의 안과학 발달에 중요한 밑거름이 되었다. 이슬람 최고의 철학자이자 의학자였던 이븐 시나Ibn Sina, 라틴명 아비센나, 980~1037는 아리스토텔레스 자연철학의 거의 전 분야를 연구했으며, 훗날 유럽 근대 의학에 큰 영향을 끼친 《의학전범Canon of medicine》을 집필하기도 했다. 《의학전범》은 자신의 의학적 경험은 물론 갈레노스를 비롯한 그리스 의학의 유산, 동시대 이슬람의 의학적 지식, 그리고 인도와 페르시아의 의학까지 총망라한 의학의 집대성이었다.

의학 이외에도 이슬람 과학은 다방면에 걸쳐 활기를 띠었다. 그중에서도 편리한 숫자 표기법은 매우 중요했다. 알 쿠와리즈미al-Khwarizmi, 9세기경는 아라비아 숫자라고 불리는 현대적 십진법과 계산법을 발달시켰고, 인도로부터 영[0, 零]을 도입하여 훨씬 간단한 숫자 표기법을 만들었다. 당시 로마인들은 자릿수의 개념이 없었기 때문에 숫자 표기가 복잡하고 불편하기 그지없었다. 우리가 로마식 표기를 사용한다면 1987은, M=1000, CM=900, LXXX=80, VII=7이므로 MCMLXXXVII라고 써야 한다. 그러나 오늘날 우리는 1987을 쓸 때 서로 다른 숫자 네 개를 차례대로 쓰기만 하면 된다. 아라비아 숫자에서는 각각의 숫자가 천, 백, 십, 일 등의 자릿수를 알려주기 때문이다. 또 미지수를 X로 놓고 기지수와의 관계 속에서 방정식을 푸는 대수학 또한 알 쿠와리즈미의 유산이다. 그가 쓴 수학책《알자브르[al-jabr]》는 훗날 대수학을 뜻하는 알지브라[Algebra]의 어원이 되었다. 이슬람교도들은 활발한 상업적 거래와 토지 분배, 재산 상속 등 주로 실용적인 문제에 대처하기 위해 대수학을 활용했다.

이븐 알 하이삼은 광학 분야에 놀라운 업적을 남긴 것으로 유명하다. 고대 그리스 시대부터 사물을 본다는 것은 사람의 눈에서 방출된 어떤 시각 물질이 그 사람이 보고자 하는 대상에 도달한 결과라는 생각이 지배적이었다. 그는 이런 생각을 거부하고, 사람이 어떤 물체를 볼 수 있는 것은 물체에 반사된 광선이 사람의 눈에 들어오기 때문이라고 설명했다. 암실에서 바깥쪽으로 뚫린 바늘구멍을 통해 카메라 오브스쿠라로 개기일식을 관찰하는 방법도 그가 정확한 광학 지식을 바탕으로 정리해놓은 것이다. 알 하이삼이 1021년에 집필한《광학의 서》는 1270년 라틴어로 번역되었고, 르네상스 이후에는 유럽 국가들의 광학 연구에 큰 영향을 미친다.

이처럼 근래의 연구는 중세 이슬람 과학이 사실상 많은 분야에서 풍부한 과학적 성과를 남겼다는 것을 보여준다. 따라서 중세암흑설은 동·서로마의 분열 이후 기독교에 잠식당한 서유럽의 특수한 사회적 상황을 이해하는 데는 설득력 있는 개념일지 모르지만, 9세기 이후 실질적으로 서양권의 과학을 이끌었던 이슬람 과학에는 결코 사용할 수 없는 개념이다.

물론 이슬람 과학은 여전히 그 전모가 밝혀지지 않았다. 오히려 이슬람 과학 연구의 막은 이제 올랐다고 해도 과언이 아니다. 만약 후속 연구를 통해 이슬람 과학의 전체적인 실상이 밝혀진다면 어떨까? 고대 그리스의 과학 유산을 서유럽에 전달했던 정거장 역할을 넘어서 르네상스 이후 서유럽을 중심으로 과학사를 서술해왔던 이전까지의 지배적인 시각 또한 대대적으로 수정해야 할 것이다.

터번을 쓴 이슬람 천문학자들이 하늘을 관측하고 있다. 키케로의 《스키피오의 꿈Somnium scipionis》에 관한 주석서에 실려 있다.

10

12세기 중세 과학의 르네상스

1927년 미국의 역사가 찰스 호머 해스킨스Charles Homer Haskins, 1870~1937는 명저 《12세기 르네상스The Renaissance of the twelfth century》에서 중세 말기 유럽에서 일어난 독특한 사회적·문화적 현상에 대해 지적했다. 이는 몇몇 도시들을 중심으로 한 광범위한 번역 운동의 확산과 문화적·지적 쇄신 운동으로 요약할 수 있다. 중세를 거치며 이슬람권에 흘러들어 갔던 그리스 고전과 새롭게 쓰인 아랍어로 된 과학 서적들이 광범위한 번역 운동을 통해 이번에는 라틴어로 번역되어 서유럽 전역으로 퍼져나간 것이다. 해스킨스의 연구 이후 많은 역사가가 '12세기 르네상스'를 야코프 부르크하르트가 언급했던 16세기 르네상스와 구분하여 다루기 시작했다. 그렇다면 해스킨스가 지적한 12세기 르네상스를 가능하게 만든 사회적·경제적 동력은 무엇이었을까? 중세 말기 유럽에서 두드러진 농업 기술의 혁신, 농지 이용, 주거지 확대, 그리고 인구 증가 등을 들 수 있지만 특히 직접적인 계기는 십자군전쟁이었다.

9세기 무렵 바그다드를 중심으로 전성기를 구가하던 이슬람 과학은 그 세력이 확대되면서 다극화 양상을 보이기 시작했다. 동쪽의 바그다드를 중심으로 서쪽의 코르도바, 남쪽의 카이로가 이슬람 과학의 새로운 거점으로 떠올랐다. 특히 750년 아바스 왕조에게 멸망한 우마이야 왕조661~750의 생존자 아브드 알 라흐만Abd al-rahman, 731~788이 지중해를 건너가 스페인에 세운 후後 우마이야 왕조756~1031도 초기의 혼란을 끝내고 강대한 세력을 구축하고 있었다.

그러나 11세기 무렵 유럽의 정치 지형은 새로운 변화에 직면했다. 1031년에 스페인의 후 우마이야 왕조가 붕괴되었고, 1058~1091년 사이에는 비잔틴제국이 지배하던 남이탈리아와 이슬람이 지배하던 시칠리아가 용병대로 이루어진 노르만족에게 무너졌다. 나아가 중세를 통해 부와 권위를 손에 넣었던 기독교도들은 레콩키스타Reconquista라는 국토회복운동에 적극적으로 나서면서 1085년에 톨레도를 함락시켰고, 1099년에는 마침내 예루살렘에 입성한다. 유럽은 이제 군사력과 신앙심으로 무장한 기독교도들의 대대적인 공세와 이슬람교도들의 응전이라는 종교전쟁의 한복판에 놓이게 되었다.

하지만 치열한 종교적·정치적 분쟁의 발발에도 불구하고, 이슬람과 서구 라틴 문화가 융합된 지역에서는 새로운 문화적 운동이 싹트고 있었다. 이교도들에게 정복당한 일부 도시들에서 일찍부터 다양한 문화적·종교적 공존이 허락되었던 점은 특히 중요하다. 이슬람이 점령한 스페인의 일부 도시에서는 이미 유대교도와 아랍어를 구사할 수 있는 기독교도 공동체가 존재했다. 이슬람교도는 정복한 지역의 기독교도와 유대교도에게 개종을 요구하지 않았으며, 일정한 세금을 내기만 하면 종교의 자유를 보장하는 파격적인 정책을 실시했다. 나아가 기독교도가 국토회복운동으로 점령한 도시에서도 초창기에는 이슬람 공동체가 유지될 수 있었다. 물론 이러한 관용적인 정책은 포교 운동을 하거나 사회적 해악이 되지 않는 한 이교도들을 자신의 문화권 안에 포용함으로써 사회적 안정을 도모하려는 정치적 노림수의 일환이었다.

어쨌든 이러한 종교적 관용 정책 덕분에 다양한 언어와 문화, 종교가 혼재하는 특수한 성격의 도시들이 만들어졌고, 활발한 번역 운동이 가능해졌다. 특히 이슬람교도와 기독교도의 공방전이 계속되던 스페인의 톨레도와 코르도바는 번역 운동의 중심지로 떠올랐다. 노르만족에게 정복당한 이후 종교적 포용 정책에 따라 기독교, 이슬람교, 유대교가 공존하던 이탈리아 남부의 섬 시칠리아도 번역 운동의 거점이 되었다. 비잔틴제국과 교류가 활발했던 베네치아와 피사도 마찬가지였다.

앞에서 지적했듯이 다수의 그리스 과학 고전은 이미 이슬람교도가 아랍어로 번역한 상태였다. 그들은 과학 고전을 번역했을 뿐만 아니라 풍부한 주석서를 간행하기도 했다. 나아가 의학과 천문학 분야에서는 독창적인 연구도 진행되었다. 이슬람이 점령한 스페인 도시들의 서고에 쌓여 있던 아랍어 과학 서적은 번역 운동이 시작되면서 라틴어로 활발하게 번역되었다. 톨레도를 중심으로 활약하던 번역가들은 자신들의 번역서를 시장에 내다 팔았고, 고객의 주문에 따라 이른

Preclarissimus liber elementorum Euclidis perspi/
cacissimi: in artem Geometrie incipit quāfoelicissime:

Unctus est cuius ps nō est. ¶ Linea est
lōgitudo sine latitudine cui⁹ quidē ex/
tremitates sīt duo pūcta. ¶ Linea recta
ē ab vno pūcto ad aliū breuissima extē/
sio i extremitates suas vtrūqʒ eox reci
piens. ¶ Supficies ē q̄ lōgitudinē ⁊ lati
tudinē tm̄ hʒ: cui⁹ termi quidē sūt linee.
¶ Supficies plana ē ab vna linea ad a/
liā extēsio i extremitates suas recipiēs
¶ Angulus planus ē duarū linearū al/
ternus ptactus: quax expāsio ē sup sup/
ficiē applicatioqʒ nō directa. ¶ Quādo aūt angulum ptinēt due
linee recte rectiline⁹ angulus noiat. ¶ Qn̄ recta linea sup rectā
steterit duoqʒ anguli vtrobiqʒ fuerit eq̄les: eox vterqʒ rect⁹ erit
¶ Lineaqʒ linee supstās ei cui supstat ppendicularis vocat. ¶ An
gulus vō qui recto maior ē obtusus dicit. ¶ Angul⁹ vō minor re
cto acut⁹ appellat. ¶ Termin⁹ ē qd vniuscuiusqʒ finis ē. ¶ Figura
ē q̄ tmino vl' termis ptinet. ¶ Circul⁹ ē figura plana vna qdem li/
nea ptēta: q̄ circūferentia noiat: in cui⁹ medio pūct⁹ ē: a quo oēs
linee recte ad circūferētiā exeūtes sibiiuicē sut equales. Et hic
quidē pūct⁹ cētrū circuli dr. ¶ Diameter circuli ē linea recta que
sup ei⁹ centx trāsiens extremitatesqʒ suas circūferētie applicans
circulū i duo media diuidit. ¶ Semicirculus ē figura plana dia/
metro circuli ⁊ medietate circūferentie ptenta. ¶ Portio circu/
li ē figura plana recta linea ⁊ parte circūferētie pteta: semicircu/
lo quidē aut maior aut minor. ¶ Rectilinee figure sūt q̄ rectis li/
neis cōtinent quarū quedā trilatere q̄ trib⁹ rectis lineis: quedā
quadrilatere q̄ q̄tuor rectis lineis. q̄dā mltilatere que pluribus
q̄ʒ quatuor rectis lineis continent. ¶ Figurarū trilaterarū: alia
est triangulus hn̄s tria latera equalia. Alia triangulus duo hn̄s
eq̄lia latera. Alia triangulus triū inequalium laterū. Itax iterū
alia est orthogoniū: vnū.f. rectum angulum habens. Alia ē am/
bligonium aliquem obtusum angulum habens. Alia est oxigoni
um: in qua tres anguli sunt acuti. ¶ Figurarū autē quadrilaterax
Alia est q̄dratum quod est equilaterū atqʒ rectangulū. Alia est
tetragon⁹ long⁹: q̄ est figura rectangula: sed equilatera non est.
Alia est helmuaym: que est equilatera: sed rectangula non est.

De principijs p se notis: ⁊ pmo de diffini/
tionibus earandem.

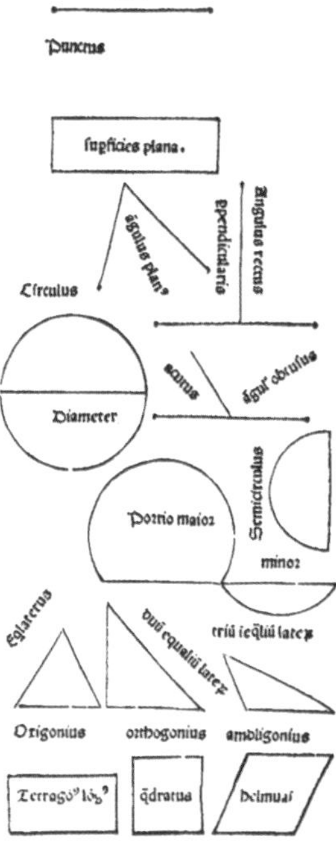

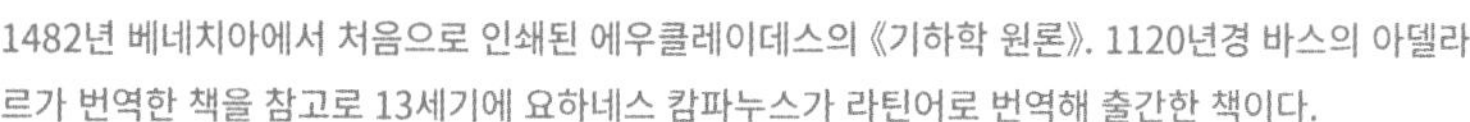

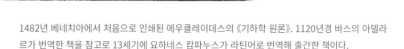

1482년 베네치아에서 처음으로 인쇄된 에우클레이데스의 《기하학 원론》. 1120년경 바스의 아델라르가 번역한 책을 참고로 13세기에 요하네스 캄파누스가 라틴어로 번역해 출간한 책이다.

바 맞춤 번역을 하기도 했다. 일부 번역가는 이탈리아, 프랑스, 영국까지 정보망을 구축하여 자신들의 상품을 내다 팔기도 했으며, 그와 반대로 자신들이 번역하기 위한 책을 찾아 유럽 각지에서 스페인으로 들어오는 번역가도 있었다.

이 같은 사실을 전해주는 유명한 일화가 있다. 12세기 영국 바스의 아델라르Adelard of Bath, 1080~1152는 이슬람교도로 변장하여 스페인을 방문했는데, 에우클레이데스의 《기하학 원론》을 찾고 있었다. 그는 이 책의 초판 아랍어 복사본을 손에 넣자마자 유럽으로 가져가 즉시 번역했다. 13세기에 이탈리아 노바라 출신의 요하네스 캄파누스Johannes Campanus, 1220~1296는 아델라르의 번역서를 참고로 라틴어판《기하학 원론》을 출간했고, 1482년 베네치아에서 인쇄되어 훗날 유럽에서 출간한 모든《기하학 원론》의 기초가 되었다.

크레모나의 제라드Gerard of Cremona, 1114~1187도 한 권의 책을 찾아 톨레도로 들어온 번역가였다. 그는 1145년경 프톨레마이오스의 고전《알마게스트》를 찾아 이탈리아에서 톨레도를 방문했다가 아예 그곳에 정착했다. 그 뒤 이븐 시나의《의학전범》을 비롯하여 에우클레이데스의《기하학 원론》, 아리스토텔레스의《자연학》 등 다수의 과학 고전을 라틴어로 번역했다.

12세기 스페인의 톨레도와 코르도바, 이탈리아의 피사, 피렌체, 베네치아를 비롯한 각 도시에서 활발하게 일어난 번역 운동은 과학 역사에서 매우 중요한 의미를 지닌다. 아랍어에서 라틴어로 혹은 그리스 고전에서 직접 라틴어로 번역된 서적들은 이제 서유럽으로 흘러들어 가 새로운 지식 운동의 기틀이 되었기 때문이다.

이슬람 의학의 대표적인 저서인 《의학전범》은 12세기 무렵에 라틴어로 번역되었다. 이 책은 중세 유럽 의학의 중요한 교과서가 되었는데, 17세기 중엽까지도 유럽의 일부 의과대학에서 교재로 사용했다.

대학이라는 제도는 사실상 서구 라틴 세계로 유입된 방대한 양의 지식을 정리하고 연구하기 위한 제도로 출발했다. 영어 유니버시티University의 라틴어인 우니베르시타스Universitas는 교사와 학생들이 결성한 길드적 조합을 의미한다. 원래 길드는 중세 수공업자가 자신들의 권익을 지키기 위해 조직한 동업조합을 말한다. 12세기경 이슬람과 서구 라틴 문화의 경계에서 벌어진 대대적인 번역 운동으로 도시에서는 사립 기숙사들이 생겨났고, 교사와 학생들은 길드를 모방하여 작은 동업조합을 결성하기 시작했다. 그중에서도 12세기 이탈리아 볼로냐에서는 학생들이 만든 조합이 대학의 중심이 되었고, 13세기의 파리대학은 교사 조합이 대학의 중심이 되었다. 나아가 오늘날 칼리지의 연합체로 이루어진 영국의 케임브리지대학과 옥스퍼드대학은 기숙사가 그대로 대학의 중추가 되었다.

유럽의 대학은 탄생부터 기독교와 깊은 관련이 있다. 중세 수도원의 부속학교와 마찬가지로 중세 도시에서 태동한 대학들은 여전히 기독교의 강력한 영향권 안에 있었고, 신학에 기반한 자연철학 연구를 주요한 임무로 삼았다. 교사 대부분은 성직자였으며 대학의 기본 목적은 성직자 양성이었다.

중세 말기의 대학들은 신학, 법학, 의학(또는 철학)을 주요한 전공과목으로 두고 있었다. 학생들은 전공과목을 배우기 전에 '자유학예'를 이수해야 했다. 자유학예는 인문학인 문법, 수사학, 논리학의 세 학과에 자연학인 산술, 기하학, 천문학, 음악의 네 학과를 더한 일곱 학과로 구성되었다. 자유학예란 말 그대로 자유인이 되기 위해서 교양으로 배워야 하는 과목들을 말한다. 그러나 중세 대학의 학문은 신학, 법학과 같은 전공과목뿐만 아니라 교양과목조차도 사실상 아리스토텔레스의 영향권 안에 놓여 있었다. 이 같은 신학과 그리스 자연철학의 조화는 곧 토마스 아퀴나스와 같은 스콜라철학의 지적 거성을 탄생시킨 배경이 되었다.

그러나 과학의 역사에서 이른바 '과학혁명'으로 불리는 거대한 지적 변혁은 당시 스콜라 학문에 포위되어 있던 대학에서 시작된 것이 아니었다. 신앙에 대한 경직된 이해와 계급적 권위에 물든 중세의 대학들은 새로운 시대를 선도할 힘이 되지 못했다. 근대 과학의 새로운 물줄기는 오히려 대학 밖에서 시작되었다. 그 돌파구를 연 인물은 당시 폴란드 프롬보르크의 성당 사제였던 코페르니쿠스였다.

중세 시대 배움의 단계를 묘사한 그림. 탑 밑에는 로마 시대의 유명한 두 문법학자인 도나투스와 프리스키아누스가 있다. 문법의 기초 위에는 논리학(아리스토텔레스), 수사학(키케로), 산술(보에티우스)이 있고, 그 위에는 음악(피타고라스), 기하학(에우클레이데스), 천문학(프톨레마이오스), 자연철학과 도덕철학(세네카), 그리고 최상위에는 신학(피터 롬바르드)이 있다. 문법의 여인이 어린 학생에게 알파벳이 쓰인 글씨 판을 건네며 학교로 인도하고 있다. 그레고르 레이쉬, 《철학의 정수》, 1508년판.

11

서문 한 줄이 살려낸 코페르니쿠스 혁명

그리스의 천문학자 클라우디오스 프톨레마이오스가 구상한 지구중심설은 중세 기독교 신학자들이 받아들이면서 근대에 이르기까지 천문학에서 강력한 패러다임을 구축했다. 1475년에 출간된 콘라트 폰 메겐베르크Konrad von Megenberg, 1309~1374의 《자연에 대한 책Das Buch der Natur》은 당시 유럽인들이 신봉했던 지구중심설의 일면을 잘 보여준다. 태양계 각각의 행성은 양파 껍질처럼 층을 이룬 천구 안에 박혀 있고, 최상층의 천구에는 무수한 별들이 자리 잡고 있다. 그리고 천구의 저편은 창조주와 천사들이 거

메겐베르크의 삽화는 15세기 유럽인들이 믿었던 지구중심설을 잘 보여준다. 콘라트 폰 메겐베르크, 《자연에 대한 책》, 1475년.

주하는 영역으로 남겼다.

1539년에 출간된 페트러스 아피아누스Petrus Apianus, 1495~1552의 《황제들의 천문학Astronomicum Caesareum》도 지구중심설에 근거하여 쓰였다. 아피아누스는 아리스토텔레스의 4원소설에 따라 지구의 중심으로부터 무거운 순서대로 흙·물·공기·불을 두었고, 그 밖에 달을 포함한 각 행성의 천구를 설정했다. 외곽에는 창공, 투명한 천구, 원동천이 있는데, 특히 원동천 밖에 또 하나의 영역을 두었다. 그곳은 '최고천으로 신과 모든 선택받은 사람의 주거지'다.

이처럼 고대에 성립된 지구중심설은 중세 기독교 신학의 비호 아래 르네상스에 이르기까지 확고한 자리를 차지하고 있었다. 그러나 1543년 폴란드의 천문학자 니콜라우스 코페르니쿠스가 《천구의 회전에 관하여》를 출간하면서 상황은 변화했다. 독일의 루터파 수학자 레티쿠스Rheticus, 1514~1576가 프롬보르크를 방문한 때는 1539년이었다. 당시 그는 프롬보르크의 성당 사제로 일하던 코페르니쿠스가 태양계 운동에 대해 놀라운 이론을 제시한다는 소문을 듣고 직접 만나러 갔다. 코페르니쿠스를 만난 레티쿠스의 감동이 어떠했는지는 이듬해 간행된 《코페르니쿠스 혁명에 대한 첫 번째 해설서De libris revolutionum Copernici narratio prima》에 잘 묘사되어 있다. 편지 형식으로 쓰인 66쪽 분량의 해설서에서 레티쿠스는 코페르니쿠스를 '현명하고 명석한 수학자'라 극찬하고, 그의 이론을 즉시 완전한 형태의 서적으로 출간할 것을 약속했다.

하지만 그 약속은 개인적인 일로 프롬보르크를 떠나야 했던 레티쿠스를 대신하여 루터파 목사 안드레아스 오지안더Andreas Osiander,

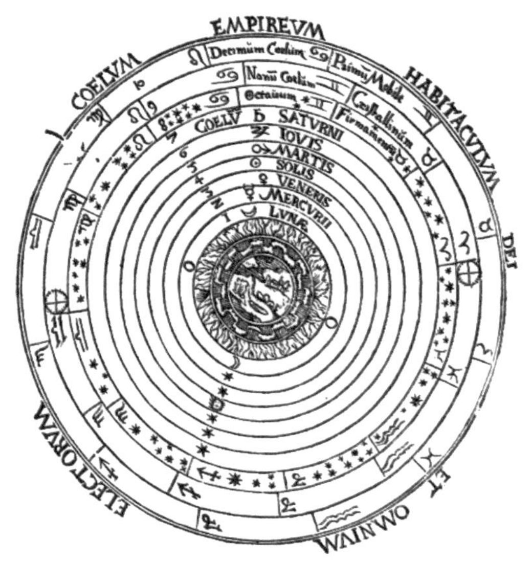

아피아누스는 《황제들의 천문학》에서 지구중심설을 묘사했다. 메겐베르크와 마찬가지로 그도 기독교의 영향을 강하게 받았다.

1498~1552에게 넘어간다. 오지안더는 레티쿠스보다 조심성이 많고 주의 깊은 인물이었다. 태양중심설(지동설)에 대한 동료 신학자들의 격렬한 반대를 예상했던 오지안더는 자신이 쓴 서문을 코페르니쿠스의 책 속에 익명으로 끼워 넣었다. 천문학 가설은 반드시 사실에 근거할 필요가 없으며, 단지 관측값과 맞는 계산을 할 수 있다면 그것으로 충분하다. 따라서 태양중심설을 "사실이라고 믿는 사람이 있다면, 그는 이 학문에 입문한 때보다 더 한심한 바보가 되어 이 학문을 떠나게 될 것이다"라고 썼다. 독자들은 서문의 내용을 코페르니쿠스의 의견인 것처럼 착각할 수밖에 없었다. 코페르니쿠스가 막 인쇄된 자신의 책을 건네받았을 때는 이미 뇌졸중으로 사경을 헤매고 있었다. 그러면 이 사건은 결국 어떤 결과를 몰고 왔을까?

코페르니쿠스는 르네상스 시대의 대표적 화가 미켈란젤로, 레오

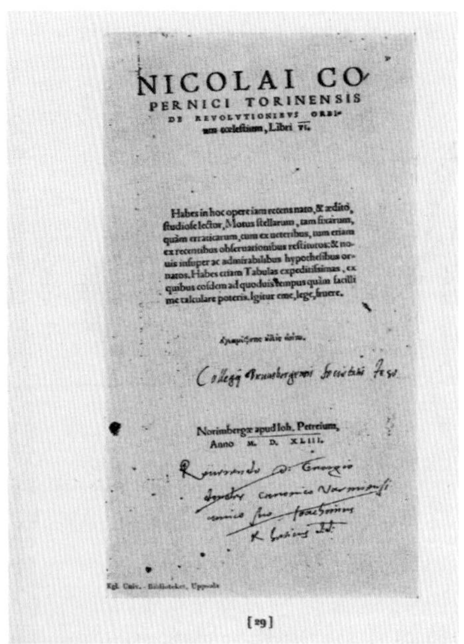
NICOLAI CO
PERNICI TORINENSIS
DE REVOLVTIONIBVS ORBI-
um coelestium, Libri VI.

Habes in hoc opere iam recens nato, & ædito, studiose lector, Motus stellarum, tam fixarum, quàm erraticarum, cum ex ueteribus, tum etiam ex recentibus obseruationibus restitutos: & nouis insuper ac admirabilibus hypothesibus ornatos. Habes etiam Tabulas expeditissimas, ex quibus eosdem ad quoduis tempus quàm facillime calculare poteris. Igitur eme, lege, fruere.

Ἀγεωμέτρητος οὐδεὶς εἰσίτω.

Norimbergæ apud Ioh. Petreium,
Anno M. D. XLIII.

Kgl. Univ.-Bibliotheket, Uppsala

[29]

코페르니쿠스의 《천구의 회전에 관하여》의 첫 페이지. 맨 밑에 코페르니쿠스의 열렬한 지지자였던 레티쿠스의 메모가 보인다.

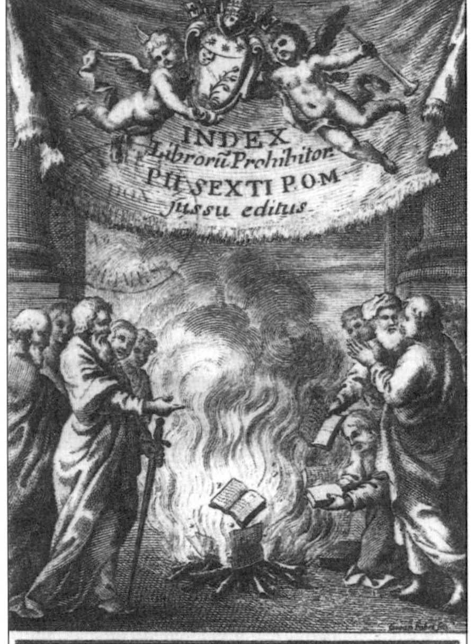

《천구의 회전에 관하여》는 1616년에서야 바티칸의 금서 목록에 오른다. 금서 목록이 실린 책 표지에는 "마술을 행하던 많은 사람이 그 책을 모아 가지고 와서 모든 사람 앞에서 불살랐다"라고 쓰여 있다. 에페수스에서 예수의 복음을 듣고 마술사들이 미신적 저작들을 스스로 불태웠다는 내용은 사도행전 19장 19절에 나온다. 《금지된 책의 목록Index Librorum Prohibitorum》, 1758년.

나르도 다빈치와 동시대를 살았던 인물이다. 당시 유럽은 르네상스라는 문예부흥운동과 더불어 그때까지 유럽에는 알려지지 않았던 신대륙 발견에 들떠 있었다. 크리스토퍼 콜럼버스는 1492년 아메리카 대륙에 도착했고, 페르디난드 마젤란1480~1521은 1521년 세계 일주에 성공했다. 그러나 한편으로는 여전히 야만과 폭력이 횡행하는 시대이기도 했다. 이탈리아의 철학자 조르다노 브루노1548~1600는 신학 권력의 권위를 손상한 죄목으로 머지않아 로마에서 화형당하고, 갈릴레이는 이단 심문소로 불려간다. 이러한 시대 상황 속에서 코페르니쿠스의 태양중심설은 당시의 신학 권력과 갈등을 일으킬 수밖에 없었을 것이다.

그러나 우려했던 일은 일어나지 않았다. 오지안더가 쓴 타협적인 서문이 결과적으로 신학 권력의 탄압을 피하게 만들었다는 주장에는 충분한 설득력이 있다. 코페르니쿠스의 책은 1616년 전까지 바티칸의 금서 목록에조차 오르지 않았기 때문이다. 케플러를 비롯한 당대 유럽의 최고 천문학자들이 그 책을 접할 수 있었던 것은 결과적으로 오지안더가 삽입한 서문 때문일지도 모른다.

그렇다면 코페르니쿠스의 핵심 주장은 무엇이었을까? 우주의 중심에 정지된 지구를 놓았던 그리스 이후의 지구중심설은 아리스토텔레스의 물리학과 결합하여 아주 굳건한 천문학적 패러다임으로 군림하고 있었다. 등속원운동이 천상계의 유일한 운동이라는 양보할 수 없는 명제를 지키기 위해 천문학자들은 천체의 광도 변화, 행성의 역행 같은 변칙 운동을 갖가지 창조적인 상상력을 동원하여 설명했다. 그중에서도 프톨레마이오스가 주전원과 이심원 등을 도입하여 만든 행성들의 궤도운동은 수학적으로는 매우 복잡했지만, 관측 결과와 가장 잘 부합하는 천문학으로 자리 잡았다. 그러나 코페르니쿠스의 눈에는 그 같은 행성들의 복잡한 궤도운동이 부자연스러워 보였다.

그는 행성들의 궤도운동 중심을 지구에서 태양으로 바꾸고 거대한 천구의 회전을 지구의 자전으로 대신한다면, 훨씬 간결한 천문학이 가능하다고 생각했다. 지구와 태양의 자리를 맞바꾼다면 프톨레마이오스가 '현상을 구제하기 위하여' 도입했던 많은 원을 대거 줄일 수 있다고 보았던 것이다. 아울러 일찍이 프톨레마이오스가 주전원과 이심원을 도입하여 해결하고자 했던 행성의 역행과 광도 변화도 같은 방식으로 쉽게 설명할 수 있다고 생각했다. 지구가 태양 주위를 공전하는 한 우리는 움직이는 지구에서 움직이는 행성들을 관찰하게 된다. 이는 운동의 궤도와 속도 차이 때문에 상대적 위치가 변화하므로 행성의 역행과 광도 변화를 설명할 수 있다고 보았다.

물론 코페르니쿠스의 태양중심설은 독창적인 것이 아니었다. 태양중심설은 기원전 3세기에 아리스타르코스기원전 310~230가 이미 주장한 적이 있을 정도로 오래되었다. 왜 고대에는 그다지 주목받지 못했던 이론이 무려 1800년이 지나서 천문학의 주요한 패러다임으로 떠올랐을까?

미국의 과학사가 토머스 쿤1922~1996은 코페르니쿠스 이론이 등장했을 때 프톨레마이오스의 지구중심설보다 딱히 정확한 것은 아니었다고 주장한다. 당시 천문 관측 결과를 보면 어느 쪽 이론도 상대방보다 확실한 우위를 점하지 못했다는 것이다. 그렇다면 지구중심설에 비해 딱히 우월하지도 않았던 코페르니쿠스의 태양중심설이 성공

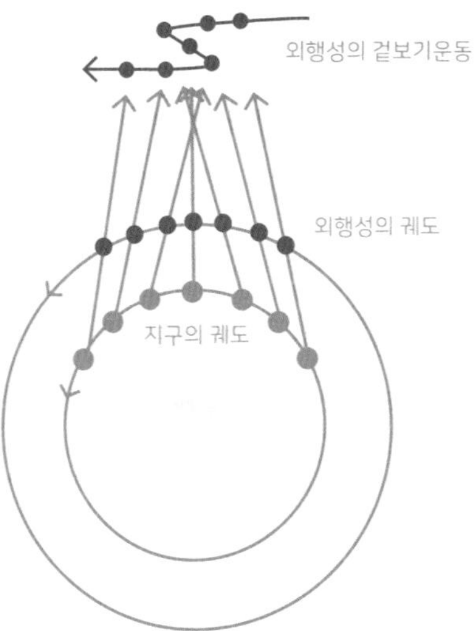

코페르니쿠스의 태양중심설에서는 태양 주위를 공전하는 지구와 행성들 간의 상대적 위치 변화가 행성의 역행운동과 광도 변화를 설명하는 주요 근거가 된다. 움직이는 지구에서 움직이는 행성을 관찰하게 되면, 행성은 이따금 멈춰 서거나 역행하는 듯이 보인다. 아울러 지구와 행성 사이의 거리가 변화함에 따라 광도도 변화한다.

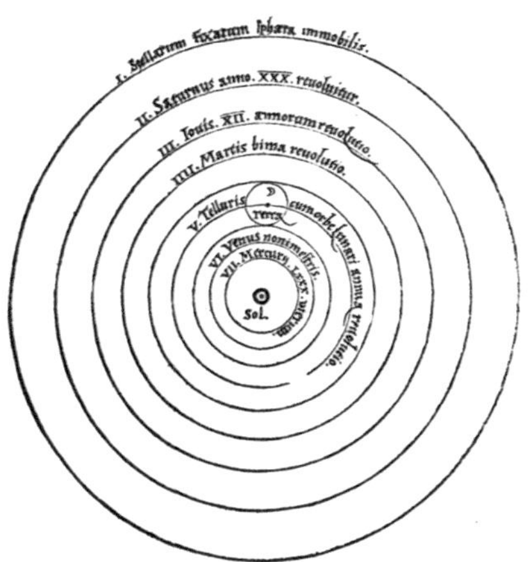

《천구의 회전에 관하여》에서 코페르니쿠스의 태양중심설을 나타낸 그림이다. 수성, 금성, 지구와 달, 화성, 목성, 토성을 실은 여섯 개의 천구와 맨 외곽의 천구가 보인다. 맨 외곽의 천구는 움직이지 않으며 거기 박힌 별들은 '휴식을 취하는 중'이라고 설명하고 있다.

한 비결은 무엇이었을까? 쿤에 따르면, 실용적인 이유 때문이 아니라 '미적인' 이유 때문이었다.• 프톨레마이오스의 전통적 이론이 그동안 쌓인 천문학 문제들을 해결하지 못하고 있을 때 코페르니쿠스의 이론이 등장했고, 천문학자들에게 더 간결하고 미적으로 아름답게 보였기 때문에 결과적으로 선택받았다는 것이다. 이 같은 쿤의 해석은 상당한 논란을 불러왔고, 과학 지식의 누적적 진보를 믿어 의심치 않았던 사람들을 당황과 충격으로 몰아넣었다.

쿤 이후의 연구는 당대 천문학자들이 《천구의 회전에 관하여》를 얼마만큼 잘 받아들였는지 실증적으로 규명하는 데 모아졌다. 《천구의 회전에 관하여》 판본들을 자세히 조사한 미국의 천문학자 오언 깅그리치1930~는 유럽의 최고 천문학자들이 코페르니쿠스의 책을 읽은 것은 사실이지만, 그들이 곧바로 코페르니쿠스의 지지자들이 되지는 않았다고 지적했다.

코페르니쿠스의 책은 출간 당시에 신학 권력의 탄압은 피했지만 지구중심설 지지자들의 많은 반발에 부딪혔다. 그중에서도 가장 강력한 반발은 신학자들이 제기했다. 특히 프로테스탄트 신학자들이 전면에 나섰다. 코페르니쿠스와 동시대를 살았던 종교개혁가 마르틴 루터1483~1546는 태양중심설을 무자비한 방식으로 공격했다.

움직이는 마차나 보트에 앉아서 자신은 움직이지 않는데, 주변의 땅

• 토머스 쿤 지음, 정동욱 옮김, 《코페르니쿠스 혁명》, 지식을만드는지식, 2016, 334쪽.

과 나무들이 움직인다고 생각하는 사람이 있다. 그는 태양과 달의 창공이 아니라 지구가 돈다고 주장하는 새로운 점성술사인 모양이다. 그러나 그것은 현명함을 인정받고 싶어 안달이 난 사람이 어떤 기발한 것을 생각해내고, 그것을 주위에 선전하고자 하는 것과 같은 일종의 유행병이다. 그 어리석은 자는 천문학을 완전히 뒤엎기를 원한다. 그러나 성경이 우리에게 보여주듯이 여호수아는 지구가 아니라 태양에게 멈추라고 말하지 않았는가!•

여기서 루터가 언급하는 여호수아는 모세의 후계자로, 이스라엘 민족을 약속의 땅으로 인도한 인물이다. 《구약성서》의 〈여호수아〉는 기원전 1400년경, 이스라엘 민족의 가나안 정복과 12지파들의 땅 분배 사건을 상세히 기록하고 있다. 이스라엘을 목전에 두고 아모리족 다섯 왕의 연합군과 이스라엘군 사이에 전투가 벌어진다. 이스라엘군은 전투에서 이기고 있었으나 완전한 승리를 위해서는 낮 시간이 더 필요했다. 그때 여호수아는 태양이 그 자리에 멈추도록 하나님에게 기도한다.

여호와께서 아모리 사람을 이스라엘 자손에게 넘겨주시던 날에 여호수아가 여호와께 아뢰어 이스라엘의 목전에서 이로되 태양아 너는 기브온 위에 머무르라 달아 너도 아얄론 골짜기에 그리할지어다 하매

• 마르틴 루터, 《탁상담화Tischreden》, 1539년.

태양이 머물고 달이 멈추기를 백성이 그 대적에게 원수를 갚기까지 하였느니라 야살의 책에 태양이 중천에 머물러서 거의 종일토록 속히 내려가지 아니하였다고 기록되지 아니하였느냐

여호와께서 사람의 목소리를 들으신 이 같은 날은 전에도 없었고 후에도 없었나니 이는 여호와께서 이스라엘을 위하여 싸우셨음이니라

-《구약성서》,〈여호수아〉 10장 12절~14절

이처럼 교황청의 횡포에 맞서 싸우던 루터도 〈여호수아〉를 인용함으로써 코페르니쿠스의 태양중심설을 조롱했다. 장 칼뱅Jean Calvin, 1509~1564도 마찬가지였다.

"누가 감히 성서의 그 말씀 위에 코페르니쿠스의 주장을 놓으려 하는가!"

칼뱅에게 성서는 진리의 상징이자 의심할 수 없는 권위였다. 루터의 동료이자 프로테스탄트 종교개혁가였던 필리프 멜란히톤Philipp Melanchthon, 1497~1560은 행성의 위치를 새롭게 알아낸 코페르니쿠스의 업적을 인정하면서도 태양중심설을 받아들이는 데는 주저했다.

레티쿠스나 조르다노 브루노처럼 코페르니쿠스를 열렬히 지지했던 예외적인 신학자들도 있었지만, 대부분의 프로테스탄트 신학자는 코페르니쿠스의 새로운 천문학에 강한 불쾌감을 드러냈다. 만약 지구가 우주의 중심이 아니라면, 인간과 비슷한 또 다른 생명체가 지구 이외의 어딘가에 존재할 수도 있다는 말이 아닌가? 그렇다면 신이 인간을 위해 우주를 창조했다는 성서의 말은 거짓으로 전락하고 말 것이

다. 태양중심설은 중세적 사회 질서의 근간과 안정을 송두리째 뒤흔드는 주장이었다.

천문학자들은 다소 엇갈린 반응을 내놓았다. 1541년 8월, 네덜란드의 천문학자 젬마 프리시우스Gemma Frisius, 1508~1555는 요하네스 단티스쿠스Johannes Dantiscus, 1485~1548 주교에게 보낸 편지에서 코페르니쿠스의 가설에 대해 호의적인 기대감을 보였다.

> 우리가 별의 운동과 주기에 대해 확실한 지식을 얻을 수만 있다면, 그리고 그것이 정확한 계산에 따라 단순화될 수만 있다면, 지구가 움직이든 움직이지 않든 내게 중요한 문제가 아닙니다.

영국의 천문학자 토머스 디게스Thomas Digges, 1546~1595는 튀코 브라헤와 동시대를 살았고 그와 편지를 교환하기도 했다. 그는 아버지 레오나르드 디게스Leonard Digges, 1520~1559가 시작하고 자신이 끝을 맺은 1576년 저서 《지속적인 예지Prognostication Everlasting of Right Good Effect》에서 코페르니쿠스의 우주론을 더욱 발전시켰다. 그는 우주의 중심에 태양을 놓았으며 코페르니쿠스가 마지막 천구에 있다고 보았던 별들이 사실은 천구 밖에 흩어져 있는 것이라고 주장했다.

이처럼 수학에 익숙한 일부 천문학자는 코페르니쿠스의 주장을 수학적 정합성과 명료함을 보여주는 이론으로 받아들였다. 그러나 대다수 천문학자는 평가를 유보하거나, 코페르니쿠스의 이론에 호의를 보이면서도 공식적으로는 받아들이길 주저했다. 레티쿠스의 동료였던 독일의 천문학자 에라스무스 라인홀트Erasmus Reinhold, 1511~1553는 코

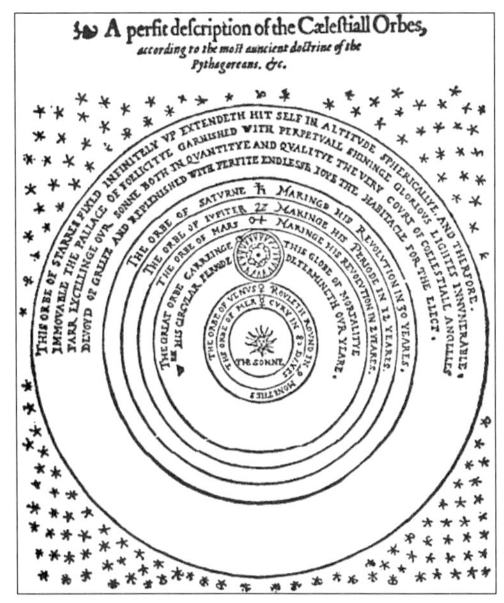

토머스 디게스의 《지속적인 예지》에 나오는 우주의 모습이다. 코페르니쿠스의 태양중심설을 더욱 발전시켰다고 볼 수 있다.

페르니쿠스의 태양중심설을 활용하여 1551년 새로운 천체력인 〈프루테닉표Prutenic Tables〉를 작성했다. 이 표는 프톨레마이오스 천문학을 기초로 13세기에 만들어진 〈알폰소표Alfonsine Tables〉보다 더 실용적이고 정확해서 천문학자와 점성술사들에게 금세 인기를 얻었다. 그럼에도 불구하고 라인홀트는 코페르니쿠스 이론을 지지한다고 공식적으로 표명하길 주저했다.

특히 튀코 브라헤 같은 당대 유럽의 최고 천문학자가 코페르니쿠스의 이론에 만족하지 않았던 것은 뼈아픈 일이었다. 과학사가 존 헨리John Henry는 1543년 코페르니쿠스의 책이 출간된 이후 1600년에 이르기까지 그 책을 읽고 태양중심설로 개종한 천문학자들은 유럽 전역에서 약 열두 명 정도였다고 추정했다.[•] 깅그리치는 1543년 코페르니쿠스의 책 초판이 약 400~500부, 1566년 제2판이 약 500~550부가량 인쇄된 것으로 추정했는데, 이 수치를 참고한다면 열두 명은 결코 많은 숫자라고 볼 수는 없을 듯하다. 루터가 걱정한 만큼 코페르니쿠스의 천문학은 당장 기존의 천문학을 뒤엎을 정도는 아니었던 셈이다.

그의 이론이 지닌 폭발력을 제대로 인식하기 시작한 것은 그로부터 약 70년이 지난 베네치아에서다. 하지만 그사이 코페르니쿠스가 남긴 몇 가지 중세적 흔적들이 먼저 자취를 감추었다. 그가 여전히 버리지 못했던 천구의 관념은 튀코 브라헤에 의해 사실상 종말을 맞이했으며, 천상계가 완전한 등속원운동에 의해 지배되고 있을 것이라는 믿음도 케플러에 의해 최종적으로 폐기되었다. 혁명을 향한 장애물들이 서서히 제거되고 있었던 것이다.

• 존 헨리 지음, 예병일 옮김, 《왜 하필이면 코페르니쿠스였을까》, 몸과마음, 2003, 102쪽.

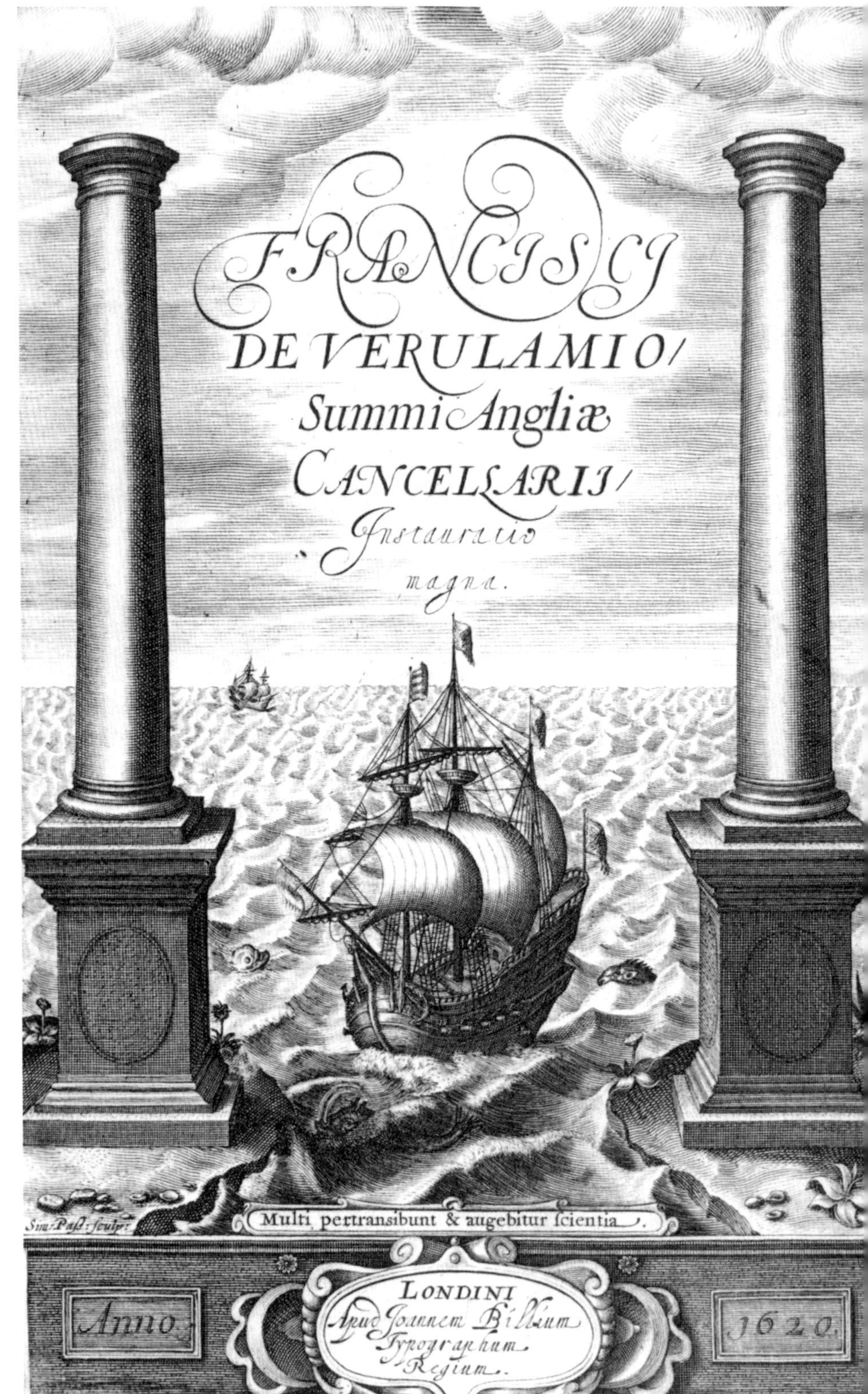
FRANCISCI
DE VERULAMIO,
Summi Angliæ
CANCELLARIJ,
Instauratio
magna.
Sim: Pass: sculp:
Multi pertransibunt & augebitur scientia.
Anno.
LONDINI
Apud Joannem Billium
Typographum
Regium.
1620.

12

프랜시스 베이컨, 새로운 과학 방법론을 고안하다

지브롤터해협(지금의 스페인 남부)에 있는 헤라클레스의 기둥은 고대로부터 인류의 지식이 도달할 수 있는 한계를 의미했다. 이제 배들은 그 기둥을 넘어 대양으로 출항하거나 새로운 지식을 싣고 귀항하고 있다. 그림 아래에는 《구약성서》 중 〈다니엘〉 12장 4절의 "많은 배들이 통과하면, 인류의 지식은 증가할 것이다"라는 문구가 새겨져 있다. 프랜시스 베이컨, 《대혁신》, 1620년.

16세기 말 유럽에는 낡은 과학과 새로운 과학 사이에 격렬한 충돌의 순간이 임박하고 있었다. 코페르니쿠스가 구시대 천문학에 일으킨 균열은 머지않아 구질서의 핵심부를 강타할 예정이었다. 영국의 철학자이자 정치가였던 프랜시스 베이컨1561~1626은 다가오는 과학의 격변을 예감하고, 그 주춧돌을 놓은 인물이다. 그가 과학혁명에 직접적으로 기여할 만한 특별한 과학적 발견을 이룬 적은 없다. 코페르니쿠스의 천문학을 받아들이지 않았던 베이컨은 때때로 과학혁명에 대해 반동적인 모습을 보이기까지 했다. 그럼에도 불구하고 '과학은 어떠한 모습이어야 하는가'라는 새로운 과학 방법론을 구축했다는 점에서 그는 근대 과학의 선구자로 기억되고 있다.

오늘날 베이컨은 철학자 혹은 과학자로 알려져 있지만, 사실 그는 법률가로 큰 성공을 거둔 사람이었다. 열두 살에 케임브리지대학 트리니티칼리지에 입학한 그는 불과 2년을 채우지 못하고, 그레이스 인 법학원에 재입학했다. 법률가의 길로 들어선 후 성공 가도를 달리던 베이컨은 1618년 마침내 대법관이 되었다. 그러나 그로부터 3년 뒤에 일어난 사건으로 그의 명성은 순식간에 곤두박질치고 말았다. 베이컨에게 많은 뇌물을 주었는데도 불구하고 재판에서 불리한 판정을 받은 한 피고인이 앙심을 품고 그를 고발한 것이다. 이 뇌물 수수 사건으로 대법관에서 물러난 베이컨은 그때부터 자신이 틈틈이 써놓은 과학에 관한 경이로운 원고들을 정리하기 시작했다.

베이컨의 학문 방법론은 자신이 일생에 걸쳐 완성하고자 했던 야심작인 《대혁신Instauratio Magna》에서 구체화된다. 1605년에 출간한 제1부 《학문의 진보The Advancement of Learning》가 그 방대한 저서의 첫머리를 장식했다. 일반적으로 베이컨 이전의 자연철학은 자연을 '실험experiment'하는 행위에 호의적이지 않았다. 신이 인간에게 준 감각기관보다 인간이 제작한 도구들이 더 뛰어날 리가 없을 뿐만 아니라 실험이 오히려 자연을 왜곡시킬 수도 있다는 것이 주된 이유였다. 전통적 자연철학자들은 아리스토텔레스가 강조한 연역법, 즉 일반 원리로부터 개개의 현상을 설명하는 방식을 합리적인 자연 이해의 방식으로 쓰고 있었다.

물론 그들도 자연을 실험하기는 했다. 하지만 전통적 자연철학자들에게 실험은 어디까지나 연역적으로 추론된 이론을 마지막으로 확인하는 '리트머스 시험지'에 불과했다. 베이컨이 그처럼 도식적이고 수동적인 학문 방법론에 염증을 느낀 것은 분명하다. 그에게 자연은 아직 수확하지 않은 풍성한 과수원과 같았다. 미지의 현상으로 가득 찬 자연에서 풍부한 데이터를 얻고, 그것으로 일반적인 과학 법칙을 도출하는 것은 자연을 수확하는 가장 적절한 방식이었다. 하나의 과학 이론을 세우기 위해 그와 관련된 무수한 사례들을 분석·수집하고, 때로는 직접 실험함으로써 최상의 과학 이론을 생산하는 방식이 베이컨이 주장한 귀납법이었다.

《대혁신》 제2부는 아리스토텔레스의 저서 《기관Organum》을 겨냥한 것으로 알려진 《신기관Novum Organum》이다. 그는 사람들이 자연에 대한 거짓 없는 지식을 얻길 원한다면, 먼저 자신의 머릿속을 지배하고 있는 편견과 선입견들을 깨끗이 씻어내야 한다고 생각했다. 베이컨은 '환영' 또는 '잘못된 형상'을 의미하는 이돌라Idola 네 가지를 제시했다. 첫째는 인간이라는 종족 자체에 내재된 '종족의 이돌라'이다. 종족의 이돌라에 갇히면 인간은 항상 스스로 보고 싶은 것만 보게 된다. 둘째는 플라톤의 동굴의 비유에서 힌트를 얻은 '동굴의 이돌라'이다. 동굴 속 죄수들은 실제 세계의 그림자만 볼 뿐 참모습에는 접근할 수 없다. 셋째는 '시장의 이돌라'로서 인간의 언어가 만들어내는 오해를 의미한다. 시장에서 오가는 근거 없는 소문에 현혹되지 말라는 이야기다. 넷째는 '극장의 이돌라'이다. 극장에서 본 영화를 현실로 착각하듯이 기존에 성립된 도그마를 광신적으로 믿는 행위를 경계하라는 것이다. 그는 인간이 자연의 참모습을 보길 원한다면 자연과 만나기 전에 먼저 이돌라를 버려야 한다고 주장했다.

원래 총 6부작으로 계획된 《대혁신》 제3부는 《자연의 사실들을 관찰, 기록하는 자연사》, 제4부는 《지식의 사다리》로 이어지지만, 실제로는 마무리하지 못하고 미완으로 끝났다.

베이컨은 독실한 기독교도였다. 자연 탐구가 기독교 신앙과 대립하는 것을 경계했던 그는 오히려 둘을 강하게 결합시켰다. 그는 성서가 창조주의 의지를 드러낸다면 자연은 창조주의 힘을 표상한다고 보았다. 그런 점에서 자연은 제2의 성서였다. 따라서 창조주로부터 특별한 지위를 부여받은 인간은 제2의 성서를 읽고 해석함으로써 창조주의 위대한 힘을 엿볼 수 있다. 베이컨의 자연 탐구는 이처럼 기독교 신앙에 깊이 뿌리내린 것이었다.

나아가 베이컨에게 과학은 단순한 지적 유희로 끝나는 것이 아니라 인간 삶에 필요한 현실적인 발명으로 연결될 수 있었다. 1627년에 출간된 《뉴 아틀란티스New Atlantis》는 인간이 과학기술의 발달을 통해 도달할 수 있는 미래를 흥미진진하게 그리고 있다. 페루에서 태평양을 거쳐 아시아로 향하던 배가 거센 폭풍우를 만나 난파당하는 데서 이야기가 시작된다. 그렇게 난파된 배가 도착한 곳은 고대 유럽인들이 사라져버렸다고 믿었던 아틀란티스였다. 대륙과 단절된 채 수천 년을 이어온 벤살렘이라는 섬이었는데, 주민들은 '솔로몬의 집'이라는 독특한 교단을 중심으로 살아가고 있었다. 솔로몬의 집은 일종의 과학기술 전문 연구 기관이었다.

솔로몬의 집은 신기한 과학기술을 연구하고 만드는 곳이다. 무엇

베이컨의 《뉴 아틀란티스》를 모티브로 한 상상도다. 하늘을 나는 능력c, 원래보다 큰 과일k, 먼 거리에서 소리를 실어나르는 통n 등은 오늘날 비행기, 유전공학으로 품종 개량한 딸기, 전화기 등 과학기술로 만든 각종 발명품을 연상시킨다. 로웰 헤스Lowell Hess, 1970년.

이든 썩지 않게 보존하는 깊은 동굴, 모든 종류의 동물과 새들을 위한 정원, 의학 실험을 위한 방, 식료품과 빵, 요리를 만드는 제빵소, 한 번 먹으면 오랫동안 단식이 가능한 음식과 빵, 음료수 등을 묘사한다. 나아가 신체 근육을 강하게 만드는 음식, 놀라운 성능의 렌즈, 인공 무지개를 만드는 기술, 음향 연구소·동력 연구소·수학 연구소·착각 연구소 등도 있다. 특히 솔로몬의 집 사람들은 새의 날개 모양을 이용하여 하늘을 나는 방법과 물밑을 가는 배(일종의 잠수함)의 제작 기술, 그리고 영구운동을 하는 물건을 개발했다. 이처럼 책에서 묘사한 솔로몬의 집은 17세기 초 베이컨이 갈망했던 미래 도시의 모습이었다.

《뉴 아틀란티스》는 토머스 모어Thomas More, 1478~1535의 1516년 저서 《유토피아Utopia》, 톰마소 캄파넬라Tommaso Campanella, 1568~1639의 1602년 저서 《태양의 도시La città del sole》와 함께 근대 유럽의 대표적인 유토피아 소설 중 하나로 손꼽힌다. 스페인의 압제에 맞서 남이탈리아의 독립을 외치다가 투옥된 캄파넬라는 공산주의적 평등사회를 자신의 이상사회로 그렸고, 그의 이념은 훗날 생시몽, 푸리에 등의 공상적 사회주의를 거쳐 결국 실천적 공산주의 운동으로 진화한다. 1529년 대법관 자리에까지 올랐던 토머스 모어 또한 부의 재분배를 통한 이상사회 실현을 꿈꿨다.

그들과 달리 베이컨은 인간 사회는 체제 변혁이 아니라 과학기술을 발달시켜야 이상사회에 도달할 수 있다는 희망찬 꿈을 꾸고 있었다. 대법관에서 물러난 후 자연계 연구에 전념한 그는 과학이라는 지식을 제도적 틀 안에서 연구하면 더 많은 결실을 얻을 수 있다고 생각했다. 바로 그가 묘사한 솔로몬의 집이라는 과학기술 전문 연구 기관

토머스 모어의 《유토피아》에 실린 삽화. 왼쪽 밑에는 여행자 라파엘 히드로다에우스가 사람들에게 유토피아의 지리를 설명하고 있다. 암브로시우스 홀바인, 목판화, 1518년판.

이었던 셈이다. 베이컨의 이 같은 상상은 1660년 영국에 왕립학회가 설립되면서 현실화되었다.

적극적인 실험 과학의 지지자답게 그를 죽음으로 몰고 간 원인도 왕성한 실험 정신이었다. 1626년 베이컨은 런던에서 마차를 타고 오르반즈의 집으로 돌아오는 길에 폭설을 만났다. 그는 눈이 소금처럼 고기의 부패를 방지하는 효과가 있는지 궁금했다. 하이게이트 언덕 부근에서 베이컨은 한 오두막집에 들러 닭을 산 후, 닭에서 내장을 꺼내고 그 안에 눈을 채워넣어 직접 실험해보았다. 이 과정에서 갑작스러운 혹한에 노출된 그는 심한 감기에 걸려 집으로 돌아가지 못하고 가까운 친구의 집으로 피신했다. 병상에 누워 있던 그는 외출 중인 친구에게 편지 한 통을 남겼다.

"나는 아무래도 플리니우스의 운명을 따를 것만 같네."

로마의 과학자 플리니우스는 폼페이의 베수비오 화산 폭발을 관찰하기 위해 배에서 내렸다가 유황 가스에 질식해 죽었다. 하지만 농담 섞인 이 글은 베이컨의 실제 운명이 되고 말았다.

왼쪽에는 왕립학회의 초대 회장이었던 윌리엄 브로운커가, 오른쪽에는 학회 설립에 영감을 주었던 베이컨이 앉아 있다. 가운데 동상은 학회 후원자였던 찰스 2세이다. 왼쪽 뒤편에 베이컨의 이념을 계승하여 새로운 실험 철학을 창시한 로버트 보일의 공기펌프가 보인다. 토머스 스프랫Thomas Sprat, 1635~1713, 《왕립학회의 역사》, 1667년, 1쪽.

13

인체의 재발견, 베살리우스와 시체 해부

1594년 이탈리아 파도바 대학에 설립된 최초의 해부학 전용 극장. 가파르게 경사진 관람석에서 청중들은 실제 해부 과정을 쉽게 관찰할 수 있었다. 런던과학박물관.

과학의 역사에서 1543년은 기억할 만한 해이다. 코페르니쿠스의 《천구의 회전에 관하여》가 빛을 본 바로 그해에 인체에 대한 중세적 시각을 뒤흔든 또 한 권의 획기적인 저서, 안드레아스 베살리우스Andreas Vesalius, 1514~1564의 《인체의 구조에 관하여De humani corporis fabrica libri septem》가 출간되었다. 근대 의학의 출발을 알리는 신호탄이었던 이 책은 르네상스적 예술과 과학의 절묘한 만남의 산물이다. 책에 실린 약 이백오십여 개에 이르는 인체 해부의 경이로운 삽화는 중세의 인습적인 그림에 식상해하던 유럽인들을 충격으로 몰아넣었다.

중세 시대 해부는 덕망 높은 의학 교수들의 일이 아니었다. 사체에 손을 대는 것은 천한 일이었기 때문에 해부 조수들의 몫이었다. 조수들이 해부하는 동안, 의학 교수는 높은 의자에 앉아 권위 있는 의학 서적들을 참고하여 학생들에게 인체 구조를 설명하는 것이 전형적인 수업 방식이었다. 로마 시대부터 지속된 이러한 관습은 의학 교수들의 체면을 세워주었지만, 결과적으로 의학의 발전을 틀어막았다.

중세 시대 해부는 보통 야외에서 했다. 해부 조수가 사체를 해부하는 동안, 의학 교수는 그리스 의학자 갈레노스나 이슬람 의학자 이븐 시나의 서적들을 참고해 인체의 구조를 설명했다. 몬디노 데 루치, 《해부학Anathomia》, 1316년.

베살리우스는 벨기에 브뤼셀에서 태어났다. 그의 조상들은 대대로 의학과 자연과학에 종사했다고 한다. 1533년 스무 살 무렵의 베살리우스가 파리로 건너가 의학과 해부학을 공부할 당시, 파리의 의학은 갈레노스와 이븐 시나의 영향력 아래 있었다.

갈레노스는 히포크라테스Hippocrates, 기원전 5세기경 이후 고대 서양 의학의 위대한 선구자로 알려졌다. 그가 받아들인 4체액설에 따르면, 인간의 몸은 혈액·점액·황담즙·흑담즙이라는 네 가지 체액을 갖고 있다. 이 체액들이 균형을 이룰 때는 건강을 유지할 수 있지만, 어느 하나라도 모자라거나 과하면 병이 발생한다는 설이다. 따라서 의사의 역할은 체액들이 적절한 균형을 유지하도록 조절하는 것이다. 인체 해부가 허용되지 않았던 당시에는 원숭이나 돼지를 해부하여 인간의 몸을 간접적으로 연구했다. 따라서 인간의 몸에 관한 갈레노스의 기록은 오류로 가득 찰 수밖에 없었지만, 해부가 어려웠던 당시에는 중요한 의학 지침이 되었다. 갈레노스 이후의 의학자들은 인간 장기의 실제 모습이 갈레노스의 설명과 다르다는 것을 발견할 때도 인간의 장기가 오랜 시간을 거쳐 변한 것이라고 믿음으로써 갈레노스의 권위를 인정했다.

갈레노스의 의학은 중세 이슬람 의학의 대표자 이븐 시나가 이어받았다. 이븐 시나가 살던 당시 이슬람권에서도 인간의 해부가 금지되어 있었다. 따라서 이븐 시나의 의학 지식은 갈레노스로부터 강한 영향을 받을 수밖에 없었다. 이븐 시나는 갈레노스의 의학을 바탕으로 당시 이슬람권의 의학, 그리고 인도와 페르시아의 의학 지식을 총괄한《의학전범》을 썼다. 이 책은 12세기 무렵 바스의 아델라르에 의해 라틴어로 번역되어 유럽 각지로 퍼져나갔다. 당시 유럽에서 태동하기 시작한 대학들이《의학전범》을 교과서로 활용하면서 이븐 시나의 명성은 유럽 전역으로 확대되었다. 이처럼 중세 말기 유럽인들이 갈레노스와 이븐 시나의 눈을 통해 인간의 몸을 들여다보고 있을 때, 그 강고한 권위의 틈 사이로 몇 가지 변화가 찾아왔다.

이탈리아 북부 볼로냐의 의사 몬디노 데 루치Mondino de Luzzi, 1270~1326는 인체 해부 문제를 정면으로 다룬 저서《해부학Anatomia》을 집필했다. 이 책은 오늘날까지도 의학 역사상 최초의 해부학 전문 서적으로 인정받고 있다. 르네상스 시대의 천재 화가 레오나르도 다빈치Leonardo da Vinci, 1452~1519도 매우 정밀한 인체 해부도를 그렸다. 그는 이 해부도를 그리기 위해 직접 수십 구의 사체를 해부했다. 일설에 따르면, 당시 교황 레오 10세는 다빈치의 해부벽을 막기 위해 장례식장 출입을 금지시켰다고 한다.

또 베살리우스와 동시대를 살았던 프랑스의 앙브루아즈 파레Ambroise Paré, 1510~1590는 살육이 난무하는 전쟁터에서 부상병들을 응급처치했던 경험을 살려 외과 의학을 크게 변모시켰다. 당시까지는 무기나 총탄으로 부서진 사지를 절단할 때, 불에 달군 쇠붙이로 혈관을 지져 태우는 방식을 사용했다. 극도의 공포감과 통증을 동반했다는 점에서 고문과 별반 차이가 없는 수술 방식이었다. 파레는 그처럼 잔인한 방법을 버리고 혈관을 실로 동여매는 새로운 지혈법을 개발했다.

이처럼 중세 말기 의학에 새로운 변화가 찾아들던 시기에 베살리우스의 시대가 시작되었다. 그는 1537년 당시 과학의 최전선이라 해도 손색없던 베네치아의 파도바대학에서 의학박사 학위를 받고 외과학과 해부학 교수로 임용되었다. 베살리우스는 갈레노스를 비롯한 전통적 의학 이론이 지닌 약점을 정확히 꿰뚫고 있었다. 전통적 의학은 주로 동물의 사체를 통해 인간의 몸을 간접적으로 연구했다는 점이다. 새로운 의학은 인간의 몸을 직접 관찰함으로써 시작될 수 있었다. 1540년 1월, 볼로냐의 한 교회 건물에서 행한 해부학 집중 강의는 당시 수업을 듣던 의학생 헤셀러Baldasar Heseler가 잘 묘사하고 있다.

환자의 다리 절단 수술을 보여주는 중세 시대의 삽화. 수건으로 이마를 가린 환자의 다리를 해부 조수들이 자르고 있다. 환자 왼쪽에 장갑을 끼고 서 있는 사람은 환자를 때려서 기절시켜 곧 엄습할 공포와 통증을 덜어주었다. 마취약이 보편화되지 못했던 시대의 일이다. 한스 폰 게르스도르프Hans von Gersdorf, 《부상병 치료를 위한 전장 매뉴얼Feldtbuch der Wundartzney》, 1517년.

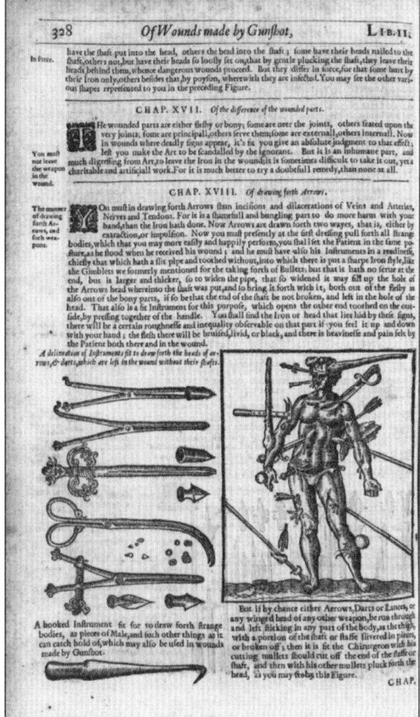
328 *Of Wounds made by Gunshot,* LIB. II.

In force. have the shaft put into the head, others the head into the shaft; some have their heads nailed to the shaft, others not, but have their heads so loosly set on, that by gentle plucking the shaft, they leave their heads behind them, whence dangerous wounds proceed. But they differ in force, for that some hurt by their Iron only, others besides that, by poyson, wherewith they are infected. You may see the other various shapes represented to you in the preceding Figure.

CHAP. XVII. *Of the difference of the wounded parts.*

You must not leave the weapon in the wound.

THe wounded parts are either fleshy or bony; some are neer the joints, others seated upon the very joints; some are principall, others serve them; some are externall, others internall. Now in wounds where deadly signs appear, it's fit you give an absolute judgment to that effect; lest you make the Art to be scandalled by the ignorant. But it is an inhumane part, and much digressing from Art, to leave the Iron in the wound; it is sometimes difficult to take it out, yet a charitable and artificiall work. For it is much better to try a doubtfull remedy, than none at all.

CHAP. XVIII. *Of drawing forth Arrows.*

The manner of drawing forth Arrows, and such weapons.

YOu must in drawing forth Arrows shun incisions and dilacerations of Veins and Arteries, Nerves and Tendons. For it is a shamefull and bungling part to do more harm with your hand, than the Iron hath done. Now Arrows are drawn forth two wayes, that is, either by extraction, or impulsion. Now you must presently at the first dressing pull forth all strange bodies, which that you may more easily and happily perform, you shall set the Patient in the same posture, as he stood when he received his wound; and he must have also his Instruments in a readinesse, chiefly that which hath a slit pipe and toothed without, into which there is put a sharpe Iron style, like the Gimblets we formerly mentioned for the taking forth of Bullets: but that it hath no screw at the end, but is larger and thicker, so to widen the pipe, that so widened it may fill up the hole of the Arrows head whereinto the shaft was put, and to bring it forth with it, both out of the fleshy as also out of the bony parts, if so be that the end of the shaft be not broken, and left in the hole of the head. That also is a fit Instrument for this purpose, which opens the other end toothed on the outside, by pressing together of the handle. You shall find the Iron or head that lies hid by these signs, there will be a certain roughnesse and inequality observable on that part if you feel it up and down with your hand; the flesh there will be bruised, livid, or black, and there is heavinesse and pain felt by the Patient both there and in the wound.

A delineation of Instruments fit to draw forth the heads of arrows, & darts, which are left in the wound without their shafts.

A hooked Instrument fit for to draw forth strange bodies, as pieces of Male, and such other things as it can catch hold of, which may also be used in wounds made by Gunshot.

But if by chance either Arrows, Darts or Lances, or any winged head of any other weapon, be run through and left sticking in any part of the body, as the thigh, with a portion of the shaft or staffe slivered in pieces, or broken off; then it is fit the Chirurgeon with his cutting mullets should cut off the end of the staffe or shaft, and then with his other mullets pluck forth the head, as you may see by this Figure.

CHAP.

파레는 전쟁터의 부상병들을 치료하는 일에 종사했다. 그림에는 창이나 도끼, 화살 등으로 부상당한 사람이 묘사되어 있다. 상처의 지혈을 위해 혈관을 실로 동여매는 방법은 파레가 고안한 것으로 알려져 있다. 앙브루아즈 파레, 《유명한 외과의사 앙브루아즈 파레의 작품들》, 1678년.

얀 스테판 반 칼카르가 그린 스물여덟 살의 베살리우스. 《인체의 구조에 관하여》, 1543년.

사체가 놓인 책상 주위로 질서 정연하게 네 단의 원형 계단이 배치되었다. 이 방에서는 이백여 명이 해부를 지켜볼 수 있었다. 어느 누구도 해부학자들보다 먼저 입장할 수 없었고, 그들이 입장한 뒤에 20솔리도스Solidos(로마인들이 사용하던 화폐의 일종)를 지불한 사람만 들어갈 수 있었다. 백오십여 명의 학생과 커티우스 박사D. Curtius, 에리기우스 Erigius, 그리고 다른 많은 의사가 착석했다. 마침내 베살리우스 박사가 도착하자 양초를 밝히고 해부가 시작되었다.•

• 발다사르 헤셀러 · 루벤 에릭슨 · 마테오 코티, 《1540년 볼로냐에서 있었던 안드레아스 베살리우스의 첫 번째 공개 해부Andreas Vesalius first public anatomy at Bologna》, Uppsala and Stockholm, 1959년, 85~86쪽.

《인체의 구조에 관하여》의 첫 페이지에 나오는 베살리우스의 해부학 공개 강의. 베살리우스가 직접 사체에 손을 대고 있다. 왼쪽 위의 기둥에 매달린 벌거벗은 사람과 중앙의 해골은 해부의 처음과 끝을 상징한다.

해부는 주로 범죄자들의 사체로 했다. 해부를 위해서는 먼저 사체의 피부를 벗겨내야 했는데, 벗긴 피부는 불에 태우거나 수업 자료로 전시되었다. 공개적인 해부는 종종 영화 같은 볼거리로 여겨졌다. 돈을 지불하고 관람하는 사람도 많았고, 여행객들도 이따금 공개적인 해부를 보기 위해 찾아왔다.

1543년 베살리우스는 인체 해부에서 얻은 지식들을 정리하여 의학 역사상 경이로운 저서로 기억되는 《인체의 구조에 관하여》를 출간했다. 당시 예술을 공부하기 위해 베네치아에 왔던 화가 얀 스테판 반 칼카르Jan Stephan van Calcar, 1499~1546에게 자신의 저서 안에 들어갈 사실적인 삽화들을 그려달라고 부탁했다. 그는 파리 유학 시절부터 해부한 인체에서 직접 본 장기들과 갈레노스의 이론 사이의 차이를 기록했던 것으로 보인다. 《인체의 구조에 관하여》 서문에서 그는 갈레노스가 묘사한 인체 구조 중 약 200여 곳 이상 오류가 있다고 지적하고, 갈레노스가 결코 인간의 몸을 해부한 적이 없을 것이라고 결론지었다.

《인체의 구조에 관하여》가 출간되자 갈레노스의 지지자와 의학계의 보수 세력은 새로운 의학의 출현에 강력한 비판과 공격을 가했다. 그들의 공격을 참을 수 없었던 베살리우스는 다른 책을 출간하기 위해 준비 중이던 노트들을 모조리 불살라버린 적도 있었다. 그러나 목판에 새긴 인간의 몸에 관한 그의 놀라운 삽화들은 곧 동판에 새겨 유럽 전역으로 퍼져나갔고, 새로운 의학의 출현을 알리는 중요한 전령이 되었다.

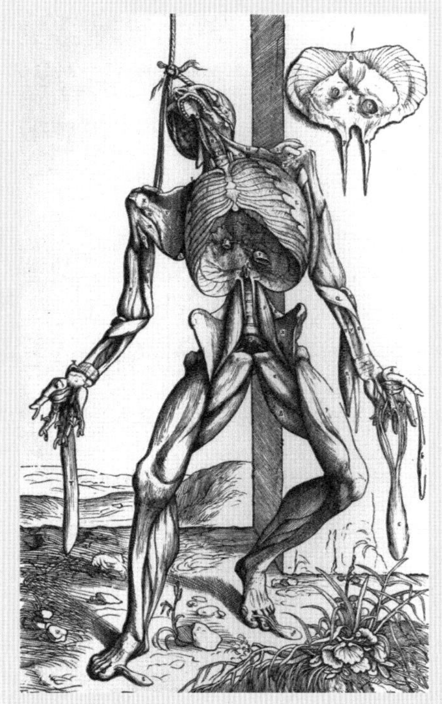

땅바닥으로 끌어내린 사형수. 《인체의 구조에 관하여》, 1543년.

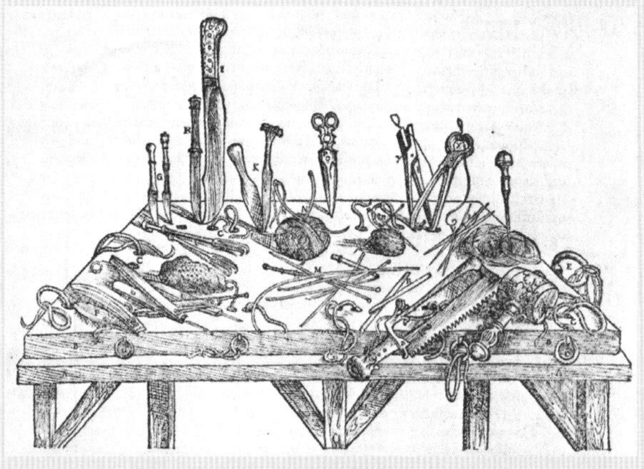

당시의 해부 도구들. 《인체의 구조에 관하여》, 1543년.

14

자연의 힘을 이용하는 자연 마술과 원격작용

르네상스 이후 근대 유럽에서는 다양한 자연관이 등장하기 시작했다. 그중에서도 오랜 시간에 걸쳐 서로 치열한 경쟁을 벌였고, 직접적으로는 서양 근대 과학의 탄생을 촉발한 '마술적 자연관'과 '기계적 자연관'을 들 수 있다.

마술적 자연관에서 말하는 '마술'이란 오늘날 우리가 흔히 생각하는 것처럼 기상천외한 마법이나 주술을 의미하지 않는다. '자연 마술 Magia Naturalis'이라고 하는 일종의 자연철학으로서 자연계의 숨겨진 힘을 경험으로 파악하여 그 힘을 자연의 순리에 따라 이용하는 기술을 말한다. 물론 자연 마술이 신비적인 색채를 완전히 뺀 것은 아니었다. 사실은 초자연적인 사고와 자연철학적 사고의 경계 지점에 위치했다. 하늘의 힘을 빌려 지상에서 사용하는 점성술과 마찬가지로 연금술은 대표적인 자연 마술의 하나였다. 유럽의 연금술은 고대 이집트에서

불 속에 사는 작은 용으로 알려진 샐러맨더가 자신의 꼬리를 물고 있는 이 그림은 모든 물질의 통합과 순환을 믿었던 연금술사들의 대표적 상징이었다. 연금술사들은 물질의 증류와 용해 등을 반복함으로써 순수한 물질을 얻을 수 있다는 신념을 가지고 있었다. 미하엘 마이어Michael Maier, 1568~1622, 《아틀란타 도주Atalanta Fugiens》, 1617년.

최초로 발생하여 그리스 문화권으로 확산되었다. 그리스 시대의 연금술은 로마 시대 비잔틴제국에서 추방당한 네스토리우스교도와 단성론자들을 통해 시리아와 페르시아, 그리고 이슬람권으로 흘러들었고, 12세기 이후에는 이슬람 과학이 유럽에 전해지면서 큰 인기를 끌게 되었다.

연금술사들은 자연의 배후에 감춰진 보이지 않는 질서를 찾아내어 자신들의 특수한 기술에 응용하고자 했다. 금속을 두드리고, 달구

아드리안 판 오스타더Adriaen van Ostade, 1610~1685, 〈연금술사An Alchemist〉, 1661년.

고, 녹이고, 섞는 실험은 대표적인 연금술사의 작업이었다. 연금술사들은 알 속에서 병아리가 자라듯이 땅속의 모든 금속은 수은과 황이 합성하여 자라난다고 믿었다. 금속의 성장에서, 특히 금은 자연의 순리적인 과정을 거쳐 자라난 완전하고 고결한 금속이었다. 그러나 만약 땅속에 묻힌 금속이 어떤 이유로 성장을 멈추면 금으로 자라나지 못한다.

연금술사들은 이 같은 금속의 성장 과정을 실험실로 옮겨와 직접 재현할 수 있다면 놀라운 결과를 얻을 수 있다고 보았다. 그들은 납과 구리, 철과 같은 금속을 자연의 섭리에 맞춰 자라나게 하면 금이나 은과 같은 고귀한 금속을 손에 넣을 수 있다고 믿었던 것이다. 그

실험실과 예배당의 결합은 연금술사들이 자신들의 실험을 신성하고 종교적인 것으로 인식하고 있었음을 보여준다. 예배당 천막 위에는 라틴어로 다음과 같이 쓰여 있다. "우리가 엄격하게 우리의 작업을 수행하면 신은 우리를 도울 것이다." 물론 이때의 신은 기독교의 유일신이 아니라 범신론적 신에 가깝다. 하인리히 쿤라드Heinrich Khunrath, 1560~ 1605, 《영원한 지혜의 원형극장Amphitheatrum sapientiae aeternae》, 1595년.

런데 연금술사들은 비천한 금속을 값비싼 금과 은으로 바꾸는 데는 일명 '철학자의 돌'이라는 신비한 물질이 필요하다고 생각했다. 철학자의 돌은 어느 누구에게도 발견된 적이 없으나, 연금술사들은 오랫동안 그 존재를 찾아 헤맸다. 자연의 숨은 배후를 다루는 이러한 작업을 그들은 매우 신성한 것으로 여겼다. 따라서 자신의 실험실 안에 예배당을 두고 실험의 성공을 기원하는 연금술사도 어렵지 않게 찾아볼 수 있었다.

그런데 불순한 물질로 순수하고 고귀한 금을 만드는 일은 기본

파라셀수스의 초상화. 파라셀수스의 사후 350여 년 뒤에 유골을 조사한 의사들은 그가 꼽추였을 것이라고 추정했다. 아우구스틴 히르시포겔Augustin Hirschvogel, 1503~1553, 1538년

적으로 병든 몸 안의 불순물을 걸러내어 건강을 회복할 수 있다는 믿음과 통했다. 이러한 인식은 의료화학Iatrochemistry이라는 독특한 의학 이론의 발달로 이어졌다. 당시까지 의학적 치료약의 원료는 주로 동식물이나 광물로부터 얻은 생약이었다. 그러나 전통적 화학인 연금술을 의학의 기초로 보는 의료화학은 수은, 황산, 철, 황산구리 등 연금술로 분리·정제된 금속들을 치료약에 사용하기 시작했다. 스위스의 의사이자 연금술사였던 아우레올루스 필리푸스 파라셀수스Aureolus Philippus Paracelsus, 1493~1541는 의료화학의 대표적인 선구자였다.

취리히 인근에서 태어난 파라셀수스는 이탈리아로 유학하여 의학을 공부했다. 그가 1527년 바젤의 대성당 밖에서 중세 의학의 교범이었던 이븐 시나의 《의학전범》을 불태운 사건은 아주 유명하다. 그는 권위와 전통에 얽매인 이전의 의학 이론에 반기를 들고, 경험과 실천으로부터 자신만의 독창적인 치료술을 확립했다.

그런데 파라셀수스는 어디에서 그런 경험적인 의학 지식을 손에 넣었을까? 그의 삶은 온통 베일에 감추어져 있기 때문에 답을 얻기는 쉽지 않다. 그는 일생의 대부분을 여행했기 때문에 '방랑의 과학자'라고도 부르며, 그의 의학적 지식도 방랑의 결과물로 알려져 있다. 그는 외과에 대해 논한 저서에서 "나는 어디에서든지 열심히 연구했고, 의사뿐만 아니라 이발사(지금의 이발사와는 다른, 해부에 종사한 사람), 여성, 어린이, 마술사, 연금술사, 수도사, 하층민, 고귀한 사람, 비천한 사람 등으로부터 진실의 의술을 배웠다"라고 쓰고 있다.

그러나 경험적 의학의 중요성을 설파한 파라셀수스와는 달리, 그를 계승한 사람들에게는 항상 하나의 오명이 따라붙는다. 악명 높은 '무기연고' 치료술 때문이다. 상처 입은 환자를 치료하기 위해 그 사람에게 상처를 입힌 무기에 연고를 바르는 기이한 방법이다. 그들은 무기에 바른 연고가 '원격작용력'을 발휘해 상처를 치유할 수 있다고 믿었던 것이다. 오늘날 관점에서 보면 분명한 미신의 일종이다. 무기연고 치료술이 파라셀수스의 의학 사상에 뿌리를 두고 있다고 말하는 이유는 그러한 치료술이 자연현상의 작용과 반작용이라는 힘의 원리를 바탕에 두었기 때문이다. '마술적 자연관'이라 말할 수 있는, 이러한 자연계에 관한 독특한 믿음은 비단 서양 문명의 전유물만은 아니다.

동양의 풍수사상 중에 같은 기가 상호감응하며 공명한다는 동기감응론同氣感應論이 있다. 중국 한 때 궁궐에 구리로 만든 종이 하나 있었는데, 하루는 그 종이 저절로 울렸다고 한다. 황제가 신하에게 그

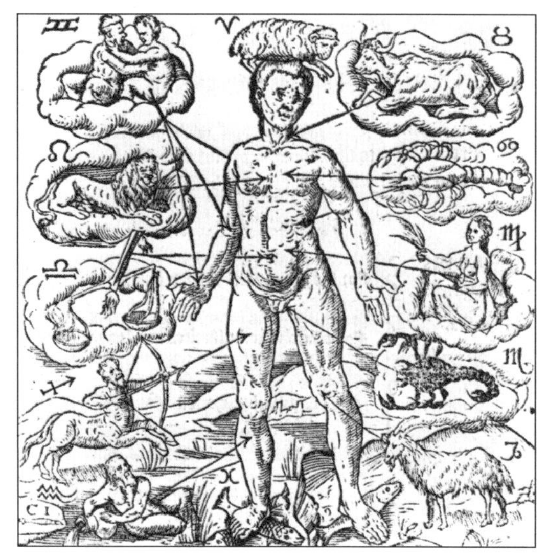

몸의 각 부위가 열두 개의 별자리와 연결되어 있다는 신념 또한 당시에 널리 퍼져 있었다. 예를 들어 물고기자리에 태어난 사람은 그들의 발에 병이 생긴다고 예상했다. 토머스 디게스, 《지속적인 예지》, 1556년.

이유를 묻자 신하는 서쪽의 구리산이 무너졌다고 말했다. 잠시 후 서쪽의 구리산이 무너졌다는 보고가 들어오자 황제는 깜짝 놀라 그 신하에게 어떻게 알았느냐고 물었다. 신하는 궁궐의 구리종이 서쪽의 구리산에서 캐낸 구리로 만들었기 때문에 서로 감응하여 종이 저절로 울린 것이라고 답했다. 풍수학의 동기감응론을 설명하기 위해 자주 인용하는 이 고사는 마술적 자연관의 원격작용력과도 매우 흡사함을 알 수 있다.

'점성술 의학'으로 일컬어지는 독특한 치료술도 원격작용력에서 출발했다. 하늘의 별자리와 인간의 몸 사이에 영향 관계가 있다는 믿음은 일찍부터 퍼져 있었다. 인간은 거대한 우주의 지배를 받으며 동시에 그 우주와 소통하고 대화한다. 이러한 상상력은 곧 매크로코스모스(천체)와 마이크로코스모스(인간)의 영향 관계로 발전했다.

몸의 각 부위가 열두 개의 별자리와 연결되어 있다는 믿음은 점성술 의학의 구체적인 처방으로 이어진다. 일례로 황도 12궁 중 제12궁인 물고기자리(양력 2월 19일~3월 20일)에 태어난 사람은 발에 질병이 생길 가능성이 높다고 보았는데, 채혈 치료법의 근거가 되기도 했다. 물론 이런 치료를 받았던 사람들이 얼마나 만족했는지는 의문으로 남는다. 하지만 중요한 것은 점성술 의학의 지지자들 또한 자연계 안에 존재하는 모든 것은 자연계의 어떤 거대한 힘에 의해 서로 영향을 주고받는다고 믿었다는 점이다.

그러나 자연현상이 작용과 반작용이라는 보이지 않는 힘의 지배를 받는다고 믿었던 마술적 자연관의 지지자들은 항상 치명적인 약점에 노출되어 있었다. 자연현상에 대한 그들의 설명이 언제나 신비적으로 비쳤기 때문이다. 그런 자연 마술 지지자들에게 자석은 자신들의 믿음을 구체적으로 실증해줄 절호의 도구였다. 서로 떨어져 있는 물체 사이에 영향을 주고받는 자석은 자연계의 원격작용력을 눈앞에서 드러내는 최고의 증거물이었기 때문이다.

17세기 초 레이던의 해부학 극장. 네덜란드에 있던 레이던의 해부 교실은 종종 자연사박물관으로 사용되기도 했다. 창틀에는 박제된 동물의 머리들이 걸려 있고, 중앙에는 손을 내밀고 있는 아담과 사과를 들고 있는 이브의 해골이 있다. 사과나무 위로는 뱀이 기어 올라가고 있다. 빌럼 스바넨부르크Willem Swanenburg, 〈레이던의 해부학 극장Anatomical Theater in Leiden〉, 판화, 1610년.

15

혈액은 순환한다는 사실을 밝힌 윌리엄 하비

갈릴레이가 파도바대학에서 수학을 가르치고 있을 때, 영국의 한 젊은이가 의학을 배우기 위해 방문했다. 훗날 혈액순환 이론을 설계해 근대 의학의 기초를 세운 윌리엄 하비였다. 1598년부터 약 4년간 그가 파도바대학에 체류하는 동안 갈릴레이와 교류했는지는 확실한 기록이 없다. 의학 분야에서 윌리엄 하비가 몰고 온 변화의 바람은 천문학 분야에서 갈릴레이가 일으킨 변화에 필적할 만큼 거대했다.

《인체의 구조에 관하여》를 쓴 베살리우스는 중세 이래 지속되어오던 의학 수업 방식을 버리고, 학생들이 인간의 장기를 생생하게 볼 수 있도록 직접 해부를 시행했다. 이러한 현장감 있는 해부 방식이 큰 인기를 끌게 되자, 유럽 각지에서는 해부를 전문으로 다루는 극장들이 속속 생겨나기 시작했다. 당시 르네상스인들은 해부를 극장에서 한 편의 영화를 관람하는 것과 같은 볼거리로 받아들였다. 그중에서도 특히 네덜란드 레이던의 해부학 극장이 유명했다. 보통 자연사박물관과 함께 운영되었던 이 극장은 해부가 있는 날에는 다수의 관람객을 끌어모았고, 해부가 없는 날에도 가끔씩 해부를 진행하고 있던 인체를 전시물로 남겨놓았다.

그러나 르네상스 시대부터 불어닥친 해부학 열풍과 인간의 몸에 관한 새로운 관심에도 불구하고, 당시 의학에는 여전히 온갖 미신과 신비한 치료술이 뒤섞여 있었다.

1667년 11월 23일, 영국 왕립학회에서는 기상천외한 수혈 실험을 진행했다. 영국의 의사 에드먼드 킹Edmund King과 해부학자 리처드 로어Richard Lower는 케임브리지에서 온 한 피실험자의 몸에 양의 피를 주입하는 실험을 준비하고 있었다. 피실험자는 아서 코거Arthur Coga라는 신학생으로, 평소에 약간의 정신착란 증세가 있었고 돈이 필요했기 때문에 스스로 실험에 지원했다. 실험자들이 코거를 피실험자로 선택한 이유는 그의 몸에 새로운 피를 주입해서 정신착란을 고칠 수 있다는 희망을 가졌기 때문이다. 더불어 정신적 질환만 빼면 그가 비교적 교육을 잘 받은 학생이어서 실험 후 자신의 경험담을 거짓 없이 설명할 수 있을 것이라고 믿었다.

청중들이 지켜보는 가운데 곧 양의 다리를 절개하고, 이어서 코

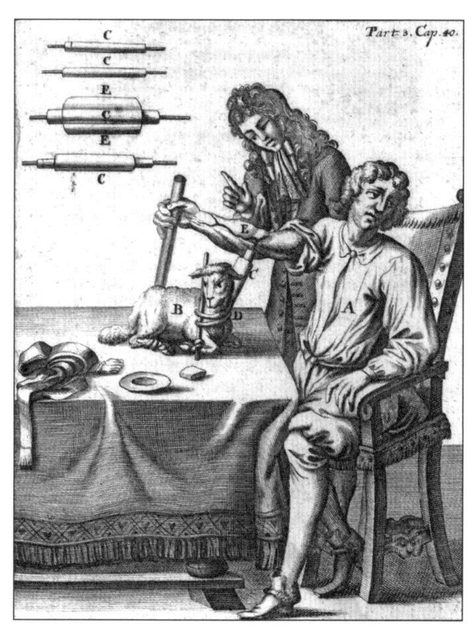

양의 피를 인간에게 주입하는 수혈 실험. 양을 선택한 이유는 양의 피가 그리스도의 피를 상징하기 때문이다. 과학사진도서관.

거의 팔 정맥을 절개한 다음 은으로 만든 호스를 양쪽으로 연결했다. 특별히 양을 선택한 이유는 양의 피가 그리스도의 피를 상징하기 때문이다. 서로 연결된 호스를 통해 약 2분 동안 9~10온스(265~295밀리리터) 정도의 피가 양에서 코거에게로 옮겨갔다. 물론 이런 실험은 오늘날 상상조차 하기 힘든 것이다. 그러나 기록에 따르면, 양의 피를 수혈 받은 코거는 멀쩡했고 심지어 3~4일 이내에 다시 수혈해달라고 요청했으며, 라틴어로 자신의 경험담을 작성하기도 했다. 영국 왕립학회는 근대 과학의 발달에서 특별한 의미를 갖는 곳이다. 이곳에서조차 이 같은 기상천외한 실험을 행했다는 사실은 혈액에 관한 당시 사람들의 생각이 오늘날의 의학적 지식과 얼마나 동떨어져 있었는지를 잘 보여준다.

고대 이래 갈레노스의 혈액 이론은 끈질긴 영향력을 발휘하고 있었다. 갈레노스는 간에서 생성된 혈액은 저수지의 물이 수로를 통해 논밭에 공급되듯이 정맥을 통해 몸의 각 부위로 공급된다고 보았다. 그리고 몸의 각 부위로 흘러간 혈액은 에너지처럼 그곳에서 소모된다. 혈액이 몸의 각 부위에 배달된 뒤 소모된다는 갈레노스의 이론은 혈액순환을 주장한 하비의 이론이 등장하기까지 오랫동안 유럽 의학계를 지배했다.

의학에 특별한 흥미를 가졌던 하비는 1593년 케임브리지대학의 카이우스칼리지에 입학했다. 그러나 케임브리지대학의 교육에 만족하지 못했던 듯, 스무 살 무렵이던 1598년 이탈리아의 파도바대학으로 유학을 떠났다. 약 50년 전 베살리우스가 학생들을 가르치기도 했던 파도바대학은 해부학과 천문학을 비롯하여 당대 과학에서 유럽 최고의 명성을 얻고 있었다. 파도바로 건너간 하비는 해부학 교수 히에로니무스 파브리시우스Hieronymus Fabricius, 1537~1619의 집에 살며 의학을 배웠다. 당시 예순을 막 넘긴 파브리시우스는 주로 동물을 해부해 태아가 형성되는 과정과 위·식도 등의 기관을 연구하고 있었다. 파브리시우스는 의학 역사상 매우 중요한 업적을 하나 남겼는데, 바로 정맥 속에 있는 밸브(판막)에 관한 자세한 연구였다.

후일 하비가 혈액순환의 이론을 구축하는 데 결정적인 증거가 되었던 밸브는 일반적으로 혈액이 역류하는 것을 막아주는 역할을 한다. 그런데 정작 파브리시우스는 본인이 발견한 밸브가 어떤 기능을 하는지는 잘 몰랐다. 1602년 파도바대학에서 박사학위를 받은 하비는 곧 영국으로 돌아왔다. 그는 런던에서 의사로 활동하는 한편, 스승의 연구를 이어받아 살아 있는 동물들을 해부하기 시작했다. 하비가 특히 관심을 가진 것은 동물의 심장이었다. 그리스의 자연철학자 아리스토텔레스는 심장을 동물의 기관 중에서도 가장 중요한 부분으로 생각했다. 아리스토텔레스의 영향을 받은 하비 역시 심장을 생명의 근본이며, 모든 힘을 발생시키는 태양과 같다고 보았다. 1616년 런던의 왕립의과대학에서 자신의 이론을 발표할 때 하비는 이미 혈액순환에 대한 새로운 가설을 정립했다.

하비에 따르면, 심장의 수축 작용으로 좌심실에서 대동맥을 통해 뿜어져 나간 혈액은 작은 동맥들을 따라 몸의 각 부위로 전달되고, 다시 대정맥을 거쳐 우심방, 우심실로 들어온다. 그리고 우심실에서 수축 작용으로 폐에 간 혈액은 좌심방으로 돌아온 뒤 밸브를 통해 좌심실로 들어온다. 이 새로운 혈액순환 이론은 간에서 생성된 혈액이 몸의 각 부위에서 연료처럼 소모된다는 갈레노스의 이론을 부정하는 것이었다. 하비는 자신의 이론을 계산을 통해 뒷받침하기도 했다. 그는 심장의 맥박이 한 번 뛸 때 내보내는 혈액량을 1분당 맥박수로 환산하면 인간은 한 시간당 자신의 체중보다 3~4배는 무거운 혈액을 생산해야 하는데, 그것은 도저히 불가능한 일이라고 결론지었다.

혈액순환에 관한 새로운 이론을 담은 하비의 책은 1628년에 출간되었다. 그는《동물의 심장과 혈액의 운동에 관한 해부학적 실험An Anatomical Exercise on the Motion of the Heart and Blood in Animals》에서 혈액이 순환하고 있다는 사실을 증명하는 몇 가지 실험을 선보였다. 팔을 묶어 정맥을 드러나게 한 후 고인 혈액을 직접 손으로 이동시켜본 실험이 있다. 이 간단한 실험으로 하비는 파브리시우스가 발견한 밸브가 혈액

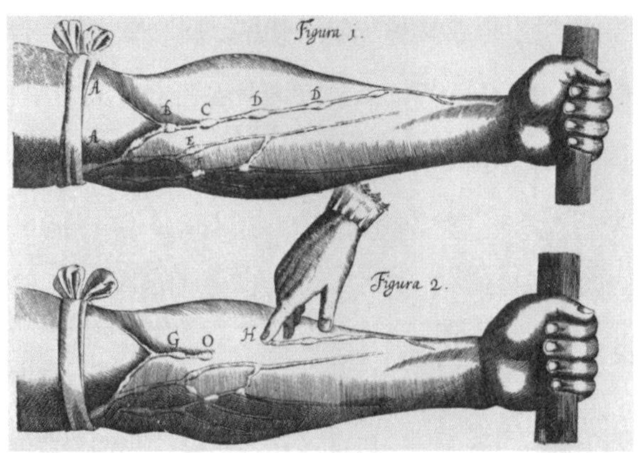

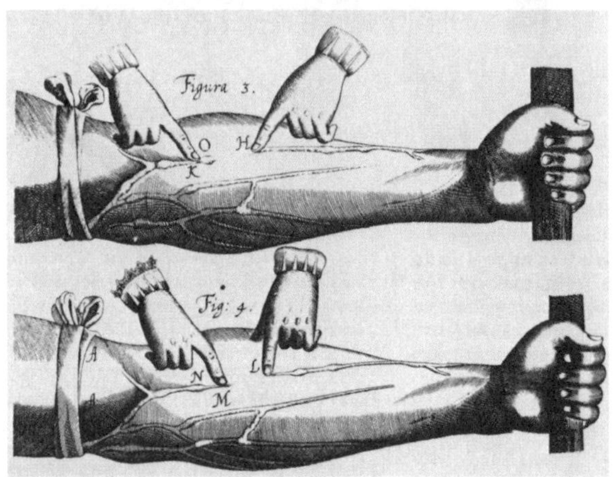

혈액순환에 대한 하비의 실험. 먼저 팔을 묶어 정맥을 드러나게 한다(Fig.1). 그다음 손가락으로 정맥 H를 눌러 혈액의 흐름을 멈추게 한다(Fig.2). 다른 손가락으로 밸브 O 밑의 K를 누르고, K에서 H 방향으로 혈액을 훑어 내려간다(Fig.3). 그러면 혈액이 내려가지 않는다는 것을 확인할 수 있다. 마지막으로 L을 손가락으로 누르고, 밸브 N 위의 M을 손가락으로 눌러 혈액을 심장 방향(N 방향)으로 훑어 내려간다(Fig.4). 그러면 혈액은 밸브 N을 지나 쉽게 밀려 내려간다. 이 실험을 통해 하비는 정맥 안의 혈액이 심장 쪽으로만 향한다는 것을 보여주었다. 정맥 안의 혈액은 심장에서 멀어지는 방향으로 강제로 보내려 해도 결국 밸브에 막혀 보내지 못한다. 이렇듯 정맥 안의 혈액이 심장 쪽으로만 흐른다면 혈액은 정맥 시스템 밖으로부터, 즉 동맥으로부터 온다고 생각할 수밖에 없다. 이것은 하비가 자신의 책에서 보여준 실험의 일부였다. 《동물의 심장과 혈액의 운동에 관한 해부학적 실험》, 1628년.

의 역류를 막는다는 사실을 구체적으로 확인한다. 그러나 동맥과 정맥 사이의 관계는 여전히 의문으로 남았다. 심장에서 동맥을 따라 흘러나간 혈액이 어떻게 정맥으로 옮겨가는지는 하비도 확실한 증거를 제시하지 못했다. 하비가 죽은 후에야 마르첼로 말피기Marcello Malpighi, 1628~1694라는 생물학자가 그것을 밝혀냈다. 개구리의 폐 조직을 현미경으로 관찰하던 말피기는 동맥과 정맥 사이에 육안으로는 보이지 않는 모세혈관을 발견하고, 그 사실을 1661년에 발표한다. 하비의 이론이 정확하다는 것이 완전히 입증된 셈이다.

그런데 하비는 어떻게 심장의 수축 작용과 혈액의 순환에 관한 새로운 생각을 갖게 되었을까? 어떤 학자들은 하비가 태양과 기상학적인 물의 순환 관계에서 이론을 유추했다고 지적한다. 심장 수축으로 박동이 혈액을 신체의 각 부위로 뿜어내고, 그 혈액이 다시 심장으로 돌아가는 현상은 태양이 바다나 호수의 물을 증발시키고, 비를 통해 다시 되돌려 보내는 대류 현상과 흡사하기 때문이다. 사실 하비는 심장을 '소우주의 태양'이라 명명했으며 한 나라의 왕과 같은 존재라고 말했다. 우연의 일치인지 모르지만, 하비는 당시 영국에서 일어난 청교도혁명의 와중에 왕당파의 편에 서 있었다. 그는 런던에서 의사로 명성을 날린 뒤, 1618년에 제임스 1세의 궁정 보조의로 일하기 시작했고, 1630년에는 찰스 1세의 궁정의가 되었다. 그에게 왕실은 든든한 후원자이자 조력자였던 셈이다. 왕실의 의사였던 만큼 상류층 사람들과의 교류가 빈번했는데, 프랜시스 베이컨도 그가 돌보던 환자 중 한 명이었다. 그래서 하비가 심장을 왕의 절대성을 상징하는 특별한 기관이라고 생각했을지도 모른다.

프랑스의 공학자 살로몽 드 코스Salomon de Caus, 1576~1626가 묘사한 소방펌프. 하비는 펌프나 분수와 같이 당시 유행하던 각종 정밀한 기계 장치들로부터 혈액순환을 연상했을 것으로 추정된다. 《힘의 운동의 이유Les raisons des forces mouvantes》, 1615년.

하비의 혈액순환론은 곧 바다 건너 프랑스에까지 알려졌다. 데카르트는 1637년 자신의 저서 《방법서설Discours de la methode》에서 하비의 이론에 찬사를 던졌다. 하지만 혈액순환론에 대한 데카르트의 공감에도 불구하고, 하비의 인체관은 데카르트의 생각과 달랐다. 데카르트가 인체를 기계적인 구조물로 해석했다면, 하비는 인체의 중심인 심장이 몸의 각 부위와 유기적으로 연결되어 있다고 본 점에서 오히려 아리스토텔레스에 가까웠다. 중국 과학사가 조지프 니덤1900~1995은 그러한 하비의 유기체적 인체관이 라이프니츠1646~1716의 유기체설에 영향을 주었을 것이라고 지적했다.

혈액순환이라는 위대한 발견에도 불구하고 정작 하비 자신은 통풍으로 고통받으며 살았고, 결국 통풍으로 숨을 거두었다. 당시 비타민 결핍이 서민층에게 흔한 병이었다면, 통풍과 신장결석 등은 상류층에게 흔한 병이었다. 하비는 통증이 심해질 때면 자신의 집 지붕에 앉아 있거나 물이 담긴 통 안에 발을 담그고 있었다고 한다. 발을 물에 담그면 혈액순환이 원활해지면서 통증이 줄어들 것이라고 생각했을지도 모른다.

뉴턴의 유명한 선언은
자연현상을 그럴듯하게 설명하기 위해
검증 불가능한 가설을 세우는 행위에 대한
맹렬한 비판이었다.

나는 가설을 만들지 않는다

16

지구중심설을 흔들고 원궤도 운동을 끝장내다, 브라헤와 케플러

천문 관측에 망원경을 본격적으로 사용한 것은 17세기 초부터였다. 그런 점에서 16세기 후반 덴마크의 천문학자 튀코 브라헤는 망원경의 등장 이전에 육안으로 하늘을 관측했던 최고의 관측 천문학자였다고 해도 과언이 아니다. 무려 20여 년에 걸친 끈질긴 관측을 통해 브라헤는 칠백칠십칠 개의 별자리를 새롭게 정했다. 그가 젊은 날의 대부분을 바친 우라니엔보르 천문대는 유럽에서도 당대 최고 수준의 천문대였다. 브라헤 이전의 천체 관측 오차는 대략 10각분(60각분=1도) 정도였는데, 브라헤는 직접 제작한 최신 천문 기구들을 이용하여 오차를 약 4각분 이하로 단축시켰다.

브라헤의 이런 정밀한 천체 관측이 프톨레마이오스 천문학에 균열을 불러일으킨 것은 당연한 일이었다. 대표적인 사건이 초신성의

벽의 작은 틈으로 하늘을 관측하고 있는 튀코 브라헤의 모습이 보인다. 튀코 브라헤, 《최신 천체운동론Astronomiae insturatae mecdhanica》, 1598년.

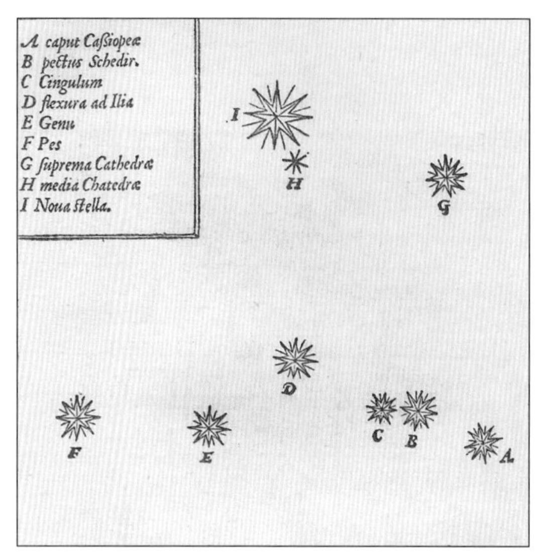

1572년 11월, 브라헤는 카시오페이아자리에서 유난히 밝게 빛나는 별 하나를 발견했다. 노바 스텔라Nova Stella, 초신성(알파벳 I)이었다. 튀코 브라헤, 《신성에 관하여De Nova Stella》, 1573년.

발견이다. 1572년 11월 11일 밤, 브라헤는 평소대로 별을 응시하고 있었다. 그때 밤하늘에 유난히 밝게 빛나는 별 하나가 떠 있는 것을 발견했다. 어린 시절부터 하늘의 별자리를 거의 완벽하게 암기하고 있었던 브라헤는 그 별이 일찍이 본 적 없는 새로운 별이라는 사실을 알아챘다. 바로 카시오페이아자리에서 빛나는 초신성이었다. 이 초신성의 갑작스러운 출현은 매우 큰 파장을 몰고 왔다. 천상계도 지상계와 마찬가지로 '변화하는 영역'임을 보여주는 결정적인 증거였기 때문이다.

나아가 1577년부터 몇 차례에 걸친 혜성의 관측도 빼놓을 수 없다. 브라헤는 시차의 측정을 통해 그 혜성들이 초신성보다는 훨씬 가까운 곳에 위치하지만, 달보다는 먼 곳에 있다는 것을 밝혀냈다. 브라헤의 혜성 운동에 대한 새로운 관측은 천상계가 변화하는 영역이라는

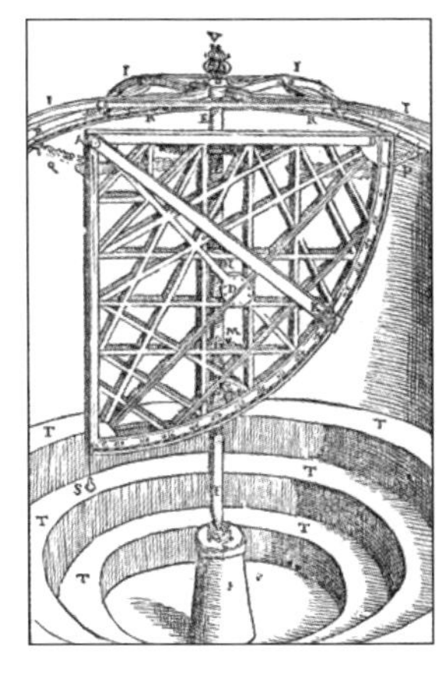

브라헤는 망원경의 등장 이전에 육안으로 하늘을 관측한 최고의 관측 천문학자였다. 그는 사분의, 육분의, 대적도의식 혼천의 등 다양한 천체 관측기를 사용했는다. 그림처럼 사분의는 비스듬한 막대K 안에 파인 가는 홈으로 행성과 별들의 위치를 관측하는 도구였다. 튀코 브라헤, 《최신 천체운동론Astronomiae insturatae mecdhanica》, 1598년.

것을 보여주었을 뿐만 아니라 고대 이래 천문학자들이 가정했던 투명한 천구의 존재 또한 의심스럽게 만들었다. 하늘을 제멋대로 가로지르고 거슬러 가는, 마치 '천구를 관통하는' 듯한 혜성의 움직임은 천구에 대한 기존의 믿음을 크게 훼손시켰기 때문이다. 브라헤는 혜성 관측을 통해 결국 천구가 존재하지 않을 것이라는 결론에 도달했다. 고대 그리스인들은 물론 코페르니쿠스조차도 벗어나지 못했던 천구의 관념은 그렇게 역사 속으로 사라져가고 있었다. 그러나 대단한 발견에도 불구하고 브라헤는 여전히 신중하게 행동했다.

브라헤의 천체운동론은 흔히 수정된 지구중심설로 일컬어진다. 수성, 금성, 화성, 목성, 토성의 다섯 행성이 태양을 중심으로 회전하고, 태양은 달과 함께 고정된 지구의 둘레를 회전하는 구조로 되어 있다. 태양계 중심에는 여전히 지구가 놓여 있지만, 시각적으로 관측되는 행성의 운동은 코페르니쿠스의 체계와 거의 동일했다. 엄밀히 말하면, 브라헤는 태양중심설과 지구중심설을 절묘하게 결합한 것이다.

그런데 당대 유럽 최고의 관측 천문학자였던 브라헤는 왜 코페르니쿠스의 태양중심설을 완전히는 받아들이지 않았던 것일까? 그의 놀라운 천문 관측 기술을 생각할 때 선뜻 이해하기 힘들다. 역설적이게도 그의 뛰어난 관측 기술은 오히려 코페르니쿠스 이론을 받아들이는 데 걸림돌이 되었다. 코페르니쿠스에 따르면, 지구는 자전하면서 태양 둘레를 공전한다. 그런데 만약 지구가 태양 둘레를 공전한다면 거기에는 반드시 별의 연주시차가 발생한다. 움직이는 지구에서 바라본 별은 시시각각 다른 각도로 관측될 것이기 때문이다. 그러나 브라헤의 천문대는 별의 연주시차 관측에 실패했고, 브라헤가 결국 지구 공전을 받아들이지 않았던 중요한 이유가 되었다. 브라헤는 코페르니쿠스가 옳다는 사실을 입증할 가장 결정적인 증거들 중 하나를 확보하지 못했던 것이다.

오늘날 우리는 지구에서 가장 가까운 별조차도 사실은 태양계로부터 어마어마하게 먼 거리에 위치하고 있다는 것을 안다. 거리가 멀수록 별의 연주시차는 작아지고, 측정은 몹시 힘들어진다. 1838년에 이르러서야 인류는 별의 연주시차 측정에 성공했다. 독일의 프리드리히 베셀Friedrich Bessel, 1784~1846이 맨눈으로 거의 보일까 말까 한 백조자리 61번 별의 연주시차를 최초로 측정했다. 그 값은 대략 0.314초각에 불과했고 거리는 약 10.3광년이었다.

브라헤는 1601년 프라하에서 죽음을 맞이했다. 그가 남긴 다량의 관측 기록은 1600년 브라헤의 관측소에 합류한 한 젊은 천문학자의 손으로 넘어갔다. 당시 브라헤의 조수로 초대된 독일의 천문학자 요하네스 케플러였다. 브라헤가 남긴 관측 기록들을 자세히 검토한

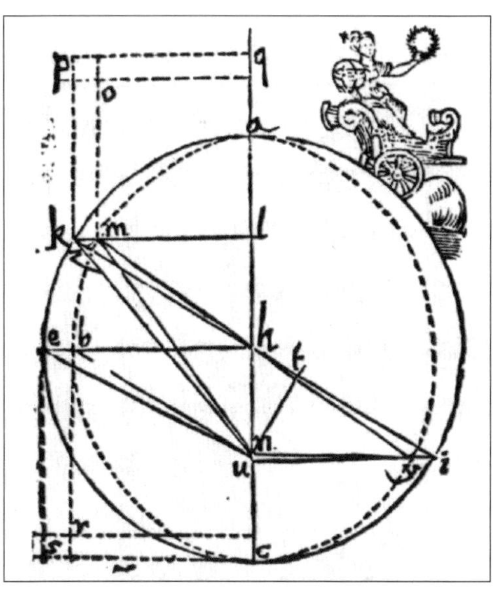

이 작은 그림에서 케플러는 행성 운동에 관한 두 개의 법칙을 설명한다. 첫째, 그는 화성이 태양 주위를 타원궤도로 운동한다는 것을 보여주었다. 태양 n의 둘레를 도는 화성의 주기는 점선으로 표시된다. 둘째, 태양에서 화성까지의 선(n에서 b, n에서 m)은 각각 같은 시간 안에 동일한 면적을 쓸고 간다. 이것으로 케플러는 행성이 태양 가까이에 왔을 때 속도를 높이고, 태양에서 멀어지면 속도를 늦추는 이유를 밝혔다. 요하네스 케플러, 《신천문학Astronomia nova》, 1609년.

케플러는 브라헤의 실제 관측과 행성 운동의 궤도 사이에서 발견되는 중요한 불일치에 주목했다.

전통적 천문학은 천체의 궤도운동이 완전한 원운동이라는 것을 의심하지 않았다. 그러나 케플러는 화성의 운동에 대해 브라헤가 남긴 실제 관측 기록은 완전한 원운동과의 사이에 약 8각분의 오차가 발생한다는 것을 알아챘다. 브라헤의 관측 오차는 약 4각분 이하였기 때문에 8각분은 브라헤가 일으킬 수 있는 관측 오차의 범위를 무려 2배가량 넘어서는 값이었다.

신플라톤주의에 심취하여 우주의 정밀함과 조화로움을 찬미하던 케플러가 이 오차를 그냥 넘겼을 리 없었다. 케플러는 화성의 궤도를 계란 모양, 곡선 모양 등으로 바꿔 그려보았다. 그리고 마침내 케플러는 이 불일치를 해결하려면 행성의 궤도를 타원으로 보는 것이 적합하다는 사실에 도달했다. 행성은 태양의 둘레를 타원궤도를 그리며 운동하는데, 이때 태양은 타원궤도의 두 중심 중 하나의 자리에 위치한다. 고대부터 지구중심설 지지자들은 물론이고 코페르니쿠스, 브라헤, 갈릴레이조차도 벗어나지 못했던 원의 속박이라는 주술이 마침내 풀린 순간이었다. 바로 오늘날 케플러의 제1법칙으로 알려진 '타원궤도의 법칙'이다.

나아가 그는 태양과 행성을 잇는 직선이 행성 궤도와 태양 사이를 쓸고 가는 면적의 비율은 불변이라는 사실을 발견했다. '면적속도 일정의 법칙'으로 알려진 케플러의 제2법칙은 실은 제1법칙보다 먼저 발견된 것으로, 천체들이 태양과 가까운 지점에서 더욱 빠르게 움직이는 이유를 말해준다. 프톨레마이오스가 등각속도점을 도입하면서

까지 지키고자 했던 행성 운동의 '일정한 각속도'라는 믿음은 이렇게 역사 속으로 사라져갔다.

케플러의 제3법칙인 '조화의 법칙'은 뒤늦게 발표된 것으로, 행성계 전체의 조화로움을 말해준다. 케플러는 행성들이 태양을 한 번 공전하는 데 걸리는 시간, 즉 공전주기의 제곱은 행성 궤도의 긴반지름의 세제곱과 비례한다는 사실을 밝혔다. 케플러가 발견한 이 세 가지 법칙은 훗날 뉴턴이 만유인력으로 천체운동을 설명하는 데 결정적인 역할을 했다.

17

실험과학의 탄생과 갈릴레이

17세기 과학혁명의 중요한 키워드 중 하나를 들자면, '실험과학'의 탄생일 것이다. 그 대표적인 과학자는 갈릴레오 갈릴레이다. 그는 젊은 시절 진자의 등시성을 발견했고, 널리 알려진 경사면 실험을 통해 물체의 낙하운동 법칙을 수학적으로 계산했다. 그중에서도 가장 획기적인 사건은 자유낙하 실험이다. 이탈리아의 피사의 사탑은 오늘날 세계 각지에서 관광객들이 몰려드는 명소로 유명한데, 갈릴레이가 낙체 실험을 통해 과학적 법칙을 발견한 장소로 잘 알려져 있기 때문이다. 일찍이 아리스토텔레스는 물체의 낙하운동을 다음과 같이 정의했다.

> 주어진 시간에 주어진 무게를 가진 물체는 주어진 거리를 움직인다. 큰 물체는 같은 거리를 빠르게 움직인다. 걸린 시간은 무게에 반비례

한다. 예를 들어 어떤 물체가 다른 물체보다 2배 더 무겁다면 운동 시간은 절반으로 줄어들 것이다.•

한마디로 무거운 물체는 가벼운 물체보다 빠르게 떨어지고, 낙하 시간은 무게에 반비례한다는 것이다. 호기심 왕성한 갈릴레이가 직접 피사의 사탑에 올라 이 이론을 실험했는지는 확실하지 않다. 그는 1638년에 출간한 《두 가지 새로운 과학에 관한 수학적 논증Discorsi e dimostrazioni matematiche intorno a due nuove scienze》에서 굳이 사탑에 오르지 않고도 아리스토텔레스의 낙체 이론을 논파했다.

어떤 물체 A는 1킬로그램, B는 10킬로그램이라고 하자. 아리스토텔레스에 따르면, B는 A보다 10배가량 빨리 떨어질 것이다. 그렇다면 이번에는 A와 B를 묶어 C를 만들어보자. 그리고 A, B, C를 동시에 떨어뜨리면 어떻게 될까? 무거울수록 빨리 떨어진다는 아리스토텔레스의 이론이 옳다면, 11킬로그램이 된 C가 셋 중에서 가장 빨리 떨어질 것이다. 그러나 전혀 다른 또 하나의 결론을 도출할 수도 있다. 아리스토텔레스의 이론이 옳다면, C의 1킬로그램 물체는 10킬로그램 물체보다 늦게 떨어지려고 할 것이고, 그렇다면 그것은 10킬로그램 물체의 낙하를 방해할 것이다. 결론적으로 C는 가장 빨리 떨어질 수도 있고, B보다 늦게 떨어질 수도 있다. 이처럼 아리스토텔레스의 이론에서는 아무런 모순 없는 두 개의 상반된 결론이 도출되지만,

---

• 아리스토텔레스, 《아리스토텔레스의 작품들》, 〈천체론〉, Oxford: Clarendon Press, 1930년, 273b쪽.

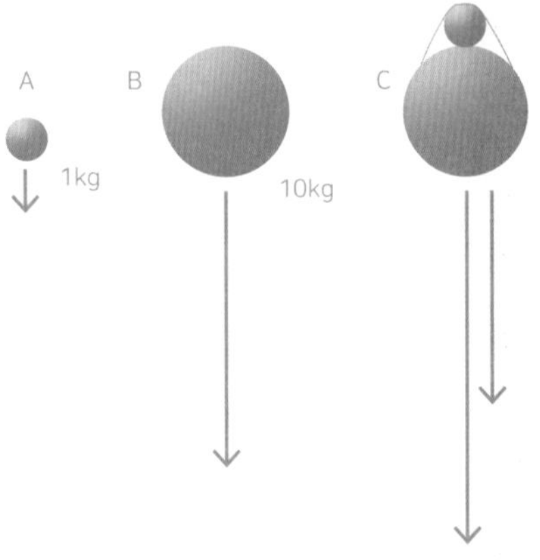

낙체운동에 관한 갈릴레이의 사고실험.

실제 낙하운동은 이 같은 두 결론을 동시에 만족시킬 수는 없다. 따라서 그것은 결코 옳은 과학일 수가 없다. 우리는 보통 이런 종류의 실험을 '사고실험'이라고 부르는데, 갈릴레이가 행한 실험들 중 상당 부분을 차지한다.

갈릴레이는 역학 분야에서 놀라운 천재였지만, 뭐니 뭐니 해도 그가 과학의 역사에 쌓은 위대한 업적은 천문학 분야에서 두드러졌다. 1608년 말에 네덜란드의 안경 제조업자가 망원경을 만들었다는 소문이 전 유럽에 퍼졌다. 소문은 지중해의 항구도시 베네치아까지 순식간에 흘러들어 왔고, 이미 과학자로 명성을 날리던 갈릴레이의 귀에도 들어왔다. 베네치아의 까다로운 상류층을 만족시키기 위해 항상 새로운 것을 찾고 있던 갈릴레이는 즉시 망원경을 제작했다. 이듬해 그가 만든 망원경의 배율은 14~20배 정도에 불과했지만, 망원경으로 하늘을 관측하자 유럽의 천문학에는 일대 격변이 휘몰아쳤다.

갈릴레이의 망원경. 볼록대물렌즈와 오목접안렌즈를 사용했다. 사진에서 긴 것은 14배, 짧은 것은 20배 정도의 배율을 가졌다. 네덜란드의 안경 제조업자가 망원경을 만들었다는 소식을 전해 듣고 갈릴레이가 직접 제작했다.

갈릴레이가 맨 처음 관측했던 천체는 달이었다. 일찍이 아리스토텔레스는 불규칙하고 변화로 충만한 지상계와는 달리 천상계는 변화가 없는 순수한 영역이라고 보았다. 달은 지구에서 가장 가까운 천상계의 행성이며 순수한 '에테르'로 구성되어 있고, 불변의 천체로 간주되었다. 그러나 갈릴레이가 관측한 달은 요철凹凸이 많은 불규칙한 지표면을 가졌을 뿐만 아니라 지구보다 더 황폐한 천체였다. 갈릴레이 이전까지 사람들은 오직 지구만이 달을 거느린 유일한 행성이라고 생각했다. 그러나 갈릴레이의 망원경이 목성을 향한 순간, 이 같은 믿음은 산산조각이 나고 말았다. 목성에는 무려 달이 네 개나 있지 않은가! 1610년 갈릴레이가 발표한 《별세계에 관한 보고Sidereus Nuncius》는 이전까지의 천문학을 완전히 뒤집는 내용이었다.

갈릴레이의 망원경은 계속해서 파격적인 사건들을 몰고 왔다. 갈릴레이가 관측한 태양의 모습은 달보다 훨씬 충격적이었다. 태양에

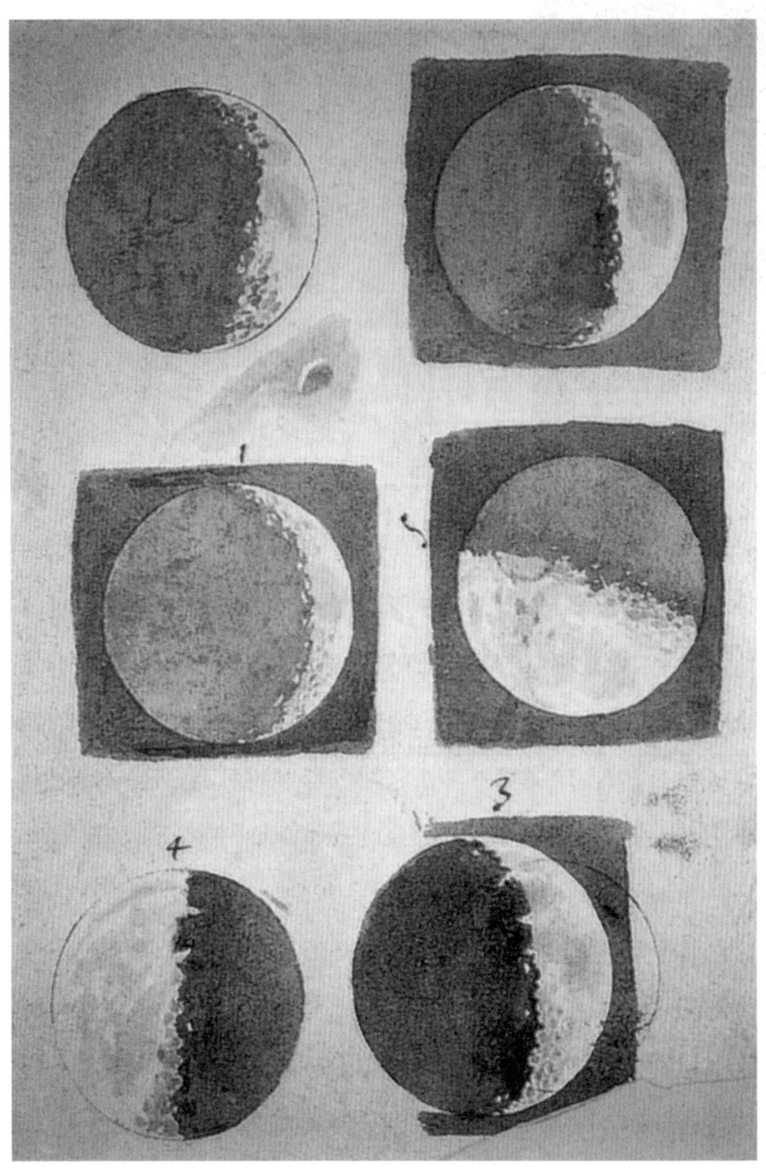

갈릴레이가 그린 달의 크레이터. 그는 달의 형상을 직접 수채화로 그렸다. 그리고 간단한 계산으로 달에 있는 산의 높이가 약 6,400미터라고 추정했다. 갈릴레이, 《별세계에 관한 보고》, 1610년.

는 흑점이 있고, 흑점이 이동한다는 사실은 태양이 스스로 자전한다는 것을 말해주기 때문이다. 1613년 출간한 《태양의 흑점에 관한 서한 Istoria e dimostrazioni intorno alle macchie solari》에서 흑점에 대한 사실이 발표되자, 천상계는 더 이상 아리스토텔레스의 말과 일치하지 않는다는 것이 거의 확실해지고 있었다. 여기에 금성의 위상 변화에 대한 갈릴레이의 관측은 마지막 결정타를 날렸다.

프톨레마이오스의 지구중심설에 따르면, 금성의 위상은 결코 보름 금성을 만들지 않는다고 여겼다. 주전원을 도는 금성은 지구에서 볼 때 보름 금성의 위상을 갖기 전에 항상 차고 빠진다고 생각했기 때문이다. 그러나 갈릴레이의 망원경은 금성의 위상이 크고 작아질 뿐만 아니라 실제로는 주기적으로 보름 금성을 나타낸다는 사실을 보여주었다. 약 70년 전에 코페르니쿠스가 던져놓은 씨앗을 마침내 갈릴레이가 베네치아에서 수확한 것이다.

1632년 출간한 《두 가지 우주 체계에 관한 대화Dialogo sopra i due massimi sistemi del mondo》라는 논쟁적인 저서는 결국 코페르니쿠스가 옳았다는 갈릴레이의 최종 선언이었다. 이 책은 프톨레마이오스, 코페르니쿠스, 아리스토텔레스를 대변하는 세 명의 등장인물인 사그레도, 살비아티, 심플리치오가 천문학의 진실을 놓고 논쟁하는 형식으로 쓰였다. 베네치아의 사그레도 집에서 벌어진 논쟁은 프톨레마이오스의 천문학에서 발생하는 '모든 질병'은 코페르니쿠스에 의해 '치료'될 수 있다는 명확한 선언으로 귀결되었다.

그러나 이 같은 갈릴레이의 최종 선언은 마지막 저항에 직면했다. 종교개혁을 둘러싸고 혼란을 겪고 있던 교황청은 그의 도전에 관용으로 답할 여유를 갖지 못했다. 이미 1616년 교황청으로부터 '이단적 주장'으로 경고를 받고, 코페르니쿠스 체계를 더 이상 가르치지 않겠다고 서약했던 갈릴레이는 1633년 다시 한번 이단 심문소로 소환되었다. '갈릴레이 재판'이라는 역사적 사건이 시작된 것이다. 많은 신학자와 지식인은 갈릴레이에 대해 비판적이었다.

그들의 비판은 우선 갈릴레이의 망원경에 집중되었다. 갈릴레이의 친구이자 철학자였던 체사레 크레모니니Cesare Cremonini, 1550~1631조차도 갈릴레이의 망원경을 믿으려 하지 않았다. 그들은 갈릴레이의 망원경이 보여주는 천상계가 렌즈의 마술로부터 생겨난 환영이거나 착각일지도 모른다고 의심했다. 육안으로 하는 천상계 관찰을 신뢰하던 사람일수록 의심은 더했다. 저항 세력의 일부는 기꺼이 제3의 길을 택했다. 전통적인 프톨레마이오스의 천문학을 포기하면서도 결코 코페르니쿠스의 천문학으로 귀결되지 않는 제3의 길, 즉 튀코 브라헤의 천문학이 버티고 있었기 때문이다.

브라헤의 천체운동론은 우주 중심에 여전히 지구를 두고 싶었던 신학자들을 만족시켰을 뿐만 아니라 코페르니쿠스와도 어느 정도 타협이 가능했다. 브라헤 천문학을 지지한 대표적 인물은 이탈리아의 신학자이자 천문학자였던 조반니 바티스타 리치올리Giovanni Battista Riccioli, 1598~1671다. 그는 브라헤의 천체운동론을 약간 변형시킨 모델을 구상했다. 그에 따르면, 목성과 토성은 태양이 아니라 지구를 중심으로 회전한다.

코페르니쿠스 천문학의 반대자로 출발했지만, 전통적인 프톨레마이오스의 천문학마저도 폐기한 독일의 예수회 수도사 아타나시우

왼쪽부터 심플리치오, 사그레도, 살비아티이다. 사그레도는 손에 아스트롤라베(고대의 천문 관측의)를 들고 있고, 살비아티는 태양계의 궤도 모형을 들고 있다. 갈릴레이, 《두 가지 우주 체계에 관한 대화》, 표지, 1632년.

리치올리의 새로운 천체도. 천문을 관장하는 뮤즈 우라니아가 코페르니쿠스의 천체도와 수정된 브라헤의 천체도를 저울질하고 있다. 저울이 수정된 브라헤의 천체도 쪽으로 기운 것으로 보아, 리치올리가 브라헤의 지지자였음을 알 수 있다. 맨 위에 그려진 신의 손은 우주가 숫자, 측정, 무게로 만들어졌음을 말하고 있다. 땅바닥에 나뒹구는 것은 이미 폐기된 프톨레마이오스의 천체도이다. 왕관을 벗은 프톨레마이오스가 처량하게 앉아 있다. 《새로운 알마게스트 Almagestum novum》, 1651년.

스 키르허Athanasius Kircher, 1601~1680도 브라헤 천문학에 합류했다. 1656년에 첫 출간된 《나의 황홀한 여행Iter Exstaticum Coeleste》에서는 브라헤 천문학에 대해 명확한 지지를 선언하고 있다.

한편 종교재판 이후 아르체트리의 농장에 머물다가 피렌체의 자택에 유배되었던 갈릴레이는 노환으로 점점 시력을 잃어가고 있었다. 그 와중에도 젊은 시절부터 구상했던 역학의 집대성인 《두 가지 새로운 과학에 관한 수학적 논증》을 집필했고, 원고는 무사히 이탈리아를 빠져나가 레이던에서 출간되었다. 태양중심설을 끝까지 괴롭혔던 중요한 역학적 문제들이 이 책에서 해결되었다는 점이 중요하다. 만약 지구가 회전한다면 왜 지구상의 모든 것은 지구 밖으로 날아가 버리지 않을까? 고대 이래 지구중심설의 정당성을 뒷받침해오던 이 끈질긴 질문을 갈릴레이는 운동의 상대성 개념을 통해 설명했다.

움직이는 배의 돛에 올라 돌을 떨어뜨리면 돌은 수직으로 떨어진다. 다시 말해 배 위에서 일어나는 운동은 지구의 자전이나 공전과는 무관하다. 오늘날에는 비행기나 고속열차를 타고 가면서 누구든지 이런 종류의 실험을 쉽게 재현해볼 수 있다. 결국 우리가 빠른 속도로 움직이고 있는 지구 위에 있다고 해서 지구의 움직임을 온몸으로 느껴야 할 이유는 없다는 것이다. 마침내 태양중심설 지지자들을 오랫동안 괴롭혀왔던 역학적 난문難問을 갈릴레이가 해결한 것이다.

갈릴레이는 마지막 순간까지도 연구에 목말라 있었다. 물리학자 에반젤리스타 토리첼리Evangelista Torricelli, 1608~1647를 비롯한 제자들이 빛의 실험, 진자시계 설계 등 갈릴레이의 마지막 연구를 도왔다. 죽음이 머지않았을 때, 세계 각지로부터 갈릴레이의 마지막 모습을 보

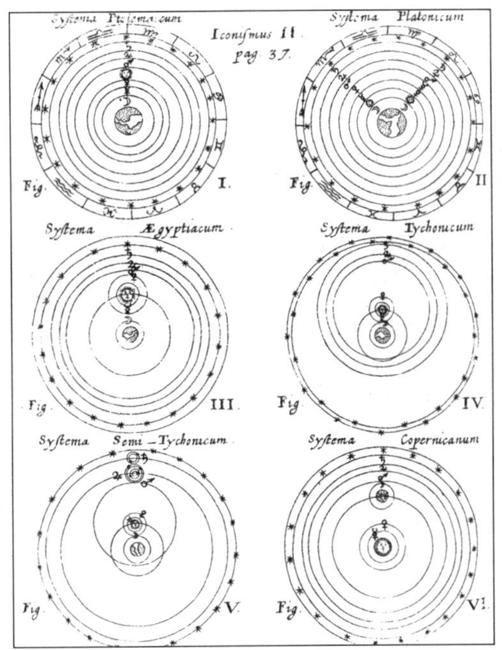

17세기 후반의 대표적인 천체운동론 모델들. 맨 위 왼쪽부터 시계 방향으로 프톨레마이오스, 플라톤, 브라헤, 코페르니쿠스, 수정된 브라헤, 이집트의 천체운동론이다. 아타나시우스 키르허, 《나의 황홀한 여행》, 1656년.

기 위해 많은 사람이 찾아왔다. 그들 중에는 영국의 정치철학자이며 《리바이어던The Leviathan》의 저자인 토머스 홉스1588~1679, 시인 존 밀턴1608~1674 등도 있었다.

현미경으로 본 파리의 눈. 로버트 훅, 《마이크로그라피아》, 1665년.

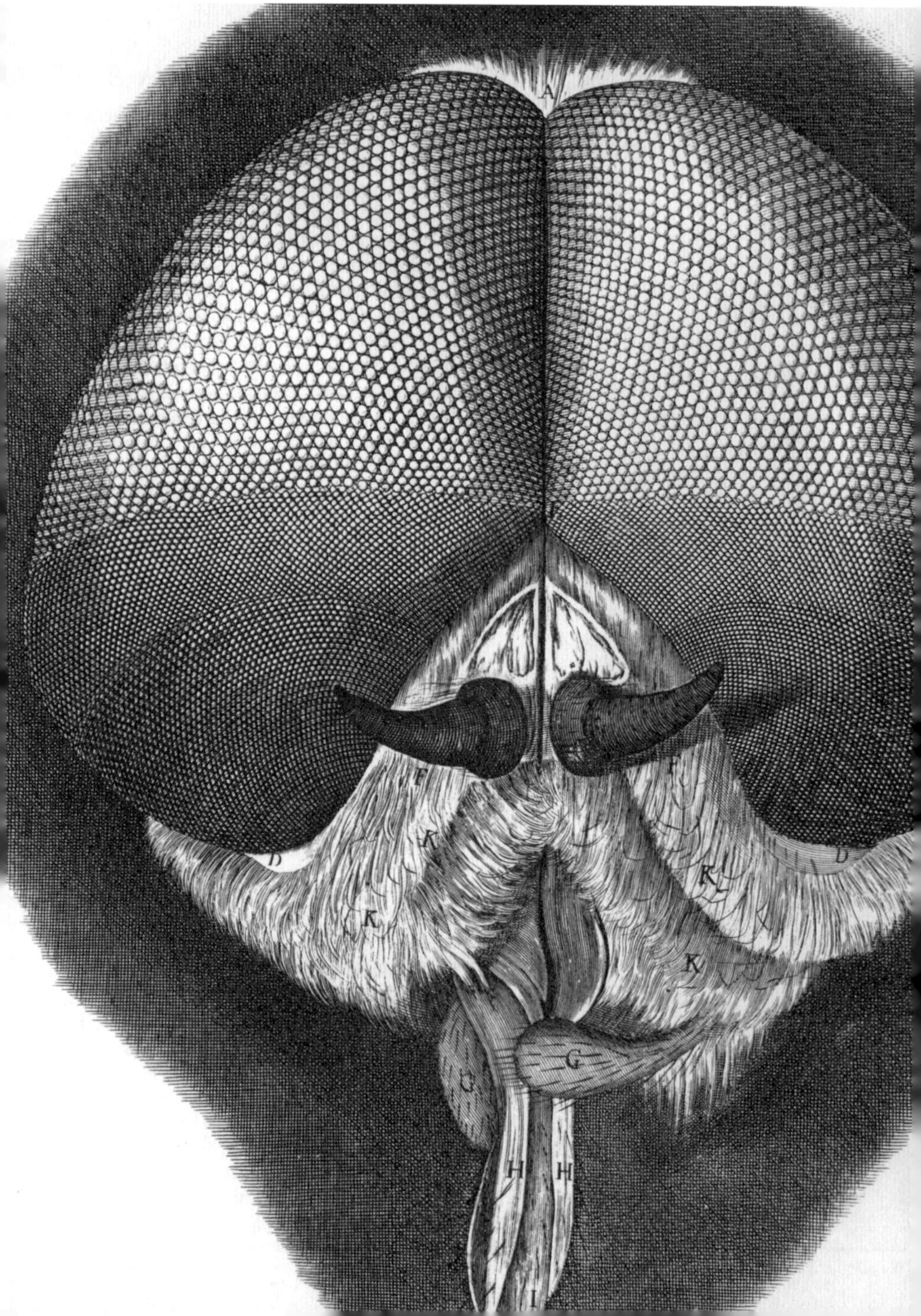

18

XIV.

자연은 신이 창조한 거대한 정밀 기계 장치

20세기 사상가들은 프랑스의 철학자 르네 데카르트로의 회귀를 끊임없이 시도해왔다. 근대적 이성주의의 전통 위에 선 현대 철학이 막다른 골목에서 길을 잃었다고 느낄 때, 특히 그러했다. 모든 책임을 데카르트에게 지울 수는 없지만, 그가 근대적 사유로 나아가기 위해 거친 땅을 고르고 그 위에 이성주의의 주춧돌을 놓았다고 해도 틀린 말은 아닐 것이다.

데카르트 철학의 임무는 중세의 사상적 혼란에 대한 교통정리였다. 그는 세계의 다양한 존재와 현상을 하나의 경계로 나누고, 그 경계는 정신과 물질에 의해 구분할 수 있다고 역설했다. 그가 정신의 속성을 '사유Cogitatio'라고 본 반면 물질의 속성을 공간적 확대인 '연장Extensio'으로 보았을 때, 그것은 근대 이후 되풀이된 많은 인식론적 논쟁의 출발점이 되었다. 데카르트는 자신의 저서《우주론Le Traitede la monde》에서 다음과 같이 선언했다.

"나는 자연이라는 언어를 물질 그 자체를 의미하는 데 사용한다."

여기서 데카르트가 말하는 '물질'이란 무엇일까? 그는 물질을 구성하는 최소 단위를 원자(입자)라고 보았다. 원자들은 질적으로 동일하지만 형태와 크기에는 각각 차이가 있다. 원자들이 모여서 원소를 만들고, 그 원소들이 모여서 물질을 만든다. 따라서 물질은 궁극적으로 형태와 크기가 다른 원자들의 결합으로 이루어지며, 자연 속에서 쉴 새 없이 '운동'하고 있다.

그가 원자들의 결합체인 물질을 맛과 향, 색깔과 같은 질적인 성질이 아니라 형태와 크기, 운동과 같은 양적인 성질로 환원하고자 했던 점은 중요하다. 그러한 양적인 성질이 수학자들의 개입을 불러왔고 결과적으로 수량화를 가능하게 만들었기 때문이다. 데카르트가 생각한 물질운동은 질감이 없는 양적 물질(물체)의 덩어리들이 서로 충돌하고, 그 운동은 운동량이라는 형태로 기술할 수 있는 것이었다. 그러면 이 무미건조한 물질들은 자연계 안에서 어떻게 운동할까?

17세기에는 물리적 세계 전체를 신이 창조한 거대한 기계 장치로 간주하는 시각이 태동하던 시기였다. 이른바 기계론 철학이라 일컫는 시각은 신, 곧 기계 제작자가 정밀한 기계 장치와 흡사하게 자연을 만들었다고 보았다. 따라서 기계들이 움직이는 원리를 밝혀내는 것은

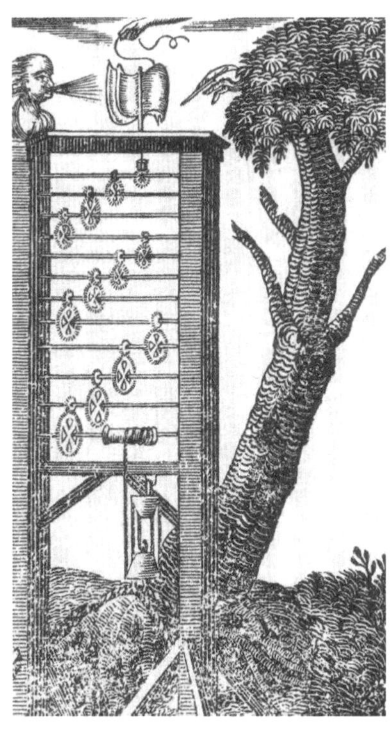

사람의 입김으로 나무를 뽑는 기계. 한 남자의 작은 입김이 톱니바퀴의 연쇄 작용을 일으켜 큰 통나무를 쓰러뜨리고 있다. 이 같은 수학과 기계학의 결합은 기계론적 자연관의 배경이 되었다. 존 윌킨스, 《수학적 마술》, 1648년.

신의 섭리, 즉 자연법칙을 이해하는 지름길이라고 생각했다.

기계론 철학의 등장은 당시의 특별한 시대상을 반영한다. 중세 이후 장인들은 축적된 기술을 이용해 예전에는 볼 수 없었던 시계, 풍차, 분수, 지렛대, 급수 시설, 톱니바퀴와 같은 정밀한 기계 장치들을 선보이기 시작했다. 신이 합리적이고 계획적인 의도에 따라 자연계의 운동을 지배한다고 믿었던 자연철학자들에게 정밀한 기계 장치는 신이 만든 자연계의 정합성(모순이 없는 것)을 표현하는 훌륭한 비유 도구였던 셈이다. 데카르트를 비롯하여 로버트 보일Robert Boyle, 1627~1691, 블레즈 파스칼Blaise Pascal, 1623~1662, 로버트 훅, 크리스티안 하위헌스Christiaan Huygens, 1629~1695, 토머스 홉스, 존 윌킨스John Wilkins, 1614~1672 등 자연철학자가 기계론 철학에 안착했다.

특히 윌킨스의 작업은 주목할 만하다. 천문학자 크리스토퍼 렌Christopher Wren, 1632~1723과 함께 80피트(약 24미터) 천체망원경을 직접 만들었을 정도로 도구 제작에 발군의 실력을 보였던 그는 1648년에《수학적 마술Mathematical Magic》이라는 흥미로운 논문을 발표했다.

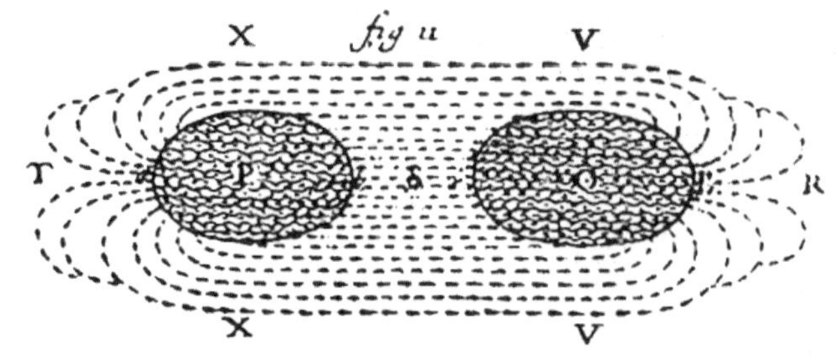

데카르트는 자기 입자들의 와동(소용돌이)이 자력의 원인이라고 주장했다. 《철학 원리》, 1644년.

이 논문에서 그는 지렛대와 톱니바퀴를 비롯한 각종 기계 장치들의 제작과 그것으로부터 가능한 힘의 전달 경로, 유용성 등에 대해 상세한 설명을 곁들이고 있다. 기계학과 수학을 접목시킨 이 같은 새로운 자연 인식 방법은 기계론적 자연관의 바탕이 되었다.

자연계가 정밀한 기계적 장치로 이루어졌다는 신념은 곧 인간의 눈에 보이지 않는 영역으로까지 확대되어갔다. 기계론 철학자들은 육안으로 보이지 않는 자연현상조차도 사실상 입자들의 기계적 운동이 지배하고 있다고 생각했다. 일찍이 '마술적 자연관'의 지지자들이 자연계의 '원격작용력'을 직접 드러내는 최고의 증거로 생각했던 자석의 인력과 척력은 기계론 철학자들에게는 눈에 보이지 않는 입자들의 기계적 운동으로 해석되었다.

데카르트는 《철학 원리Principles Philosophiae》에서 자석이 서로 끌어당기거나 밀어내는 것은 '원격작용'에 의한 것이 아니라 눈에 보이지 않는 작은 입자들이 마치 볼트와 너트처럼 두 자석 사이에서 작용하기 때문이라고 지적했다.

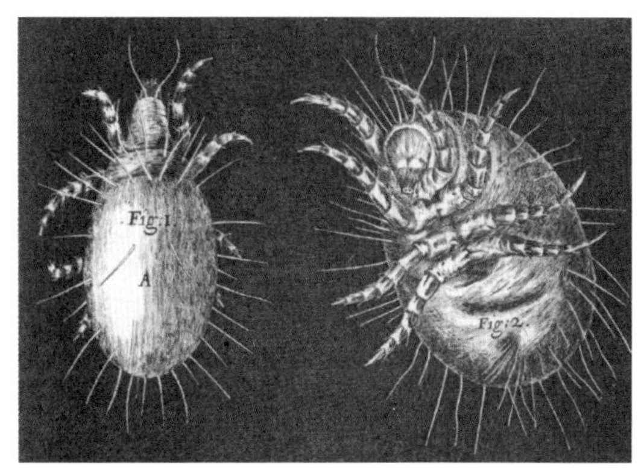

현미경으로 본 진드기. 로버트 훅, 《마이크로그라피아》, 1665년.

나아가 당시 기계적 자연관을 뒷받침했던 것은 현미경의 발달이었다. 로버트 훅은 한때 로버트 보일의 조수로 일했으며, 보일이 내놓은 공기펌프의 실질적인 발명자였다. 그는 1665년에 미시 세계를 탐구한 《마이크로그라피아Micrographia》를 출간했다. 훅은 진드기나 파리의 눈과 같이 육안으로는 쉽게 볼 수 없는 미시 세계를 현미경으로 관찰하고, 그런 작은 곤충들이 아주 세밀하고 정합적인 기계 장치로 이루어져 있다고 주장했다. 미시 세계에 대한 그의 연구는 고배율의 현미경만 있다면 우리 눈에 보이지 않는 영역도 기계적 구조임을 밝혀낼 수 있을 것이라는 확신을 안겨주었다.

기계적 자연관 지지자들은 태풍이나 해일, 조석, 지진 등 자연계의 현상들이 모두 기계적인 인접 작용 때문에 발생한다고 보았다. 데카르트는 이러한 기계적 자연관의 모델을 더욱 발전시켜 자신의 독자적 우주관을 구축했다. 데카르트의 천체운동론에서는 사실상 자석의 원리를 확대 응용한 흔적을 볼 수 있다.

데카르트의 우주론 모델에 따르면, 천체는 '에테르'와 같은 가볍

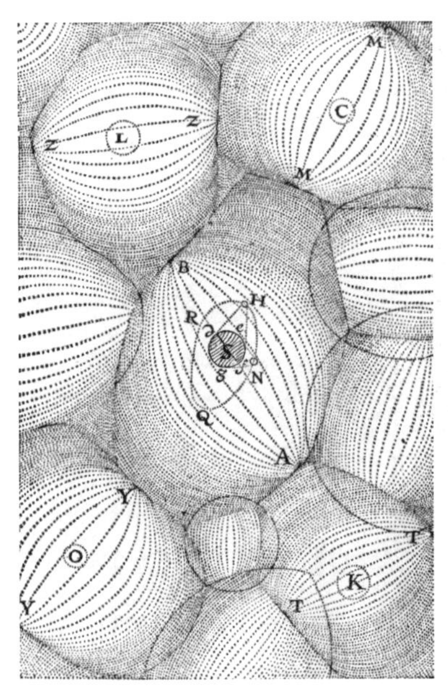

데카르트가 주장한 소용돌이 우주. 데카르트는 우주 공간이 가볍고 투명한 액체, '에테르'로 가득 차 있다고 보았다. 물질의 소용돌이는 행성들과 그 위성들을 실어 나를 수 있었다. 데카르트, 《철학 원리》, 1644년.

고 투명한 물질들이 소용돌이침으로써 그 운동을 유지할 수 있다. 소용돌이 중심에는 불투명한 물질들이 자리 잡고 있는데, 그중에서도 태양이 대표적이다. 혜성은 가끔씩 소용돌이로부터 버려지는 물질로 간주했다. 데카르트는 비록 자신의 우주론 모델을 수학적으로 증명해 보일 수는 없었지만, 후일 뉴턴의 우주론이 등장하기까지 많은 지지를 얻었다.

자연을 정밀한 기계 장치로 간주했던 데카르트의 철학은 인체 구조에 관한 이해에도 영향을 미쳤다. 그는 심장을 펌프나 분수와 같다고 보았고, 근육은 용수철과 같으며 뇌에는 혈액 중의 미립자를 뜻하는 '동물 정기'가 가득 차 있다고 생각했다. 데카르트는 사람이 불에 데었을 때 반사적으로 재빨리 다리를 오므리는 행동을 다음과 같이

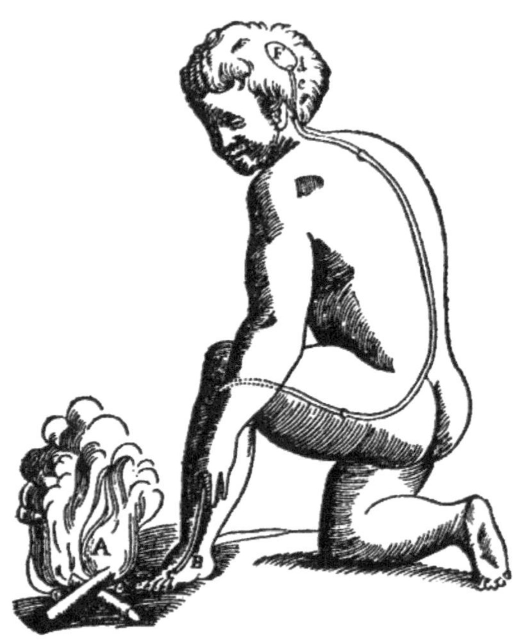

데카르트가 본 인체 구조. 데카르트는 불에 데인 사람이 발을 오므리는 행동을 기계적으로 설명했다. 데카르트, 《인간론Traité de L'homme》, 1664년.

설명했다.

신경 속에는 긴 실이 들어 있는데, 이 실은 뇌에서 발끝까지 이어져 있다. 발이 불에 데어 뜨거움을 느끼면, 이 실이 재빨리 반응하여 뇌의 입구를 열게 한다. 그러면 뇌로부터 '동물 정기'가 신경의 관으로 흘러나와 근육에 이르고 사람은 발을 오므리게 된다.

만물 가운데 유일하게 사유 능력을 지닌 인간과는 달리 동물은 철저하게 기계로 여겼다. 당시 데카르트주의자이자 기계론 철학의 한 열렬한 신봉자가 개를 어떻게 다루었는지 알고 나면 경악스러울 것이다.

> 그들은 철저하게 냉정함을 유지하면서 개를 매질하였으며, 개들을 고통을 느끼는 생물로 생각하여 불쌍히 여기는 사람들을 조롱했다. 그들은 동물들이 시계와 같은 것이라고 말했다. 또한 그들은 개가 두들겨 맞을 때 내는 소리는 조그마한 스프링을 건드릴 때 내는 소리이며, 전체 몸뚱이는 감각이 없다고 말했다.•

이처럼 데카르트는 우주와 인간, 가시 세계와 불가시 세계를 설명하는 데까지도 입자적 구조에 기반한 기계론적 사유를 인용했다. 그가 고대 그리스의 원자론으로부터 영향을 받았다는 것은 확실하지만, 고대 그리스의 원자론과는 커다란 차이점이 한 가지 있었다. 레

• 레오노라 로젠필드, 《동물 기계부터 인간 기계까지: 데카르트에서 라 메트리까지 프랑스 편지들에 보이는 동물 영혼》, New York: Oxford University Press, 1941년.

우키포스, 데모크리토스, 에피쿠로스로 이어진 고대의 원자론은 애초에 무신론적 경향이 강했으나, 근대에 부활한 원자론은 기독교 영향권 안에 놓여 있었다. 프랑스의 철학자 피에르 가상디Pierre Gassendi, 1592~1655처럼 원자론을 기독교적으로 재해석한 사람들은 신이 최초로 원자를 창조하여 거기에 운동을 부여했다고 생각했다.

데카르트 또한 신의 창조를 인정했다. 신은 태초에 무한한 물질을 창조하여 운동의 속성을 부여했다고 믿었다. 그리고 신이 창조한 물질들은 스스로의 힘으로 발전해왔다. 이 같은 데카르트의 자연관은 결과적으로 신의 역할을 축소시켰다는 이유로 많은 비판을 받았다. 우주가 스스로 발전해왔다기보다는 거의 현재의 모습으로 신이 창조했고, 신은 시시각각 세계에 개입한다고 믿었던 뉴턴은 그 비판 대열에 합류했던 가장 강력한 반대론자였다.

19

'왜'보다는 '어떻게'가 중요하다, 고독한 천재와 사과나무

1642년 갈릴레이가 숨을 거둔 그해에 영국 북부의 링컨셔주에서 한 고독한 천재가 태어났다. 근대의 과학혁명을 실질적으로 완성했다고 평가받는 아이작 뉴턴1642~1727이다. 그는 아버지 없이 태어났고 어머니도 얼마 지나지 않아 재혼했다. 뉴턴은 불우한 가정환경 때문에 평생 고독감에 휩싸였고, 스스로의 업적에 대해 지나친 방어 본능을 가졌다. 그러한 청년기의 고독감이 그의 천재적 발상에 밑거름이 되었다고 보는 것은 지나친 해석일까?

뉴턴이 트리니티칼리지에서 공부하던 1665년, 런던에 창궐한 페스트는 케임브리지에까지 확산되었다. 대학은 서둘러 문을 닫았고 뉴턴을 포함한 대부분의 학생은 학교를 빠져나갔다. 1666년은 흔히 기적의 해로 일컬어진다. 고향 집에 돌아온 뒤 약 18개월 동안 뉴턴은

케임브리지의 트리니티칼리지 앞에 있는 뉴턴의 사과나무. 뉴턴이 사과나무에서 사과가 떨어지는 것을 보고 만유인력을 발견했다는 일화는 유명하다. 그러나 이 일화는 만유인력의 발견을 설득력 있게 전달하기 위한 단순한 에피소드로 밝혀졌다. 김성근, 2007년.

근대 과학의 강력한 토대가 될 만유인력의 법칙, 미적분법, 혜성의 궤도, 조석 이론, 빛의 새로운 성질 등을 모두 구상했기 때문이다. 특히 만유인력의 법칙은 과학 역사상 기념비적인 사건이다.

16세기 말 튀코 브라헤가 하늘에서 수정의 천구를 벗겨내고자 했을 때, 천문학자들은 기원전 4세기에 에우독소스가 던진 질문을 다시 끄집어내지 않을 수 없었다. 만약 하늘에 투명한 천구가 존재하지 않는다면 행성들은 대체 왜 떨어지지 않을까? 17세기 천문학자들의 주된 관심은 투명한 천구를 대신하여 천체운동에 동력을 제공하는 새로운 무엇인가를 찾는 것이었다. 그 중요한 계기는 윌리엄 셰익스피어1564~1616와 동시대를 살았던 영국의 물리학자 윌리엄 길버트1544~1603

자석을 만드는 사람. 길버트는 만약 철편을 남북 방향으로 놓고 가열하여 두드리면, 그 양끝은 극성을 가진 자석으로 변할 것이라고 말했다. 윌리엄 길버트, 《자석에 대하여》, 1600년.

가 마련했다. 길버트는 1600년에 출간한 《자석에 대하여De Magnete》에서 "지구는 거대한 천연자석이다"라고 주장하고, 모든 자석은 지구 내측의 움직임과 원리를 공유한다고 설명했다. 그는 지구의 남극과 북극은 자석의 양극과 흡사하며, 하늘로 던져진 물체가 지상으로 떨어지는 이유는 지구의 강력한 자기력 때문이라고 결론지었다. 이 같은 생각은 곧바로 많은 과학자의 지지를 얻어냈다. 영국의 과학자이며 기계공학자였던 존 윌킨스는 다음과 같이 말했다.

> 달에 있는 사람이 탄환을 아주 높이 쏠 수만 있다면, 탄환은 지구의 테두리 속에 들어와 마침내 지구로 떨어질 것이다. 그러나 만약 탄환을 그렇게 멀리 쏠 수 없다면, 탄환은 달의 중심에서 '당기는 힘' 때문

에 다시 달로 떨어지고 말 것이다.•

그로부터 인간이 달에 첫발을 내딛기까지는 무려 350여 년의 세월이 필요했지만, 윌킨스는 이미 지구나 달에는 '당기는 힘'이 있다고 생각했던 것이다. 이처럼 천체에는 뭔가 끌어당기는 힘이 있다는 것과 그 힘이 자기력과 유사하다는 생각은 많은 과학자가 옳다고 인정했다. 그러나 원인은 여전히 논쟁적이었다. 크게 두 진영으로 나뉘었는데, 자석의 인력과 척력을 둘러싼 고대인들의 이해에 뿌리를 둔 것이었다. 자석은 물활론적 도구이며 자석이 서로를 끌어당기거나 밀어내는 현상은 자석이 가진 일종의 영혼 때문이라는 믿음이 한편에 있다면, 다른 한편에서는 자석에서 쏟아져나온 어떤 미세한 입자들이 인력과 척력을 일으킨다고 생각했다.

자기력을 둘러싼 이 같은 믿음은 르네상스 시대에 이르러 크게 두 가지 학설에 영향을 미쳤다. 데카르트와 가상디 같은 기계론 철학자들은 자석의 운동을 기계적 인과관계로 설명했다. 이들은 자석의 인력과 척력은 자석에서 쏟아져나온 눈에 보이지 않는 원자(입자)들이 볼트와 너트의 작용처럼 서로에게 힘을 미치기 때문이라고 보았다. 그런 생각이 레우키포스 이후 고대 원자론의 영향을 받은 것이라는 점은 분명하다. 기계론적 사고와는 달리 생기론Vitalism의 전통을 물려받은 사람들은 자석을 자연 마술의 상징적인 도구로 여겼다. 독일의

• 존 윌킨스, 《달세계의 발견The Discovery of a World in the Moone, London, 1638년, 114~115쪽.

아타나시우스 키르허의 해바라기 시계. 키르허는 모든 식물이 지구 자기력의 영향을 받고 있다고 주장했다. 《자석의 예술》, 1631년.

예수회 선교사 아타나시우스 키르허는 이 생기론적 사고를 대표한다.

1631년에 《자석의 예술Ars Magnesia》을 집필한 키르허는 이 책에서 지상의 모든 식물은 지구의 자기력에 영향받고 있다고 주장했다. 그는 식물의 뿌리가 지구 중심을 향하고, 그 가지와 잎사귀들이 하늘로 오르는 것은 지구의 자기적 성질 때문이라고 설명했다.

자석의 운동에 관한 생기론적 사고와 기계론적 사고라는 두 가지 관점은 전혀 다른 자연철학적 전통에서 파생되었지만, 자석의 힘을 태양계의 운동을 조율하는 힘으로 확대시키려는 점에서는 공통된 야심을 드러내고 있었다.

길버트의 주장을 받아들인 케플러도 이 문제에 관심이 많았다. 특히 그가 행성들의 타원운동을 발견한 후 무엇이 타원운동을 일으키는가라는 천체역학적 질문은 더욱 중요한 문제로 떠올랐다. 천상계의 원운동을 자연운동으로 보았던 전통적 천문학에서는 그 운동을 일으키는 어떠한 외력도 고민할 필요가 없었지만, 타원운동이라면 사정이 전혀 다르기 때문이다. 다시 말해 자연운동이 아닌 타원운동에는 반드시 외력이 작용할 것이라는 믿음이었다.

케플러는 태양에서 뿜어져 나오는 신비한 힘인 일종의 '운동령anima motrix'이 행성의 궤도운동을 유지한다고 보았다. 태양이 일종의 신비한 영혼을 지니고 있다는 생각과 흡사했다. 그러나 얼마 뒤 운동령을 '운동력vis mortix'으로 바꿔 쓰며 정량적인 근대 역학으로 다가가고자 노력했다.

케플러만큼 이 문제에 관심이 많았던 사람은 갈릴레이였다. 지상계 역학의 천재였던 그는 전혀 다른 방식으로 답을 구하고자 했다. 양

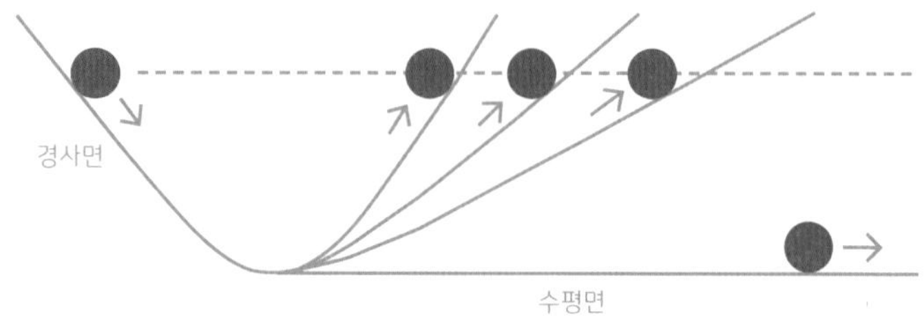

갈릴레이의 경사면 실험과 원운동의 관성의 법칙 발견.

쪽으로 구부러진 그릇 모양의 경사면에 공을 굴리면, 공은 반대편 경사면의 같은 높이까지 올라갔다가 처음 장소로 되돌아온다. 이때 한쪽 경사면을 점점 펴가면, 공은 더 멀리 갔다가 돌아오겠지만 높이는 처음 공을 굴린 지점과 비슷하다. 그러다 한쪽 경사면을 완전히 수평으로 펴면, 공은 처음 공을 굴린 높이와 비슷한 높이에 도달할 때까지 계속 나아갈 것이다. 이 갈릴레이의 실험은 관성의 원리를 생각나게 하지만, 실은 원운동의 관성운동을 뒷받침하기 위한 근거로 사용되었다. 외력이 작용하지 않는 한 둥근 지구의 지표면을 영원히 전진하는 공은 결국 자연운동으로서 원운동을 하게 될 것이기 때문이다. 갈릴레이에 따르면, 달이 지구 둘레를 돌거나 행성이 태양 둘레를 도는 것은 특별한 어떤 힘의 결과가 아니라 자연운동으로서의 관성운동인 것이다.

울즈소프의 고향 집에 있던 뉴턴이 관심을 가진 것은 행성 운동에 대한 케플러의 발견들이었다. 페스트가 지나간 이후 대학에 돌아온 뉴턴은 스승이었던 수학자 아이작 배로Isaac Barrow, 1630~1677의 뒤

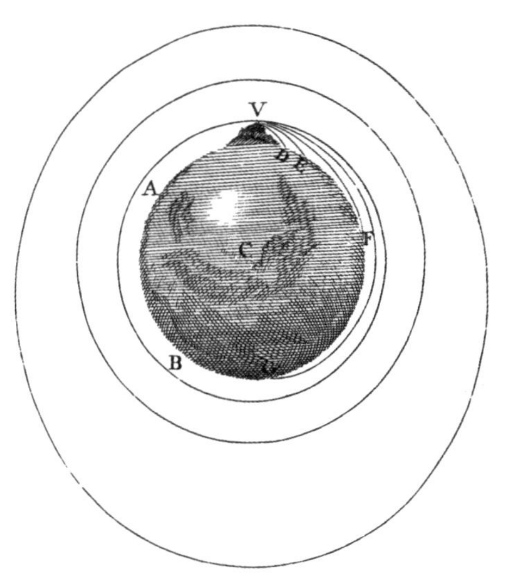

뉴턴의 인공위성 원리. 뉴턴은 산꼭대기에서 투사체를 발사하면, 속도에 따라 낙하 거리가 달라질 것이라고 보았다. 그리고 만약 속도가 충분히 크다면, 투사체는 지구로 떨어지지 않고 자신의 궤도상에서 운동을 지속할 것이라고 생각했다. 뉴턴, 《세계의 시스템The system of the World》, 1728년.

를 이어 1669년 불과 스물여섯 살에 수학 교수가 되었다. 뉴턴이 가장 먼저 발표한 성과는 태양의 빛이 여러 빛깔이 혼합된 것이라는 사실이었다. 그러나 오늘날 뉴턴을 불멸의 천재로 기억하게 만든 것은 1687년에 출간된 《자연철학의 수학적 원리Philosophiae Naturalis Principia Mathematica》이다. 이 책이 과학의 역사에 미친 영향은 새삼 강조할 필요도 없다. 이 책에서 뉴턴은 코페르니쿠스의 태양중심설부터 행성 운동에 관한 케플러의 세 가지 법칙과 갈릴레이의 역학 등을 총망라하여 지상계와 천상계에서의 물체 운동을 수학의 언어로 통합했다.

뉴턴이 제시한 세 가지 운동 법칙은 오늘날에도 물리학 교과서의 중요한 부분을 차지한다. 첫째, 물체는 외부적 힘이 가해지지 않는 한 그 상태를 유지하려는 성질을 지닌다. 외력이 작용하지 않는 한 정지한 물체는 정지 상태를, 등속직선운동하는 물체는 그 상태를 계속 유지하려고 한다. 이것이 뉴턴의 제1법칙으로 알려진 이른바 '관성의 법칙'이다. 둘째, 물체는 힘을 받으면 그 힘의 크기에 비례하는 속도의 변화인 가속도를 일으키고, 그 가속도의 크기는 물체의 질량에 반비례한다. 이른바 '힘과 가속도의 법칙'이다. 셋째, '작용과 반작용의 법칙'이다. 책상 위에 있는 사과가 책상을 누르는 힘은 책상이 사과를 떠받치는 힘과 같고 방향은 반대라는 것이다.

이 세 가지 운동 법칙은 근대 물리학 발전에 중요한 출발점이 되었다. 그러나 무엇보다도 뉴턴의 업적들 중 가장 주목할 만한 것은 천체운동에 '만유인력'이라는 힘을 도입하고, 수학적 법칙으로 이끌어 냈다는 점이다. 뉴턴은 두 천체 사이에 작용하는 만유인력은 그 천체들의 질량의 곱에 비례하고 거리의 제곱에 반비례한다는 사실을 밝혀냈다.

그런데 뉴턴을 일약 유럽의 스타로 만든《자연철학의 수학적 원리》는 사실 천문학자 에드먼드 핼리1656~1742의 독촉이 없었다면, 훨씬 뒤늦게 빛을 보게 되었을지도 모른다. 1684년 어느 날 핼리는 뉴턴의 케임브리지 연구실을 방문했다. 그는 얼마 전 런던의 한 찻집에서 로버트 훅, 크리스토퍼 렌과 함께 나눴던 문제를 뉴턴에게 문의할 참이었다. 만약 중력이 거리의 제곱에 따라 감소한다면 행성의 궤도운동은 어떤 모습이 될 것인가라는 문제였다. 뉴턴은 즉시 그것은 타원궤도일 것이며 얼마 전에 자신이 계산했다고 답했다. 핼리는 뉴턴의 연구 결과를 즉시 출판하도록 독려했고, 왕립학회를 대신하여 자신이 출판 비용을 대기도 했다. 결과적으로 핼리의 방문과 독촉이 준 자극은 뉴턴이 불후의 명작을 남길 수 있었던 동기가 되었다.

고드프리 넬러1646~1723, 〈아이작 뉴턴 경〉, 1702년.

뉴턴은 힘의 원리를 통해 행성의 운동뿐만 아니라 혜성의 운동, 태양의 움직임, 달의 조석 현상, 그리고 지구타원체 모델까지도 설명할 수 있게 되었다. 지상에서 떨어지는 사과도 하늘에서 지구를 도는 달도 동일한 만유인력의 지배를 받는다는 사실은 일찍이 아리스토텔레스가 그은 지상계와 천상계의 경계가 뉴턴에 의해 비로소 완전히 허물어졌음을 의미한다.

그런데 만유인력은 행성의 운동을 설명하는 데 매우 적합한 개념이었으나, 동시에 과학 역사상 가장 첨예한 논란을 불러일으킨 개념이기도 했다. 뉴턴은 만유인력의 원인이 무엇인지 답하지 않았을 뿐만 아니라 신비한 생기론자들 편에 서 있다는 오해를 샀다. 행성의 궤도운동을 미세한 입자들의 소용돌이로 해석하고, 자연계를 기계 장치들의 정합성으로 이해했던 기계적 자연관 지지자들은 뉴턴의 만유인력 개념을 맹렬히 공격했다. 그들의 눈에는 아무런 물리적 인접 작용도 없이 서로 떨어져 있는 천체들이 힘을 주고받는다는 것은 신비한 원격작용력의 부활을 의미했다. 게다가 근대 과학으로부터 애써 쫓아내려 했던 초자연적 자연 마술로의 회귀는 과학의 후퇴를 뜻했다.

쏟아지는 비판에 대해 뉴턴은 어떻게 대응했을까? 그는 명확한 답변을 제시하지는 않았다. 다만 당시 기계론 철학자들의 비판에 대해 어떤 생각을 가지고 있었는지는 1704년 출간된 《광학Opticks》에 나오는 다음 구절에서 엿볼 수 있다.

> 내가 만유인력이라고 부르는 것은 충격이나 혹은 내가 모르는 다른 방법에 의해 발생할지도 모른다. 나는 단지 그 원인이 무엇이든지 간에 일반적으로 물체를 서로 끌어당기는 힘을 표현하기 위해 이 용어를 사용했다.•

뉴턴의 입장을 이해하는 데는 이 하나의 문장만으로도 충분할 것이다. 이것은 그가 '과학'에 대한 기존의 패러다임을 완전히 뒤바꾸면서 기계론 철학자들이 쏟아낸 비판에 답한 것이다. 과학은 '왜'라는 자연현상의 원인을 규명하기보다는 자연현상이 '어떻게' 작용하는지

• 아이작 뉴턴, 《광학》, New York: Dover Pub.Inc.,1952년, 376쪽.

를 관찰·측정하고, 그 데이터를 수학적으로 분석함으로써 미래의 사건을 예측하는 것으로 충분하다는 것이다. 인류는 오늘날 인공위성을 쏘아 올리고 일찍이 생각하지도 못했던 화성 탐사까지 진행하고 있다. 여기서 인공위성을 쏘아 올리려는 과학자들에게 '만유인력은 왜 발생할까?'라는 질문은 필수가 아니다. 만유인력이 왜 발생하든지 간에 중요한 것은 그 불변하는 힘을 수학적으로 계량화시킴으로써 인공위성을 쏘아 올릴 수 있다는 점이다.

"나는 가설을 만들지 않는다Hypotheses non fingo"라는 뉴턴의 유명한 선언은 자연현상을 그럴듯하게 설명하기 위해 검증 불가능한 가설을 세우는 행위에 대한 맹렬한 비판이었다. 일찍이 데카르트가 천체운동을 설명하기 위해 눈에 보이지 않는 입자들의 소용돌이를 상상했지만, 가설을 세우는 것이 과학자들이 반드시 짊어져야 할 의무는 아니라는 것이다. 뉴턴은 기계론 철학자들이 자연에 대해 던졌던 의문과는 완전히 다른 쪽을 바라보고 있었다. 그러나 이토록 가설을 부정하던 뉴턴의 과학도 정작 절대공간과 절대시간 같은 가설의 체계 위에 세워졌다는 점은 역설적인 일임에 틀림없다.

J. LUYTS
PHIL. PROFES.
Institutio
ASTRONOMICA.
TRAJECTI AD RHENUM.
Apud FRANCISCUM HALMAM Acad.
Typográph. cIↄ Iↄ CLXXXXII.

20

과학혁명에 힘을 실어준 과학도구들

과학사상 유명한 천문학자들이 각각 자신을 대표하는 천문 관측 도구를 들고 서 있다. 왼쪽부터 갈릴레이, 헤벨리우스, 얀 뤼츠, 브라헤, 코페르니쿠스, 프톨레마이오스이다. 얀 뤼츠Jan Luyts, 1655~1720, 《천문 연구소Institutio Astronomica》 표지, 1692년.

17세기의 '과학혁명'에 대해 다음과 같은 질문을 던져보자. 천체망원경의 도움 없이 과연 갈릴레이의 새로운 천문학이 등장할 수 있었을까? 현미경을 통하지 않고 로버트 훅에 의한 미시 세계 탐구가 가능했을까? 공기펌프의 도움 없이 로버트 보일이 기체에 관한 연구를 할 수 있었을까?

이러한 근대적 과학도구의 출현이 자연에 대한 인간의 이해를 폭발적으로 증가시키고 과학의 외연을 크게 확장시켰다는 데에 이의를 제기할 사람은 없을 것이다. 그런 점에서 근대 유럽의 과학혁명은 사실상 과학도구의 도움 없이는 불가능했다고 해도 과언이 아니다.

과학혁명을 뒷받침한 과학도구 중에서 가장 대표적인 것은 천체 망원경이다. 최초로 안경이 등장한 것은 대략 13세기 말경으로, 이탈리아 토스카나 지역의 수도사들이 노안을 교정하기 위해서였다. 이를 미루어볼 때 토스카나 지역을 중심으로 렌즈를 깎아 빛을 굴절시키는 기술이 이미 발달해 있었음을 알 수 있다. 16세기에 이르러 안경은 원시와 근시를 교정하는 일반적인 도구로 널리 이용되었다. 또한 이 시기에 토마스 디게스, 델라 포르타 등은 오늘날의 망원경을 연상시키는, 사물을 확대해 보여주는 렌즈의 이론과 경험담을 기록하고 있다. 그러나 과학의 역사는 17세기 초에 이르러서야 망원경이 제작되었다고 공식적으로 인정한다. 1608년경 한스 리페르세이Hans Lippershey, 1570~1619를 비롯한 세 명의 네덜란드인이 거의 동시에 망원경 렌즈에 관한 특허를 신청했다. 유럽의 망원경이 중국에 전래된 것은 1618년 무렵이었고, 1626년에는 예수회 선교사 아담 샬Johann Adam Schall von Bell, 중국명 湯若望, 1591~1666 이 망원경으로 본 새로운 사물에 대한 논문을 남겼다. 1631년에는 망원경이 중국을 거쳐 조선으로 들어왔다. 명나라에서 귀국한 정두원이 서양인 선교사로부터 망원경, 수석총, 자명종 등을 얻어왔다는 기록이 사료에 남아 있다.

서양에서 초기 망원경은 군사적인 용도로 사용되었다. 망원경은 바다나 육지에서 적군의 동태를 살피는 데 매우 유용한 도구였기 때문이다. 그러나 천문학자들의 손에 들어간 망원경은 전통적 천문학을 파멸시킬 혁명적인 도구로 탈바꿈했다. 육안에 의지하던 프톨레마

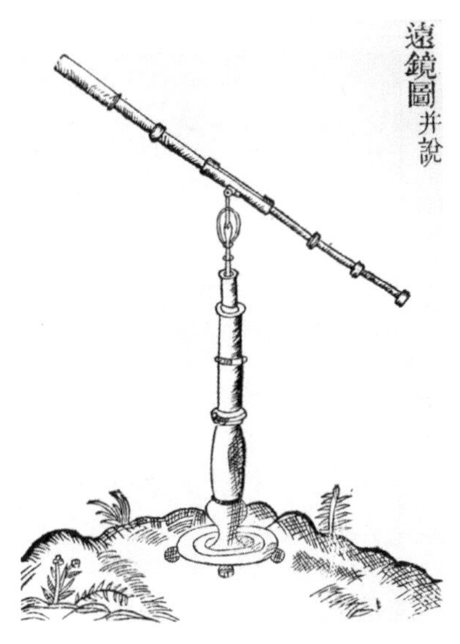

중국에 와 있던 예수회 선교사 아담 샬이 자신의 논문에 그려 넣은 망원경. 《원경설遠鏡說》, 1626년, 하버드대학 옌칭도서관.

이오스의 천문학을 결정적으로 뒤엎은 갈릴레이의 망원경은 대물렌즈에 볼록렌즈를, 접안렌즈에 오목렌즈를 사용해 만든 간단한 굴절망원경이었다. 하지만 케플러는 갈릴레이의 망원경에서 오목렌즈인 접안렌즈를 볼록렌즈로 바꾸면, 천체 관측 시 더 넓은 시야를 확보할 수 있다는 사실을 알아챘다. 비록 상이 거꾸로 보이는 단점이 있었지만, 케플러식 망원경은 갈릴레이식 망원경보다 더 밝은 상을 얻을 수 있게 해주었다. 갈릴레이가 《별세계에 관한 보고》를 출간한 이듬해인 1611년 케플러의 《굴절 광학Dioptrice》에 실린 달의 그림은 화려하고 신비롭기까지 하다.

당시 제작된 망원경 대부분은 오목렌즈 또는 볼록렌즈를 사용했다. 그런데 렌즈를 사용한 이 같은 굴절망원경에는 큰 결함이 있었는데, 구의 일부로 연마한 렌즈가 빛을 하나의 집점에 정확히 모을 수

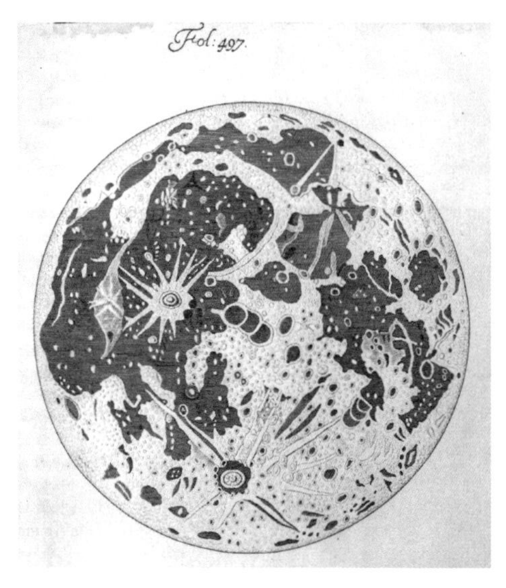

케플러의 달은 갈릴레이가 그린 달보다 훨씬 화려하다. 망원경의 차이 때문이었다. 과학도구의 차이가 달에 대한 관측 결과의 차이로 연결되었다고 볼 수 있다. 요하네스 케플러, 《굴절 광학》, 1611년.

없다는 것이었다. 흔히 렌즈의 구면수차라고 불리는 결함이었다. 구면수차가 크면 클수록 물체의 상은 흐릿해질 수밖에 없다. 이 결함을 줄이는 방법은 렌즈의 단면을 쌍곡선이나 타원형으로 연마하는 것이었는데, 당시의 기술 수준으로는 거의 불가능한 일이었다. 또 빛이 렌즈를 통과할 때 생기는 색수차 때문에 상이 흐리게 보이는 것도 큰 결함이었다. 색수차의 원인은 망원경으로 들어온 광선이 렌즈를 통과하며 서로 다른 각도로 굴절되어 상 둘레에 색이 번져 보이는 데 있다. 프리즘으로 통과한 빛이 무지개를 만들듯이 색수차는 렌즈에 빛을 통과시키는 한 불가피한 현상이었다.

이런 수차 문제를 해결하는 것은 당시 망원경 제작자들의 중요한 과제였다. 몇몇 제작자는 대물렌즈의 초점거리를 최대한 길게 만들면 수차를 줄일 수 있다는 것을 알아냈다. 렌즈(거울)로부터 초점까지의 거리가 길어질수록 구면수차나 색수차는 줄어들고 배율은 커진다. 17세기 중엽부터 천문학자들은 초점거리가 긴 망원경을 제작하기 위해 경쟁적으로 움직였다. 이탈리아의 망원경 제작자 주세페 캄파니Giuseppe Campani, 1635~1715는 루이 14세의 의뢰를 받아 파리의 왕립관측소에 기증할 초점거리 10미터짜리 천체망원경을 제작했다. 폴란드의 천문학자 요하네스 헤벨리우스Johannes Hevelius, 1611~1687는 1673년에 초점거리가 약 46미터에 이르는 천체망원경을 만들었다. 대형 망원경이 제작되기 시작하자 이것을 원하는 위치로 옮기기 위해 거대한 도르래가 필요했고, 망원경의 몸통이 흔들리지 않게 고정시킬 별도의 지지대도 제작해야 했다. 이런 골치 아픈 문제들을 피하기 위해 아예 경통을 생략하고, 접안렌즈와 대물렌즈만 일치시키는 방법으로 망원경을 만드는 경우도 있었다.

17세기 후반에 이르자 일부 천문학자는 수차 문제를 해결하는 또 다른 방식에 눈을 돌렸다. 그들은 거울이 망원경의 렌즈와 동일한 효과가 있다는 것을 일찍부터 알고 있었다. 1636년 프랑스의 수학자 마랭 메르센Marin Mersenne, 1588~1648이 오목거울을 이용한 반사망원경을 설계한 후, 1663년 스코틀랜드 출신의 제임스 그레고리James Gregory, 1638~1675는 두 개의 반사경에 볼록접안렌즈를 결합시킨 일종의 절충식 반사망원경을 제작했다. 실제 오목거울은 볼록렌즈 효과를 나타내고, 볼록거울은 오목렌즈 효과를 나타내기 때문에 오목거울이나 볼록거울에 빛을 반사시키기만 해도 망원경을 제작할 수 있다는 것은 분명했다. 반사망원경은 길이가 짧아도 구경이 커질 수 있었고, 무엇보다도 빛이 거울을 투과하지 않기 때문에 색수차가 발생하지 않는다는

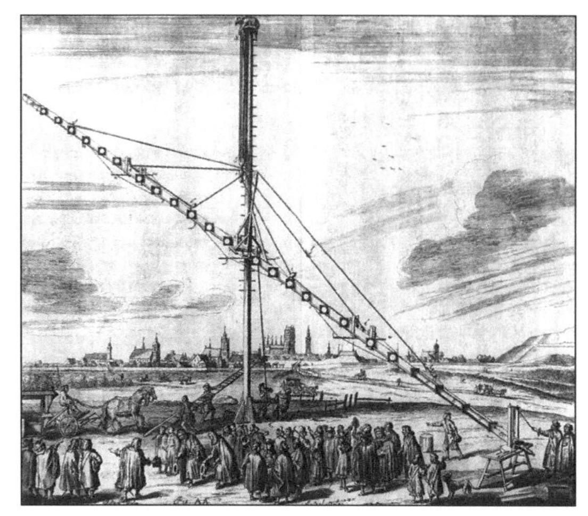

헤벨리우스의 초점거리 46미터짜리 천체 망원경. 헤벨리우스, 《천체역학Machina Coelestis》, 1673년.

장점이 있었다. 굴절망원경의 결점을 알고 있던 뉴턴은 1668년에 반사경의 원리를 이용하여 구경 20밀리미터짜리 반사망원경을 제작했다. 뉴턴의 반사망원경은 그다지 성능이 뛰어나지는 않았지만, 그 뒤 제작된 반사망원경의 적합한 모델로 자리 잡는다.

오늘날 미시 세계를 관찰하는 데 거의 필수적인 과학도구인 현미경은 1625년 이전까지 과학적 관찰에 적극적으로 사용된 적이 없었다. 1625년 프란체스코 스텔루티Francesco Stelluti, 1577~1652가 현미경으로 벌의 생태계를 관찰한 것을 시작으로, 1664년에는 조반니 바티스타 호디에르나Giovanni Battista Hodierna, 1597~1660가 파리의 눈에 관해 연구했다.

현미경은 망원경과 마찬가지로 16세기 말 네덜란드의 안경 직공들이 발명했다. 초기의 현미경은 대물렌즈와 접안렌즈를 사용한 복합현미경이었다. 그런데 이 복합현미경은 고배율을 추구할수록 상이 일

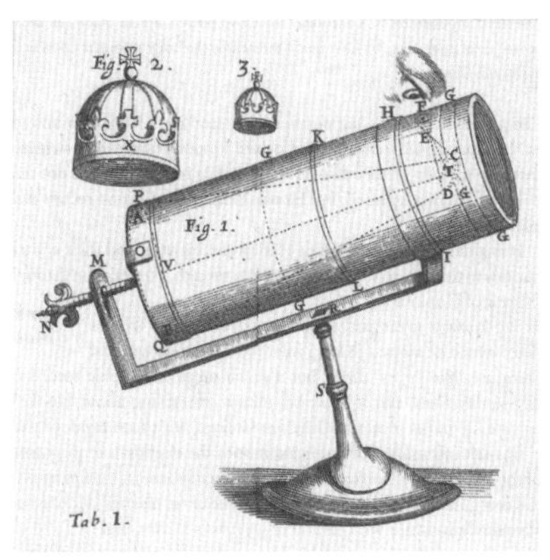

왼쪽은 1672년 왕립학회의 《철학 회보》에 실린 뉴턴의 반사망원경 설계도이다. 오른쪽은 뉴턴의 설계도를 참고로 18세기 후반 휴스&윙 사가 제작한 뉴턴식 반사망원경이다. 과학사진도서관.

그러지거나 색깔이 번지는 결함이 있었다. 망원경 렌즈와 마찬가지로 현미경 렌즈도 색수차를 피할 수 없었던 데다 렌즈의 연마 기술이 지금처럼 발달하지 못했던 당시에는 렌즈 안에 공기나 불순물이 들어가는 경우가 많았기 때문이다. 그런 점에서 렌즈를 하나만 사용하는 단순현미경이 초기의 미시 세계 연구에 적극적으로 이용되었다.

현미경의 제작과 관찰에 특히 기념비적인 업적을 남긴 사람은 네덜란드의 안톤 판 레이우엔훅Anton van Leeuwenhoek, 1632~1723 이었다. 원래 직물 상인이었던 그는 상품으로 취급하던 직물을 자세히 관찰하기 위해 작은 구면렌즈를 장착한 단순현미경을 고안했다. 그리고 단순현미경을 통해 육안으로는 보이지 않는 정자를 비롯해서 박테리아 등의 미생물을 관찰했다.

그러나 인간의 육안으로는 관찰할 수 없는 세계를 현미경으로 들여다보고, 경이로운 그림으로 묘사한 사람은 로버트 훅이다. 그는 볼

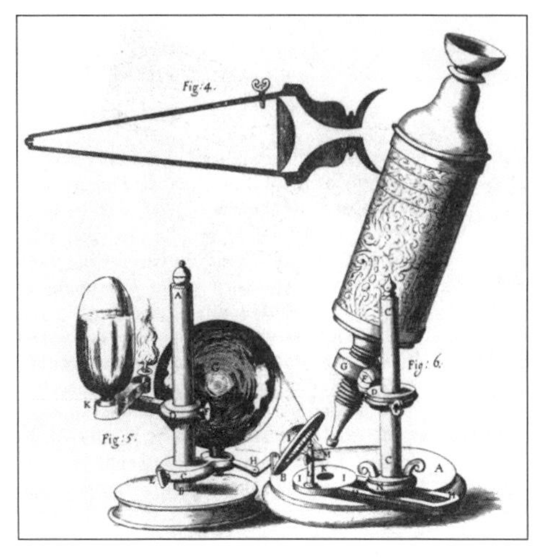

로버트 훅의 복합현미경. 단면도에서 대물렌즈와 접안렌즈로 사용된 두 개의 볼록렌즈를 볼 수 있다. 왼쪽의 램프는 집광렌즈를 통과하는 빛을 대상물에 쏘아주는 역할을 했다. 로버트 훅, 《마이크로그라피아》, 1665년.

록렌즈 두 개를 사용하여 만든 약 150배 배율의 복합현미경으로 곤충을 관찰했는데, 놀라운 결과물은 1665년에 출간된 《마이크로그라피아》에 담겨 있다. 1640년대 이후 현미경은 광학 이론과 결합해 점점 질적인 개선이 이루어졌다. 17세기 후반에 들어와 현미경은 미시적인 생물들의 세계를 연달아 선보임으로써 새로운 과학 분야를 개척했다.

진공을 만들어내는 공기펌프(진공펌프)는 17세기 중엽에 이르러서야 제작되었다. 공기펌프를 처음으로 만든 사람은 1650년 프러시아의 오토 폰 게리케Otto von Guericke, 1602~1686이다. 발명 초기에는 공기를 배출시켜 인위적으로 만든 진공 상태 안에 살아 있는 생쥐를 넣거나 촛불을 넣는 실험이 행해졌다. 진공 상태에서 생쥐의 호흡을 관찰하거나 촛불이 꺼지는 모습을 지켜보았던 것이다. 게리케는 더욱더 드라마틱한 실험 장면을 연출하고자 했다. 1657년 독일의 마그데부르크에서 구리로 만든 반원형 용기 두 개를 마주 붙이고 자신이 새롭게 발명

오토 폰 게리케가 황제 페르디난트 3세 앞에서 진공을 실험하고 있다. 각각 여덟 마리씩 양쪽에서 말이 당기는 진공 상태의 반원형 용기는 분리되지 않았다. 정치가이자 외교관이기도 했던 게리케는 과학실험을 황제 앞에서 직접 보여줌으로써 과학의 경이로움을 과시했다. 《진공에 대한 마그데부르크에서의 새로운 실험Experimenta nova Magdeburgca de vacuo spatio》, 1672년.

한 공기펌프로 공기를 빼낸 뒤, 각각 여덟 마리의 말로 양쪽에서 끌어당겼던 실험은 과학 역사상 유명한 한 장면으로 기록된다.

열여섯 마리 말의 힘으로도 지름 약 40센티미터의 용기는 분리되지 않았다. 하지만 게리케가 용기의 구멍을 열어 공기를 들여보내자 용기는 아주 쉽게 분리되었다. 이 실험이 진공과 기압에 대해 새로운 사실들을 알려주었음은 말할 것도 없다.

좋은 품질의 과학도구들은 매우 비싼 값에 거래되었다. 당시 공기펌프 제작은 막대한 비용이 드는 첨단 과학 산업이었다. 정밀한 과학도구 제작이 요구될수록 점점 장인들의 손길도 필요했다. 하지만

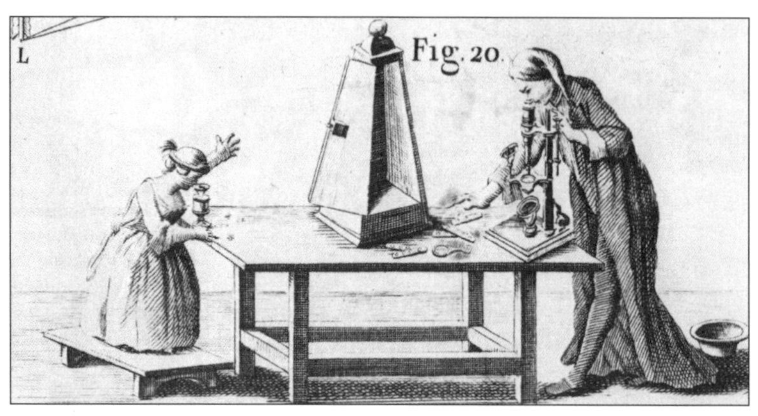

현미경을 사용하고 있는 모녀. 18세기 초 현미경은 가정에서도 즐길 수 있는 과학도구가 되었다. 책상 위에 놓인 큰 상자는 현미경을 보관하는 용도로 사용되었다. 장 앙투안 놀레, 《실험 철학에 관한 강의Lectures in Experimental Philosophy》, 1748년.

일부 과학자는 비싼 값을 지불하고 장인들에게 과학도구 제작을 의뢰하기보다 직접 만드는 길을 택했다. 갈릴레이, 하위헌스, 로버트 훅 등은 스스로 과학도구를 만들었고, 그러한 시도는 어느 정도 성공을 거두었다.

이 같은 과학도구의 제작과 대중적인 과학실험은 근대 과학이 걸어갈 진로를 미리 암시한 것이기도 했다. 17세기 중엽부터 급속히 확산되기 시작한 과학도구는 실험과학의 태동과 맞물려 과학 연구에서 필수적인 부분으로 자리 잡았다. 17세기가 저물 무렵 천문학 연구는 사실상 천체망원경이 없이는 불가능해졌으며, 현미경도 생물학 연구에 반드시 필요한 도구가 되었다. 그런 점에서 17세기는 과학도구의 발달에서 중요한 전기를 이룬 시대였다.

그러나 오늘날 어떤 사람들은 과학도구에 의지한 자연 탐구가 자연계의 본질을 얼마나 밝혀줄 수 있을지 의문을 제기한다. 근대 이후의 과학자들이 했던 자연 탐구는 실험실로 끌고 온 자연을 갖가지 과학도구를 사용하여 마치 '고문하듯이' 취조하는 모습으로 비치기 때문이다. 아리스토텔레스를 비롯한 고대의 자연철학자들은 자연을 관찰할 때, 순수한 감각기관에 의존하거나 단순한 도구만을 한정적으로 사용했다. 그들은 자연을 있는 그대로 관찰하는 것이 자연 탐구의 본질이라고 보았다. 따라서 자연을 왜곡할지도 모르는 일체의 행위에 저항감을 가지고 있었다. 자연은 '자연스러운 상태' 속에 있을 때 말 그대로 '자연'일 수 있다고 여겼기 때문이다. 그런 점에서 17세기 과학도구의 제작은 근대 과학의 등장에 없어서는 안 될 요소였지만, 자연계에 대한 인식의 문제에 중요한 과제를 남겼다.

오늘날 과학도구의 제작 경쟁은 개인적 차원을 넘어 국가적 차원에서 이루어지고 있다. 갈릴레이가 자신이 사용할 망원경을 직접 제작했던 것처럼 한 개인이 값비싼 과학도구를 제작할 수 있는 시대는 지났다. 과학도구 제작은 이미 국가적 경쟁 사업이 되었기 때문이다. 인공위성과 줄기세포 연구, 거대한 입자가속기의 제작 등이 대표적인 예라고 할 수 있다.

21

근대 과학자들의 패트론

니콜라우스 코페르니쿠스를 시작으로 안드레아스 베살리우스, 튀코 브라헤, 갈릴레오 갈릴레이, 요하네스 케플러, 르네 데카르트, 로버트 훅, 로버트 보일, 아이작 뉴턴 등으로 이어지는 17세기의 '과학혁명'은 실질적으로 서양 근대 과학의 기초를 세운 것으로 평가된다. 그런데 과학자들의 뛰어난 업적 이면에 감춰진 삶은 어떤 모습이었을까?

과학혁명이라는 거대한 지적 변혁에도 불구하고, 17세기의 과학은 아직 확고하고 구체적인 직업의 한 분야로 인정받지 못하고 있었다. 그렇다 보니 과학 연구로 고정 수입을 얻을 수 없었던 과학자들은 항상 경제적인 문제에 시달려야 했다. 물론 당시 과학자들 중에는 코페르니쿠스처럼 가톨릭 성직자를 본직으로 하면서 개인적으로 과학

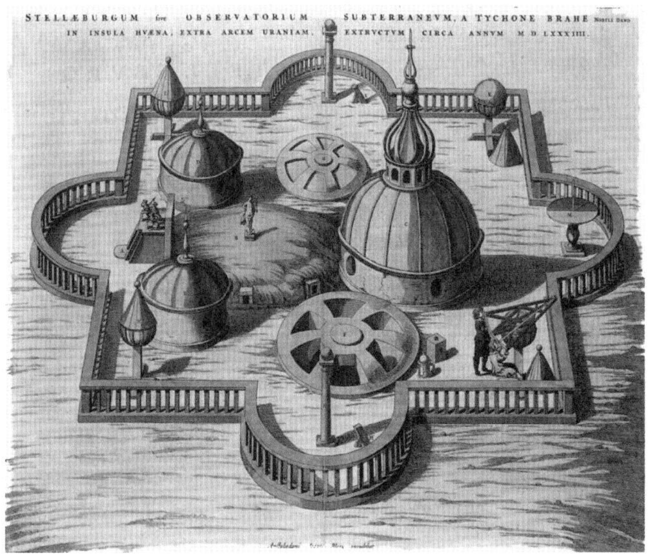

덴마크 국왕 프레데리크 2세의 지원에 힘입어 브라헤는 1576~1580년 사이에 우라니엔보르 천문대(위)를 건립했다. 이후 1581~1586년에는 우라니엔보르 옆에 반지하 관측소를 추가로 건립했는데, '별들의 성'을 의미하는 스테르네보르 천문대(아래)다. 요안 블라외Joan Blaeu, 《대지도책Atlas Major》, 암스테르담, 1662년.

연구를 병행했던 사람도 있고, 15세기 말 독일의 천문학자 베른하르트 발터Bernhard Walther, 1430~1503처럼 상업으로 부를 이루거나 로버트 보일처럼 장원을 경영해 얻은 재화로 과학 연구에 참여한 토지 귀족도 있었다. 하지만 이러한 경우는 극소수였고, 대부분의 과학자는 풍족하지 못한 삶을 살았던 것으로 보인다.

빈곤한 과학자들의 '과학 활동'을 뒷받침해주었던 것은 패트론Patron이라는 후원자였다. 주로 왕족이나 교황, 경제적인 부를 축적한 상인들인 후원자들은 과학자에 대한 재정적인 원조는 물론 과학에 대한 비평과 정신적 지지자 역할을 자처하기도 했다. 그중에서도 피렌체의 대부호 메디치가와 토스카나 대공, 메디치가와 깊은 인맥이 있던 로마의 교황들, 스튜어트 왕가, 튜더 왕가, 부르봉 왕가 등은 특히 유명하다. 물론 그들이 과학자의 후원자를 자처한 데에는 나름대로 목적이 있었다. 우선 후원자 개인의 지적 만족을 위한 경우도 있었고, 일류 과학자의 명성에 기대어 자신들의 영향력을 확대하려는 의도도 있었다. 나아가 자신의 건강 관리나 점성술을 통해 미래에 대한 조언을 듣길 원했던 후원자들도 있었다.

근대 과학자 중에서도 튀코 브라헤는 최고의 후원자를 만난 경우였다. 덴마크의 한 귀족의 아들로 태어나 숙부에게 이미 막대한 유산을 물려받은 브라헤의 후원자는 국왕 프레데리크 2세였다. 프레데리크 2세는 브라헤에게 풍부한 자금을 지원하여 16세기 말 유럽 최고의 천문대였던 우라니엔보르 천문대와 스테르네보르 천문대를 건설하고 운영을 맡겼다. 브라헤는 이 천문대에서 국왕의 안정적인 원조를 받으며 무려 20년 동안 천문 관측을 했다.

갈릴레이의 천연자석과 군사용 컴퍼스. 이 컴퍼스는 제도를 위한 도구가 아니라 계산 도구였다. 찰스 싱어Charles Singer, 《과학의 역사와 방법에 관한 연구Studies in the History and Method of Science》, 1921년.

갈릴레이는 뒤늦게 좋은 후원자를 만났지만, 사실 이전까지 그의 연구 환경은 안정적이지 못했다. 그는 1592년에 당시 베네치아 공화국에 속해 있던 파도바대학의 수학 교수로 재직했다. 하지만 대학의 봉급만으로는 가족 부양이 어려웠는지 이 시기에 여러 부업에 종사했다. 당시 그가 만들었던 군사용 컴퍼스는 부업을 하다가 발명했다. 그는 자기 집에 컴퍼스 제작 공장을 차리고 장인들까지 고용했다. 갈릴레이가 만든 컴퍼스는 유럽 각지에서 주문이 폭주하여 순식간에 수천 개가 팔려나갔다고 한다. 그는 정원이 딸린 대저택을 빌려 직접 하숙을 치고, 숙박하는 학생들을 대상으로 과외를 하기도 했다.

당시 과학자들은 후원자에게 자신을 소개하기 위해 갖은 노력을 다했다. 그들은 후원자가 자신을 고용하면 어떤 도움을 받을 수 있는지 자세히 설명해야 했다. 레오나르도 다빈치는 1482년 당시 밀라노의 공작 루도비코 스포르차Ludovico Sforza, 1452~1508에게 보낸 편지에서

그림 속 모델은 레오나르도 다빈치의 후원자였던 밀라노의 공작 루도비코 스포르차의 애인 체칠리아 갈레라니이다. 다빈치는 공작의 환심을 사기 위해 이 그림을 그린 것으로 추정된다. 〈흰 족제비를 안고 있는 여인〉, 1489년경.

자신이 병기 제작에 뛰어난 재능을 갖고 있으며, 밀라노의 군사력에 큰 도움이 될 것이라는 점을 강조했다. 파도바대학의 교수로 재직 중이던 갈릴레이도 1610년 토스카나 대공국의 코시모 2세에게 보낸 편지에서 자신의 축성술과 군사적인 지식이 토스카나 방어에 큰 도움이 될 것이라는 내용을 구구절절 썼다.

코시모 2세는 당시 피렌체의 유명한 금융기업 메디치가에 속한 인물로, 어린 시절 갈릴레이에게 수학을 배웠다. 이탈리아의 르네상스를 실질적으로 뒷받침했다고까지 이야기되는 메디치가는 갈릴레이를 비롯하여 다빈치, 미켈란젤로 등 르네상스 이후의 많은 예술가와 과학자들을 후원했다. 메디치가는 갈릴레이가 활약하던 당시 유럽 전역에 무려 열여섯 개의 은행을 소유했고, 막강한 금융 네트워크를 이

갈릴레이의 후원자였던 코시모 2세와 그의 부인. 유스투스 서스터먼스Justus Sustermans, 유화, 17세기 초.

용하여 유럽 주요 도시의 정보를 손에 넣었다. 그 막대한 자본에 힘입어 메디치가는 두 명의 교황과 두 명의 프랑스 왕비를 배출하는 등 르네상스 이후 유럽의 권력층과 깊은 인맥으로 엮여 있었다.

그러나 후원자를 찾았다 해도 과학자들의 삶이 마냥 안정적이지는 않았다. 당장의 경제적인 어려움은 해결할 수 있었지만, 후원자로부터 지속적인 후원을 얻기 위해서는 새로운 업적을 내야 한다는 압박감에 시달렸다. 그들은 후원자의 환심을 사기 위해 부단한 노력을 기울였다. 과학자들은 자신의 새로운 책이 출간되면 책 서문에 후원자에 대한 최대한의 감사를 빼놓지 않았으며, 그 책을 가장 먼저 후원자에게 보내곤 했다. 갈릴레이는 자신이 만든 망원경으로 목성 주위에서 네 개의 위성을 발견한 뒤 그중 하나를 '메디치의 별'이라 명명했다. 위성 발견 소식은 자신이 근무하던 파도바대학의 동료들이 아닌 메디치가에 가장 먼저 알렸다. 또 목성의 위성을 관측했던 망원경을 1609년 토스카나 대공국의 새로운 대공이 된 코시모 2세에게 헌정했다. 여러 노력의 결과, 갈릴레이는 1610년 가을 파도바를 떠나 피렌체로 돌아가 토스카나 대공의 '수석 수학자 겸 자연철학자'라는 자리를 얻게 되었다.

한편 후원자의 갑작스러운 죽음은 과학자들에게는 재앙에 가까웠다. 곧 자신의 과학 활동 중단으로도 연결될 수 있는 사안이기 때문이다. 다빈치의 경우 약 40년 동안 다섯 번이나 후원자가 바뀌었다. 브라헤의 경우도 당시 후원자의 죽음이 과학 활동에 얼마나 큰 영향을 끼쳤는지를 상징적으로 보여준다. 일찍이 브라헤에게 막대한 비용을 지원하여 우라니엔보르 천문대의 설립과 운영을 맡겼던 프레데리크 2세는 1588년에 숨을 거두었다. 그때 프레데리크 2세에 이어 새로운 국왕으로 취임한 인물은 불과 열 살이었던 그의 아들 크리스티안 4세였다. 귀족들의 통치를 거쳐 1596년 정식으로 왕위에 오른 크리스티안 4세는 브라헤에게 그다지 호의적이지 않았다. 그사이 브라헤와 친밀했던 왕실 내의 지지자들도 사라지고 있었다. 그즈음 브라헤를 둘러싼 갖가지 좋지 않은 소문도 떠돌았다. 벤섬의 실질적 통치자였던 브라헤가 주민들을 지나치게 학대했다는 것이다.

또 브라헤는 의학을 정식으로 배운 적이 없었지만 연금술 지식을 이용하여 비약의 한 종류를 발명하고, 독일의 약재상에 내다 팔아 큰 돈을 벌었다고 한다. 그런데 당시 의사들은 정식 의학 교육을 받지 못한 브라헤가 의료 행위로 돈을 버는 것을 못마땅하게 여겼는지 덴마

튀코 브라헤가 로마 황제 루돌프 2세에게 천구의를 보여주며 천문 현상을 설명하고 있다. 하지만 루돌프 2세는 천문학보다는 오히려 점성술에 빠져 있었다고 한다. 에두아르드 엔더Eduard Ender, 1822~1883, 〈프라하성의 루돌프 2세와 튀코 브라헤〉, 1855년.

크 왕실에 강하게 탄원했다. 의사들의 요구를 받아들인 왕실은 국고로 지원하던 브라헤의 우라니엔보르 천문대가 효율성이 있는지에 대한 감사에 들어갔다. 감사 결과 브라헤가 소유한 영지 일부를 박탈하고, 천문대에 대한 브라헤의 영구적인 소유도 인정하지 않기로 했다. 새로운 국왕의 지원을 더 이상 기대하기 힘들다고 생각한 브라헤는 1597년 천문대에서 나를 수 있는 도구들만을 배에 싣고 코펜하겐으로 이주했다가, 2년 뒤에는 지금의 체코 수도인 프라하로 향했다. 브라헤는 로마 황제 루돌프 2세의 도움으로 새로운 천문대에서 일을 시작했고, 1600년 2월 무렵에는 케플러와 만났다. 그러나 일을 시작한 지 얼마 되지 않은 1601년에 숨을 거두고 만다.

17세기의 과학자들 중에서 가장 가난하고 불행한 삶을 살았던 사람은 단연 케플러였다. 그는 당시 여타의 과학자들과는 달리 거의 전 생애에 걸쳐 안정적인 후원자를 만나지 못했고, 그나마 얻은 후원자와도 좋은 관계를 맺지 못했다. 사실 케플러의 빈곤은 아버지의 불행한 삶과 관련이 깊었다. 젊은 시절 친구에게 빚보증을 섰다가 재산을 날린 케플러의 아버지는 한때 술집을 열어 가족을 부양하고자 했다. 이때 어린 나이였던 케플러는 아버지의 술집에서 시중을 들었다고 한다. 그러나 술집 운영으로는 그다지 좋은 수익을 얻을 수 없었던지 케플러의 아버지는 벌이가 좋은 일을 찾아나섰다. 결국 나폴리 해군의 용병이 되었지만 터키군과의 전쟁에서 전사하고 말았다.

이때부터 케플러의 빈곤한 삶은 나아지지 않았다. 튀빙겐대학에서 수학과 천문학을 배운 케플러는 지금의 오스트리아에 속하는 그라츠의 한 김나지움에서 수학 교사로 일했다. 그러나 실질적인 급료는 좋지 않은 데다 사실상 명예직에 가까워 급료가 제때에 지급되지 않는 경우도 많았다. 케플러의 궁핍한 삶은 1600년 브라헤와의 만남 뒤에도 그다지 나아지지 않았다. 브라헤가 죽은 후 케플러는 브라헤 대신에 루돌프 2세의 수학 고문관으로 임명되었다. 하지만 실질적인 봉급은 브라헤의 절반에도 미치지 못했다. 게다가 평소 점성술의 광신적인 신봉자였던 루돌프 2세는 케플러를 통해 점성술 지식을 얻는 데 대부분의 시간을 허비했다. 케플러에게 하나의 행운이 있었다면, 브라헤가 남긴 귀중한 관측 자료들을 손에 넣을 수 있었다는 점이다. 그러나 케플러가 과학 역사에 남긴 발자취만큼의 보상은 결코 따라오지 않았다. 1612년에 후원자였던 루돌프 2세가 숨을 거두자 케플러는 그곳을 떠났고, 결국 독일 각지를 전전하면서 경제적으로 힘든 생활을 계속해야 했다.

한편 당시에도 의술은 과학자들이 생계를 유지하기 위한 가장 좋은 수단이었다. 베살리우스나 하비처럼 의학을 전공한 사람들 이외에도 많은 과학자가 부업으로 의학을 전공했다. 갈릴레이는 물리학을 공부하기 전에 피사대학에서 3년간 의학을 공부했으며, "지구는 거대한 천연자석이다"라고 선언한 영국의 물리학자 길버트도 본직은 의사였다. 특히 길버트는 자신의 의술로 엘리자베스 1세의 주치의가 되기도 했다.

르네상스 이후 17세기 초에 이르기까지 과학자에게 후원자는 중요한 존재였다. 하지만 17세기 후반에 이르러 이러한 상황은 서서히 변화를 겪었다. 과학자들이 후원자를 벗어나 독립적인 길을 걷기 시작한 것이다. 뉴턴의 경우 트리니티칼리지에서 정규 교수를 지내면서 경제적으로 비교적 여유 있는 삶을 살았다. 1666년 설립된 프랑스의 왕립과학아카데미는 국가가 과학자들에게 급료를 지급함으로써 안정적으로 연구할 수 있는 길을 열어주었다. 이제 과학은 국가를 위해 필요한 지식으로 서서히 변모하기 시작한 것이다. 하지만 이러한 정책은 과학자들을 고질적인 빈곤으로부터 해방시켜준 대신 그들을 국가 권력에 필요한 모습으로 재탄생시키는 역효과를 초래하기도 했다.

22

영국의 왕립학회와 프랑스의 왕립과학아카데미

17세기 이후 과학의 중요한 특징 중 하나는 과학의 규모가 한 개인에 의한 연구 범위를 넘어서기 시작했다는 점이다. 특히 과학에서 실험의 중요성이 부각되면서 값비싼 실험 기구를 한 명의 과학자가 준비하고 실행하기란 쉽지 않은 일이었다. 과학자들은 독립적인 연구를 넘어 공동체를 구성해서 최신 정보를 교환하고, 서로 협력하여 과학실험을 수행해야 한다고 느꼈다.

1603년 페데리코 체시Federico Cesi, 1585~1630가 로마에 설립한 린체이아카데미Accademia dei Lincei는 그와 같은 목적에 충실한 학회였다. 식물학자를 자처한 체시가 학회의 실질적인 후원자로 참여했는데, 이 같은 사정은 초기 학회가 재정적인 측면에서 부유한 후원자들에게 의존하고 있었음을 보여준다. 린체이는 '살쾡이'를 의미한다. 이 독특

ISTORIA
E DIMOSTRAZIONI
INTORNO ALLE MACCHIE SOLARI
E LORO ACCIDENTI
COMPRESE IN TRE LETTERE SCRITTE
ALL' ILLVSTRISSIMO SIGNOR
MARCO VELSERI LINCEO
DVVMVIRO D'AVGVSTA
CONSIGLIERO DI SVA MAESTA CESAREA
DAL SIGNOR
GALILEO GALILEI LINCEO
Nobil Fiorentino, Filosofo, e Matematico Primario del Sereniss.
D. COSIMO II. GRAN DVCA DI TOSCANA.
Si aggiungono nel fine le Lettere, e Disquisizioni del finto Apelle.

IN ROMA, Appresso Giacomo Mascardi. MDCXIII.
CON LICENZA DE SVPERIORI.

IL SAGGIATORE
Nel quale
Con bilancia esquisita e giusta
si ponderano le cose contenute
nella
LIBRA ASTRONOMICA E FILOSOFICA
DI LOTARIO SARSI SIGENSANO
Scritto in forma di lettera
All'Ill.mo et Rever.mo Mons.re D.
VIRGINIO CESARINI
Acc.o Linceo M.o di Camera di N.S.
Dal Sig.r
GALILEO GALILEI
Acc.o Linceo Nobile Fiorentino
Filosofo e Matematico Primario
del
Ser.mo Gran Duca di Toscana

IN ROMA MDCXXIII
Appresso Giacomo Mascardi

F. Villamoena Fecit.

린체이아카데미의 상징인 체시가의 왕관과 살쾡이 그림이 그려져 있다. 갈릴레이, 《태양의 흑점에 관한 서한》(왼쪽), 1613년. 갈릴레이, 《위금 감식관》(오른쪽), 1623년.

한 명칭은 자연의 사물을 살쾡이와 같은 혜안으로 관찰해야 한다는 잠바티스타 델라 포르타Giambattista della Porta, 1535~1615의 《자연 마술Magia naturalis》에서 체시가 영감을 얻어서 붙였다. 1611년경 파도바대학을 그만둔 갈릴레이도 이 학회에 가입하여 활동한 것으로 유명하다.

한편 갈릴레이가 죽은 뒤 에반젤리스타 토리첼리를 비롯한 그의 제자들은 1657년 피렌체에 실험아카데미Accademia del Cimento를 창설했다. 이 학회는 메디치가의 후원을 받았는데, 학회 명칭대로 주로 공기펌프나 자석을 이용한 과학실험을 했다고 한다.

하지만 17세기 초 이탈리아에서 탄생한 학회들은 대부분 짧은 역사를 남기고 해체되었다. 이 학회들은 운영에 필요한 재정을 절대적으로 후원자들에게 의지했기 때문에 후원자의 신변에 중대한 변화가 일어나면 운영이 힘들어지는 등 불안정했다. 린체이아카데미는 1630년 체시가 숨을 거두면서, 그리고 실험아카데미는 후원자였던 레오폴도 데 메디치Leopoldo de' Medici, 1617~1675가 1667년 추기경에 오르면서 결국 해체되고 만다.

학회 재정을 부유한 후원자들에게 의지하던 전통은 1660년 영국에 설립된 왕립학회The Royal Society를 계기로 사실상 단절되었다. 그레셤칼리지와 옥스퍼드의 학자들은 과학적 교류의 활성화를 목표로 1660년 옥스퍼드에 왕립학회를 창설했다. 원래 그레셤칼리지는 "악화는 양화를 구축한다"라는 유명한 말을 남긴 토머스 그레셤Thomas Gresham, 1519~1579의 유언에 따라 1597년 런던에 세운 학교였다.

당시 영국의 정치는 청교도혁명 때문에 왕당파와 청교도파가 첨예하게 대립하고 있었다. 1649년 찰스 1세가 청교도 혁명군에게 처

형된 후 영국의 통치권은 사실상 청교도파의 수중으로 넘어갔다. 하지만 청교도혁명의 실질적인 지도자였던 올리버 크롬웰Oliver Cromwell, 1599~1658이 사망하자 이번에는 왕당파의 복권이 추진되기 시작했다. 왕립학회를 창설한 1660년은 청교도 혁명군에게 쫓겨 대륙으로 피신해 있던 찰스 2세가 왕정복고를 통해 영국으로 돌아온 해였다. 과학에 우호적이었던 찰스 2세는 곧 학회의 설립을 승인했고, 1662년에는 명목상 후원자로 참가함으로써 '왕립'이라는 이름을 얻을 수 있게 되었다. 학회 설립에 관한 찰스 2세의 승인은 재정적 원조와는 관계가 없었다. 하지만 영국 전역에서 여전히 빈번하게 청교도파의 반정부적 회합이 이루어지고 있던 당시 시대 상황에서는 중요한 의미가 있었다.

초기의 왕립학회 회원들은 매주 수요일 오후 3시에 그레셤칼리지에 모여 과학 연구에 관한 성과와 정보를 공유했다. 학회의 초대 회장은 윌리엄 브로운커William Brouncker, 1620~1684였고, 재정은 회원들의 회비로 충당했다. 재정적 기반이 회원들의 회비였기 때문에 왕립학회는 후원자의 개인적인 운명에 좌우되지 않는 안정성을 지녔고, 과학에 관심을 가진 사람들에게도 널리 문호를 개방할 수 있었다. 설립 초기에 로버트 보일, 로버트 훅, 존 윌킨스, 헨리 올든버그Henry Oldenburg, 1618~1677, 존 레이John Ray, 1627~1705를 비롯하여 약 열두 명으로 출발한 왕립학회는 이듬해 백열아홉 명으로 회원이 대폭 늘어났다. 물론 회원 중에는 직접적인 활동은 하지 않는 명목상 회원도 많이 있었다. 1665년의 회원 구성을 보면, 귀족이 서른세 명, 정치가가 서른일곱 명인 반면 학자는 열세 명에 불과했다. 비록 명목상 회원일지라도 귀족

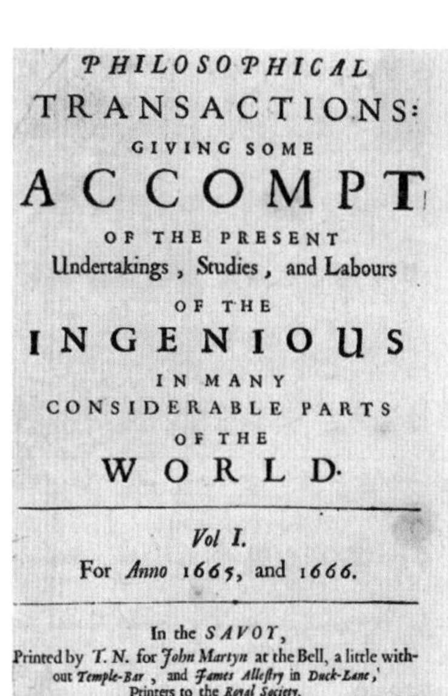

PHILOSOPHICAL
TRANSACTIONS:
GIVING SOME
ACCOMPT
OF THE PRESENT
Undertakings, Studies, and Labours
OF THE
INGENIOUS
IN MANY
CONSIDERABLE PARTS
OF THE
WORLD.

Vol I.
For *Anno* 1665, and 1666.

In the *SAVOY*,
Printed by *T. N.* for *John Martyn* at the Bell, a little without *Temple-Bar*, and *James Allestry* in *Duck-Lane*, Printers to the *Royal Society*.
Presented by the Author May 30th 1667.

왕립학회의 공식 잡지였던 《철학 회보》 창간호 표지.

과 정치가들의 참여는 협회 재정은 물론 협회의 위상을 높이는 데도 큰 도움이 되었다.

왕립학회의 회원들은 각자 연구 과제가 있었으며, 연구 성과를 알리기 위해 1665년 3월, 공식 잡지인 《철학 회보Philosophical Transactions》를 발행하기 시작했다. 잡지의 초대 편집장은 헨리 올든버그였다. 후일 뉴턴은 자신이 몸담았던 트리니티칼리지에서 과학자들과의 교류에 한계를 느꼈던 듯, 왕립학회 활동에 더 큰 애착을 보였다. 만년에는 직접 회장이 되어 오랜 기간 학회를 이끌기도 했다.

영국에서 왕립학회가 탄생하자 1666년 프랑스 과학자들은 국왕의 서재에서 왕립과학아카데미Académie des sciences 설립을 위한 발기인 대회를 열었다. 이 학회는 원래 프랑스의 신학자인 마랭 메르센이

1635년부터 메르센아카데미라는 이름으로 열던 사적 모임에서 시작되었다. 여기에는 철학자 데카르트, 홉스, 가상디, 수학자 페르마, 파스칼 등이 관여하고 있었다. 이 사적 모임이 근대 프랑스 과학의 주축이 된 왕립과학아카데미로 발전해나간 것이다. 영국의 왕립학회가 회원들의 회비로 운영한 데 비해 왕립과학아카데미는 프랑스 정부의 지원을 받았고, 회원들도 선출된 소수의 전문 과학자들로 한정되었다. 회원 전용 공식 잡지로 《주르날 데 사방Journal des sçavans》(박식한 사람들의 저널이라는 뜻)이 간행되었다.

영국의 왕립학회와 비교할 때 프랑스의 왕립과학아카데미는 사실상 국가기관이었기 때문에 프랑스 정치계와도 깊은 연관이 있었다. 국가로부터 봉급을 받고 정부가 제시한 문제를 주로 연구하는 과학 엘리트의 결집체가 바로 왕립과학아카데미였던 것이다. 하지만 왕실의 지원을 받는 과학 엘리트 조직을 시민들은 달갑게 여기지 않았다. 왕립과학아카데미는 시민들에게 구체제를 대변하는 지식의 전위부대로 인식되었고, 결국 프랑스혁명기에는 혁명 세력에 의해 붕괴되고 만다.

서로 성격상 극명한 대조를 이루던 영국의 왕립학회와 프랑스의 왕립과학아카데미는 설립 이후 각국에 창설된 과학 학회의 모델이 되었다. 국가의 간섭을 받지 않는 아마추어적인 성격의 왕립학회는 18세기 이후 영국과 미국 등지에 설립된 사설 학회들의 모델이 되었고, 국가 주도적인 왕립과학아카데미는 주로 유럽에 설립된 각종 왕립 아카데미의 모델이 되었다.

그러면서도 17세기의 과학 학회들은 과학의 대중화에서 뚜렷한 한계를 지녔다. 18세기 이후의 과학 학회들이 대중을 대상으로 한 공개 강연 등의 활동을 통해 과학 대중화의 거점이 되어갔다면, 왕립학회나 왕립과학아카데미 같은 17세기 과학 학회들은 교육받은 대중에게 과학을 보급하는 일에 큰 관심이 없었다. 과학 학회가 과학 대중화의 중심에 서기까지는 아직 시간이 필요했던 것이다.

1671년 왕립과학아카데미를 시찰하는 루이 14세. 가운데 모자를 쓴 인물이 루이 14세이고 그 오른쪽은 재정 관리자였던 장 바티스트 콜베르이다. 창문 밖으로는 한창 건설 중인 왕립 천문대가 보인다. 세바스티앵 르클레르, 동판화, 1676년.

23

화학의 탄생, 연금술과 결별하다

1936년 영국의 경제학자 존 메이너드 케인스1883~1946는 런던의 소더비 경매장에 매물로 나온 한 원고에 주목했다. 놀랍게도 연금술에 관한 뉴턴의 미간행 원고들이었다. 즉시 그 원고들을 사들인 케인스는 면밀하게 원고를 분석한 결과 다음과 같은 결론을 내렸다.

"뉴턴은 이성의 시대를 이끈 선구자가 아니라 마지막 마술사였다."

다소 파격적인 이 말은 뉴턴이 당시 연금술에 어느 정도 심취해 있었는지 가늠해볼 수 있게 해준다. 실제로 뉴턴이 그를 유명하게 만든 광학과 물리학 연구보다 연금술에 더 많은 시간과 노력을 쏟았다는 것은 잘 알려진 사실이다. 뉴턴이 구상한 천체물리학은 서양 근대의 '과학혁명'을 완성한 사건으로 일컫지만, 과학혁명의 리스트 안에 화학은 아직 들어 있지 않았던 것이다.

연금술사들에게 결혼은 연금술을 상징하는 가장 일반적인 의식이었다. 그림은 왕과 왕비, 태양과 달, 금과 은의 결합을 나타낸다. 르네상스 시대 대표적인 연금술사의 책인 《연금술 Artis Auriferae》, 1593년.

화학이 언제부터 오늘날과 같은 독립적인 과학의 한 분야로 정립되었는지 구체적 시기를 말하는 것은 쉽지 않다. 17세기 당시의 화학은 연금술과 크게 구별되는 분야가 아니었다. 이는 초기의 화학자들이 연금술과 깊은 관련을 맺고 있었다는 것을 말해준다.

뉴턴이 연금술 연구에 심취해 있던 17세기에, 오늘날 과학혁명의 또 다른 주역으로 알려진 영국의 자연철학자 로버트 보일은 연금술사들의 물질관에 대해 비판적인 관점을 제시했다. 보일은 1661년에 쓴 《회의적인 화학자The Sceptical Chymist》에서 아리스토텔레스가 제시한 물·불·공기·흙의 네 가지 기본 원소와 수은·유황·소금과 같은 파라셀수스의 세 가지 원질은 관찰의 오류에서 온 잘못된 이론이라고 비판했다. 그와 같은 전통적이고 추상적인 물질 대신에 '원초적이고 단순한, 결코 섞이지 않는 물질'을 그는 '원소'라고 규정했다. 화학자들이 구체적이고 실재적인 물질을 연구 대상으로 삼아야 한다는 보일의 주장은 연금술과 화학을 구분하는 최초의 경계선을 그었다고 볼 수 있다.

물질의 연소는 연금술과 화학의 경계에서 중요한 논제였다. 어떤 물질은 쉽게 타는 반면 어떤 물질은 왜 쉽게 타지 않을까? 그리고 연소의 본질은 무엇일까? 오늘날 화학자들은 연소를 물질이 공기 중의 산소와 결합하여 빛과 열을 내면서 타는 현상이라고 설명하지만, 연

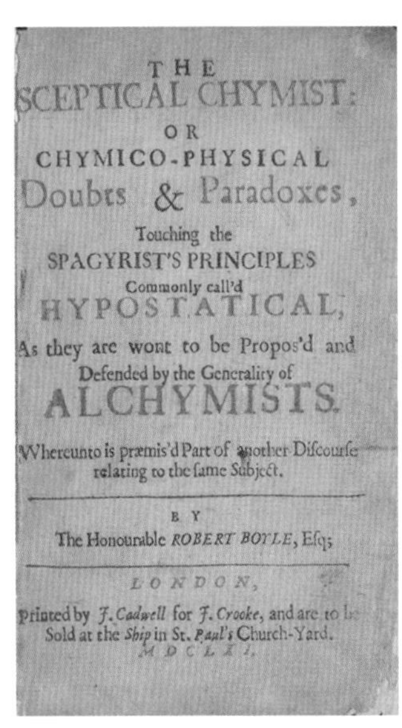
THE
SCEPTICAL CHYMIST:
OR
CHYMICO-PHYSICAL
Doubts & Paradoxes,
Touching the
SPAGYRIST'S PRINCIPLES
Commonly call'd
HYPOSTATICAL,
As they are wont to be Propos'd and
Defended by the Generality of
ALCHYMISTS.
Whereunto is præmis'd Part of another Diſcourſe
relating to the ſame Subject.
BY
The Honourable *ROBERT BOYLE*, Eſq;
LONDON,
Printed by *J. Cadwell* for *J. Crooke*, and are to be
Sold at the *Ship* in St. *Paul's* Church-Yard.
MDCLXI.

보일은 이 책에서 연금술과 화학 사이에 최초의 경계가 그어지기 시작했음을 보여 주었다. 로버트 보일, 《회의적인 화학자》, 1661년.

금술의 영향권 안에 있던 17세기 화학자들은 연소를 전통적인 물질관에 근거하여 설명하고자 했다. 독일의 화학자이자 물리학자였던 요한 요아힘 베허Johann Joachim Becher, 1635~1682는 아리스토텔레스의 네 가지 원소 중에서 물과 흙을 자연의 기본 원소로 보았는데, 그중에서도 흙terra을 세 종류로 나누어 각각 특징을 규정했다.

첫째는 '고정성의 흙'인 테라 라피다로 염에 해당하고, 둘째는 '기름 성분의 흙'인 테라 핑귀스로 유황 성분에 속하며, 셋째는 '유동성의 흙'인 테라 메르쿠리알리스로 수은 성분에 해당한다. 베허에 따르면, 물질이 연소될 때는 반드시 무엇인가를 방출하는데 바로 기름 성분의 흙인 테라 핑귀스라는 것이다. 연소를 보통 유황과 연결시켜 설명하던 연금술사들의 해석을 약간 변형한 설명에 불과하다.

베허의 제자였던 독일의 화학자 게오르크 슈탈Georg Ernst. Stahl, 1660~1734은 스승의 이론을 좀 더 세련되게 발전시켰다. 그는 기름 성분의 흙을 '탄다Phlogios'라는 의미의 그리스어에서 따와 플로지스톤Phlogiston이라 명명하고, 물질을 태우기 위해서 반드시 필요한 입자라고 주장했다. 종이나 솜, 나뭇조각 같은 물체들이 잘 타는 이유는 그 물체들 안에 풍부한 플로지스톤이 포함되어 있기 때문이라는 것이다. 플로지스톤 이론에 따르면, 연소는 가연성 물질 안에 있는 플로지스톤이 빠져나가는 현상이다.

슈탈이 연소의 필수적인 물질로 플로지스톤의 존재를 암시한 이후 18세기 화학자들은 그 이론을 널리 받아들였다. 수소를 발견한 영국의 화학자 헨리 캐번디시Henry Cavendish, 1731~1810나 산소를 발견한 조지프 프리스틀리Joseph Priestley, 1733~1804와 같은 뛰어난 화학자들도 플로지스톤 이론의 포로가 되었다. 특히 기체를 공기라는 한 가지 물질로 보던 시대에 암모니아, 염화수소 등 무려 10여 종의 새로운 기체를 발견한 프리스틀리는 오늘날 플로지스톤 이론의 가장 강고한 지지자로 기억된다.

어느 날 프리스틀리는 수은의 연소 실험에서 신기한 기체를 발견했다. 금속 수은을 연소시키면 붉은 수은재(산화수은)가 되는데 플로지스톤 이론에 따르면 수은이 연소할 때 플로지스톤을 방출한다. 그런데 그 수은재를 유리관 안에 넣고 높은 온도로 재차 가열하면 다시 수은으로 돌아온다. 이때 유리관 안에는 무색무취의 가스가 남는데, 신기하게도 양초를 밝게 태우고 실험용 생쥐의 호흡을 돕는 성질을 지녔다. 오늘날 우리는 이 가스를 '산소'라고 부르지만, 플로지스톤 이론을 믿었던 프리스틀리는 '탈脫플로지스톤 공기dephlogisticated air'라고 불렀다.

플로지스톤 이론에 따르면, 수은을 가열하면 산화수은으로 변하고 플로지스톤을 방출한다. 그 과정을 거꾸로 하면 플로지스톤이 제거된 산화수은은 수은으로 돌아오고 이때 수은은 다시 플로지스톤을 흡수해야만 한다. 따라서 유리관 안에 남는 기체는 공기로부터 플로지스톤이 빠져나간 것이므로 탈플로지스톤 공기라고 할 수 있다. 프

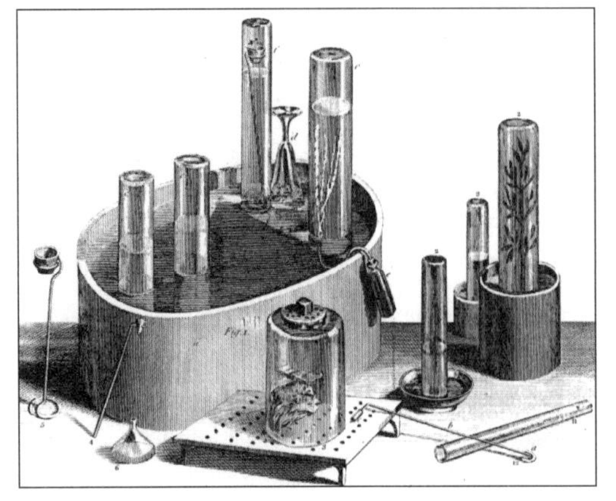

프리스틀리가 고안한 실험 기구. 물이 든 큰 통 안에 각종 비커와 유리잔이 거꾸로 세워져 있다. 와인글라스 같은 유리잔 안에는 생쥐가 들어 있다. 프리스틀리는 탈플로지스톤 공기가 가득 찬 유리잔 속에서 생쥐가 얼마나 오랫동안 호흡할 수 있는지를 실험했다. 맨 앞의 병에는 다음 실험을 위해 또 다른 생쥐가 대기 중이다. 조지프 프리스틀리, 《여러 종류의 공기에 관한 실험과 관찰》, 1774년.

리스틀리는 이 같은 실험 결과를 1774~1786년까지 《여러 종류의 공기에 관한 실험과 관찰Experiments and Observations on Different Kinds of Air 》이라는 6권의 책을 통해 발표했다.

그런데 안티몬, 납, 주석 같은 금속성 물질은 가열하면 산화물을 형성하며 무게가 증가한다는 것이 일찍부터 알려져 있었다. 플로지스톤 이론을 지지하던 화학자들에게 결코 달갑지 않은 현상이었다. 금속을 연소시켰을 때 플로지스톤이 빠져나감에도 불구하고, 오히려 금속의 무게가 증가하는 이유를 설명해야 했기 때문이다. 그들은 이 독특한 현상을 설명하기 위해 플로지스톤 중에는 무게가 없거나 마이너스 무게를 가진 종류도 있다는 식의 궁색한 답변을 내놓았다. 다시 말해 마이너스 무게인 플로지스톤이 빠져나감으로써 금속의 무게가 증가한다는 것이다.

슈탈, 프리스틀리 등 18세기의 화학자들을 지배했던 플로지스톤 이론은 결국 1790년대 중반에 이르러 급격히 힘을 잃었다. 프랑스의

영국 군중의 폭동으로 불타고 있는 프리스틀리 연구실. 프랑스혁명 지지자였던 프리스틀리는 결국 이 사건 때문에 미국으로 망명한다. 찰스 조지프 훌만델Charles Joseph Hullmandel, 석판화, 19세기 초.

화학자 앙투안 라부아지에1743~1794가 연구하고 발표한 새로운 화학이 급속하게 화학의 패러다임을 잠식했기 때문이다. 프리스틀리가 플로지스톤이 빠져나간 탈플로지스톤 공기로 일컫던 기체는 라부아지에의 새로운 화학 이론에서는 공기 중에 널리 존재하며 물질의 연소를 이끄는 '산소'로 일컬었다.

한편 여전히 플로지스톤의 존재를 믿었던 프리스틀리는 프랑스혁명의 발발과 함께 정치적 사건에 휘말린다. 평소 프랑스혁명의 열렬한 지지자였던 프리스틀리는 영국 왕당파의 분노를 사게 되었다. 1791년 7월 14일, 프랑스혁명 두 번째 기념일에 왕의 편에 선 폭도들은 버밍엄에 있던 프리스틀리의 실험실을 파괴하고 책과 원고들을 불태워버렸다. 간신히 런던으로 피신한 프리스틀리는 1794년 결국 미국으로 망명한다. 그는 펜실베이니아에 정착하여 후일 미국 대통령이 된 토머스 제퍼슨1743~1826, 벤저민 프랭클린1706~1790과 같은 미국독립혁명의 지도자들과 교류하며 조용히 여생을 보냈다.

Sol

베이컨은 1620년 《신기관》에서
유명한 라틴어 경구를 남겼다.
이때 '스키엔티아'라는 어휘는 곧 '아는 것'을 의미했다.

아는 것이 힘이다

24

단두대로 사라진 비극의 화학자 라부아지에

라부아지에와 아내 마리 폴즈. 결혼 후 그녀는 이 그림을 그린 화가에게 그림을 배워서 남편의 저서에 직접 삽화들을 그려 넣었다. 그림 속에 수은주를 비롯한 몇 가지 과학도구가 보인다. 자크 루이 다비드Jacques Louis David, 〈라부아지에 부부의 초상〉, 1788년.

프랑스혁명 직후 탄생한 에콜 폴리테크니크는 세계 최초의 본격적인 고등 과학기술자 양성기관이다. 이곳의 초대 학장이자 수학자였던 조제프 라그랑주1736~1813는 그와 절친했던 한 프랑스 과학자의 죽음에 대해 다음과 같이 말했다.

"그의 머리를 자르는 것은 한순간이었지만, 지금으로부터 100년 안에 그와 같은 머리를 다시 얻기란 불가능할 것이다."

프랑스혁명의 와중에 단두대의 이슬로 사라진 화학자 라부아지에에 대한 애도문이었다. 18세기 무렵 프랑스를 중심으로 일어난 계몽주의 운동은 유럽 시민들에게 구체제의 지배계급에 대한 대대적인 저항 의지를 심었고, 마침내 프랑스혁명이라는 정치적 변혁 운동으로 폭발했다. 이 혁명을 계기로 왕정에 기반을 두던 구질서는 시민이 주축이 된 새로운 질서로 변모하기 시작했고, 강렬한 시민혁명의 열기는 프랑스를 넘어 유럽 각지로 전달되었다. 그런데 프랑스혁명을 둘러싼 정치적 격변은 국가의 정치 시스템이 과학의 발달에 어떤 영향을 끼칠 수 있는지 단적으로 보여준 사건이기도 하다.

화학자 라부아지에가 징세청부조합에 취직한 것은 1768년이었다. 징세청부조합은 국가를 대신하여 시민들에게 세금을 걷는 사설 단체였다. 그러나 평소 이 단체의 조합원들은 국가에서 의뢰받은 세금의 3~4배를 징수하여 폭리를 취하거나 세금을 낼 수 없는 빈곤한 사람에게는 폭력을 행사하는 등 악명 높은 행위로 유명했다. 의회의 법률고문이었던 아버지 밑에서 자랐고, 가문의 전통에 따라 법률을 공부하여 변호사 자격증까지 취득한 라부아지에가 왜 그 일에 몸담았는지는 알 수 없다. 다만 징세청부조합에서 일하던 그가 과학 연구에 매진할 수 있을 정도의 안정적인 수입을 얻은 것은 분명하다.

라부아지에는 20대 중반에 이미 왕립과학아카데미에서 화학과 관련된 여러 편의 논문을 발표했고, 1768년에는 그곳의 준회원이 되었다. 스물여덟 살이 된 1771년에는 당시 징세청부조합장의 딸이었던 마리 폴즈와 결혼했다. 영국의 화학자 프리스틀리가 파리에 살고 있던 라부아지에 부부의 자택을 방문한 것은 1774년 10월 어느 날이었다. 저녁 식사를 마친 후 프리스틀리는 자신이 최근 탈플로지스톤 공기를 발견했다는 사실과 그 공기가 특이한 성질을 지니고 있다는 점을 라부아지에에게 설명했다.

프리스틀리가 영국으로 돌아가고, 라부아지에는 프리스틀리의 실험을 직접 재현해보기로 했다. 그는 먼저 수은을 공기 중에서 태워 보았다. 수은은 곧 산화수은(수은재)으로 변했다. 라부아지에는 그 실험을 거꾸로 반복했다. 산화수은을 고온에서 가열하여 수은을 재생하는 실험이었다. 산화수은의 연소 실험에서 라부아지에는 산화수은이 플로지스톤을 흡수하여 수은이 됨과 동시에 용기 안에는 플로지스톤이 빠져나간 탈플로지스톤 공기가 남는다는 것을 확인했다. 프리스틀리가 말한 실험과 동일한 결과였다. 하지만 이 실험에 관한 라부아지에의 해석은 전혀 다른 방향으로 나아갔다. 그는 앞선 학자들이 탈플로지스톤 공기라고 불렀던 공기를 '산소'라고 새롭게 명명하고, 연소 반응은 물질에서 플로지스톤이 빠져나가는 현상이 아니라 가연성 물질이 공기 중 '산소'와 결합하여 격렬히 반응하는 현상이라고 주장했다. 아울러 산화수은이 수은으로 정련되는 환원 반응은 산화수은에서 산소만 떨어져나오는 반응일 뿐, 플로지스톤 같은 실체를 알 수 없는 허무맹랑한 물질은 애초에 존재하지 않는다고 역설했다. 라부아지에 따르면, 플로지스톤 이론은 일관성과 명확성이 턱없이 부족한 이론이었던 셈이다. 1777년 11월 12일, 왕립과학아카데미에서 라부아지에는 이 같은 내용을 발표했다. 연금술에 대한 화학의 대대적인 공세가 시작된 것이다.

18세기 화학자들은 인공적인 금의 제작과 같은 연금술의 마법은 사실상 불가능하다는 것을 인정했다. 물론 그렇다고 화학에서 연금술의 영향력이 완전히 쇠퇴한 것은 아니었다. 화학 용어들은 여전히 연

110 NOMENCLATURE

Noms anciens.	*Noms nouveaux.*
Acidum pingue.	Principe hypothètique de Meyer.
Acier.	Acier.
Affinités.	Affinités ou attractions chimiques.
Aggrégation.	Aggrégation.
Aggrégés.	Aggrégés.
Air acide vitriolique.	Gaz acide ſulfureux.
Air alkalin.	Gaz ammoniacal.
Air atmoſphérique.	Air atmoſphérique.
Air déphlogiſtiqué.	Gaz oxigène.
Air du feu de Schéele.	Gaz oxigène.
Air factice.	Gaz acide carbonique.
Air fixe.	Gaz acide carbonique.
Air gâté.	Gaz azotique.
Air inflammable.	Gaz hydrogène.
Air phlogiſtiqué.	Gaz azotique.
Air puant du ſoufre.	Gaz hydrogène ſulfuré.
Air putride.	
Air ſolide de Hales.	Gaz acide carbonique.
Air vicié.	Gaz azotique.
Air vital.	Gaz oxigène.
Airain.	Airain ou alliage de cuivre & d'étain.

왼쪽은 구식 명명법이고, 오른쪽은 라부아지에와 그의 동료들이 새롭게 제안한 명명법이다. 《화학 명명법》, 1787년.

금술이나 플로지스톤 이론에 뿌리를 두고 있었다. '글라우버의 소금(황산나트륨)'은 연금술사들이 즐겨 쓰던 명칭이다. 17세기 초 독일 태생의 네덜란드 화학자 요한 루돌프 글라우버Johann Rudolf Glauber, 1604~1668가 소금과 황산을 섞다가 발견한 물질로, 발견자의 이름을 따서 글라우버의 소금이라 불렀다. 이처럼 구식 화학 용어들은 인명이나 지명에 뿌리를 둔 것이 많았다. 1787년 라부아지에와 클로드 루이 베르톨레Claude Louis Berthollet, 1748~1822, 기통 드 모르보Guyton de Morveau, 1737~1816, 앙투안 푸르크루아Anthoine F. Fourcroy, 1755~1809 등은 구식 화학 용어들을 개혁하기 위한 《화학 명명법Methode De Nomenclature Chimique》을 왕립과학아카데미에서 발표했다.

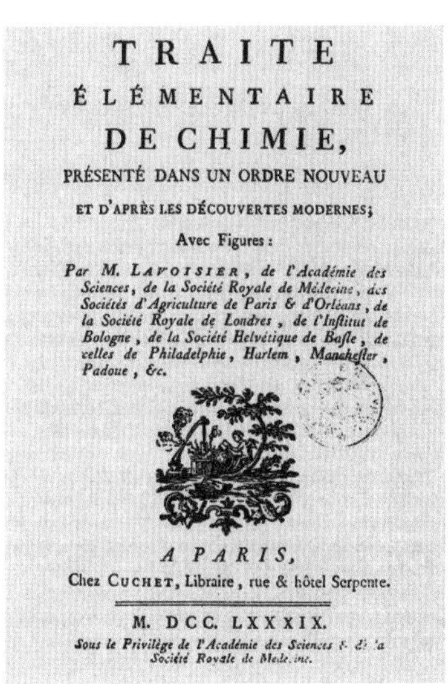

TRAITE
ÉLÉMENTAIRE
DE CHIMIE,
PRÉSENTÉ DANS UN ORDRE NOUVEAU
ET D'APRÈS LES DÉCOUVERTES MODERNES;
Avec Figures:
Par M. LAVOISIER, de l'Académie des Sciences, de la Société Royale de Médecine, des Sociétés d'Agriculture de Paris & d'Orléans, de la Société Royale de Londres, de l'Institut de Bologne, de la Société Helvétique de Basle, de celles de Philadelphie, Harlem, Manchester, Padoue, &c.

A PARIS,
Chez CUCHET, Libraire, rue & hôtel Serpente.

M. DCC. LXXXIX.
Sous le Privilège de l'Académie des Sciences & de la Société Royale de Médecine.

라부아지에, 《화학 원론》, 1789년.

이 새로운 명명법은 일단 원소들의 이름을 정하고, 그 원소들의 조합으로 화합물을 부른다는 점에서 기존의 명명법보다 훨씬 구체적이었다. 연금술사들이 비트리올vitriol이라고 부르던 화합물은 원래 "땅 속으로 들어가서 너 자신을 정화시키면, 숨겨진 돌을 발견할 수 있을 것이다Visita Interiora Terræ Rectificando Invenies Occultum Lapidem"라는 연금술적 모토의 첫 번째 글자들을 따서 만든 용어인데, 라부아지에의 새로운 명명법에 따라 황이 산소와 결합하여 이루는 산이라는 의미의 황산Sulphuric Acid으로 바뀌게 되었다.

나아가 1789년 라부아지에는 체계적인 화학 저서인 《화학 원론Traite Élémentaire De Chimie》을 출간하여 '질량불변의 법칙'과 원소의 개념 등을 정리하고, 그때까지 발견한 33종의 원소를 종합하여 원소표를 만들었다. 《화학 원론》은 화학의 이론적 범주와 화학의 기틀을 재정립했다는 점에서 중요한 의미를 지닌다.

이 책이 출간된 1789년은 그에게 불행이 시작된 해이기도 했다. 프랑스혁명이 발발한 것이다. 혁명의 성공으로 권력을 쥔 혁명 세력은 각종 구제도와 반시민적 질서를 타파하고 새로운 국가 구상에 총력을 기울였다. 구체제의 흔적을 지우는 작업에서 과학 기관들도 예외는 아니었다. 일찍이 엘리트주의를 표방하며 구체제의 과학 조직을 대표하던 왕립과학아카데미가 1793년에 폐쇄된 것을 시작으로, 혁명정부는 기존의 과학 기관들을 거침없이 파괴했다. 나아가 구체제 아래에서 시민들의 지탄을 받던 각종 단체에도 혁명의 칼날을 들이댔다. 특히 혁명 이전에 라부아지에가 몸담았던 징세청부조합은 악명 높은 구체제의 상징이나 마찬가지였다. 라부아지에는 직접 세금을 징수하러 다니지는 않았지만, 조합의 중책을 맡고 있었고 거기서 얻은 수입으로 값비싼 실험 도구를 제작하는 등 과학 연구를 할 수 있었다.

이 같은 경력 때문에 혁명재판소가 라부아지에에게 사형을 언도하자 절친한 친구였던 라그랑주가 그를 구하기 위해 구명운동을 벌인 사실은 유명하다. 하지만 혁명정부는 "공화국은 과학자를 필요로 하지 않는다"라고 응답했다고 전해진다. 라부아지에가 죽은 지 6개월 뒤인 1794년 11월, 그의 실험실을 정리한 기록이 남아 있다. 실험실에는 서로 다른 화학물질들을 담은 무려 삼천백이십구 개의 병과 오백사십구 개의 플라스크가 구비되어 있었다고 한다. 라부아지에의 실험실은 18세기의 화학 실험실 중에서 가장 풍요로운 곳 중 하나였던 셈이다.

한편 미국으로 망명한 프리스틀리는 라부아지에를 중심으로 시

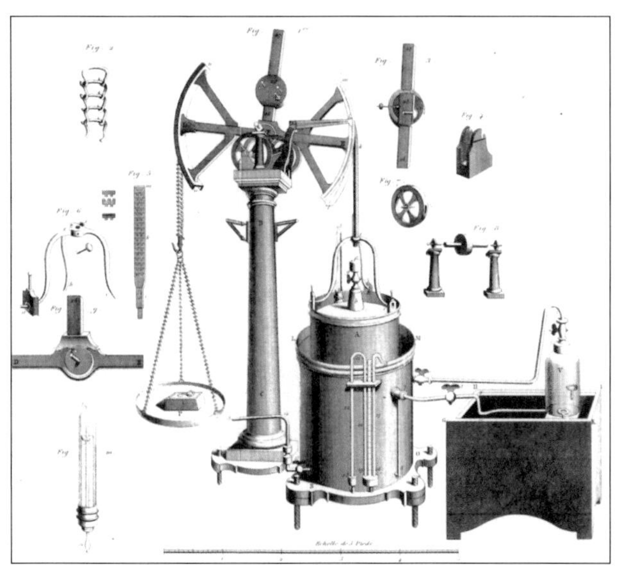

라부아지에의 가스계량기. 라부아지에의 실험에는 항상 아내 마리 폴즈가 보조역으로 참여했다. 라부아지에, 《화학 원론》, 1789년.

작된 화학 혁명을 끝까지 찬성하지 않았다. 그는 라부아지에의 새로운 화학 명명법에 분개했을 뿐만 아니라 라부아지에가 실험실에 정교하고 값비싼 장치들을 도입함으로써 화학 실험을 다른 사람들은 재현 불가능한 영역으로 만들어버렸다고 비판했다. 프리스틀리의 비판대로 가정용 도구를 비롯한 소박한 실험 장치로는 엄밀한 정량적 측정을 요구하는 라부아지에식 화학 실험을 더 이상 따라갈 수 없었다. 한때 파리의 라부아지에 자택에서 다정하게 식사를 했던 두 사람은 화학적 이론으로 대립했고 정치적으로도 의견이 달랐지만, 아이러니하게도 각자의 나라에서 정치적 희생양이 되어 과학 활동을 멈추어야 했던 운명은 동일했다.

한편 화학에 근대적 기초를 놓은 라부아지에 이후, 화학은 프리스틀리가 그 변화를 예상했던 대로 점점 복잡한 실험 도구에 의존하면서 발전 속도를 가속화하기 시작했다. 존 돌턴John Dalton, 1766~1844은 라부아지에의 원소 개념을 고대 이후의 원자론과 결합해 근대적인 정량적 원자론으로 탈바꿈시켰다. 돌턴은 원소가 각각의 고유한 원자로 이루어지고, 각 원소의 원자는 각기 고유한 질량을 갖는다는 것을 발견했다. 산소 원자 한 개가 물 분자 한 개를 만들 때는 어김없이 수소 원자 두 개와 결합한다. 이 규칙은 화학 결합에 참여하는 원소들은 항상 일정한 정수비를 나타낸다는 이른바 '배수비례의 법칙'으로 알려진다.

1800년 최초로 전지가 발명된 이후에는 전기화학이 새로운 연구 분야로 떠올랐다. 영국의 윌리엄 니컬슨William Nicholson, 1753~1815과 앤서니 칼라일Anthony Carlisle, 1768~1840은 전지를 실험하던 도중 물속에 담근 금속에서 작은 기포가 발생하는 것을 발견했다. 물은 전기분해되면 수소와 산소로 나뉘고, 그 부피비는 항상 2:1이 된다는 사실이 새롭게 알려진 순간이다.

그 사실을 접한 프랑스의 화학자 조제프 루이 게이뤼삭Joseph Louis Gay-Lussac, 1778~1850은 수소와 산소를 2:1의 비율로 화합하면 거꾸로 물을 얻을 수 있다는 것을 알아냈다. 돌턴을 비롯한 기존의 원자론이 기체 반응의 법칙을 잘 설명하지 못한다는 것을 알았던 이탈리아의 물리학자 아보가드로Amedeo Avogadro, 1776~1856는 화학에 분자 개념을 도입했다. 그는 모든 기체의 성질은 최소 단위가 분자 단위에서 일어나며, 이때 모든 기체는 같은 온도와 같은 압력 아래에서 같은 부피 속에 같은 개수의 분자를 포함한다는 일명 '아보가드로의 법칙'을 발견한다.

나아가 스웨덴의 옌스 야코브 베르셀리우스Jöns Jakob Berzelius, 1779~1848는 원소들을 라틴명의 첫 글자인 O, N, H 등으로 표기함으로써 원소의 명명법을 확립했고, 1869년에는 러시아의 화학자 드미트리 멘델레예프Dmitry Mendeleev, 1834~1907 등이 원소 주기율을 확립함으로써 근대 화학은 그 기초를 확실히 다지게 되었다.

25

전기와 자기장의 탄생

인간은 이미 오래전부터 전기의 실체를 경험적으로 알고 있었다. 이집트의 고문서에는 전기뱀장어를 '나일강의 뇌어'라고 부르며 모든 물고기의 수호신으로 여겼다. 그리스의 철학자 탈레스는 장식품으로 사용하던 호박을 모피로 문지르면 먼지나 머리카락과 같은 작은 물질들이 달라붙는다는 사실을 알아냈다. 호박을 의미하는 그리스어 '엘렉트론Elektron'이 오늘날 전기를 의미하는 영어 '엘렉트리시티Electricity'의 어원이라는 점도 이런 역사적 사실을 잘 보여준다. 하지만 전기에 관한 본격적인 탐구는 근대에 이르러 시작되었다.

17세기 중엽 공기펌프를 제작했던 오토 폰 게리케는 정전기를 발생시키는 기전기起電機를 최초로 만든 과학자이다. 호박이 깃털이나 머리카락을 끌어당기는 데 흥미를 느꼈던 그는 더 강한 전기를 얻기 위

그림 오른쪽에 있는 기계가 게리케가 유황의 구를 사용하여 제작한 기전기이다. 게리케는 자신이 제작한 공기펌프를 이용하여 다양한 실험을 했는데, 전기에 대한 실험도 그중 하나였다. 메리 에번스 픽처 라이브러리.

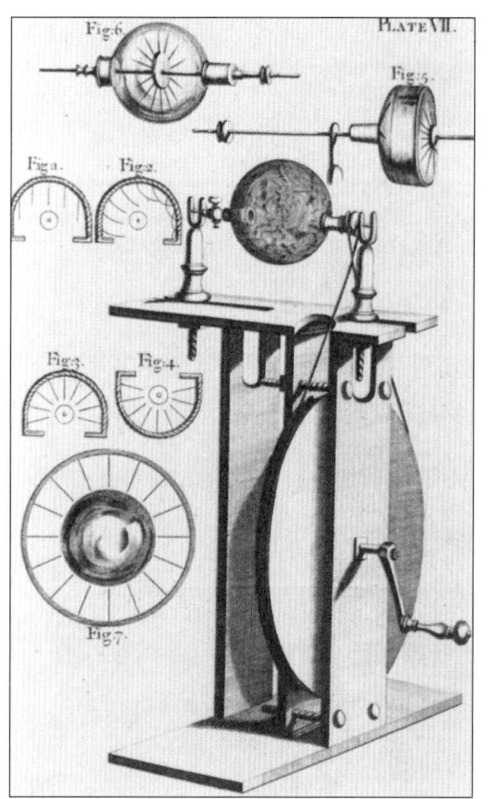

혹스비가 제작한 기전기. 손잡이가 달린 큰 바퀴를 돌리면 바퀴와 연결된 유리구가 회전했다. 이 장치는 게리케의 유황의 구를 유리구로 개조한 것으로, 전기를 더욱 안정적으로 얻을 수 있었다. 프랜시스 혹스비, 《물리 기계적 실험Physico-Mechanical Experiments》, 1714년.

보세의 '전기 키스' 공연.

해 호박 대신에 지름이 25센티미터 정도인 유황의 구球를 제작했다. 게리케는 회전하는 구에 손을 대고 문지르면 강한 자극을 느낄 수 있다는 것을 보여주었다. 이 유황의 구는 정전기를 발생시키는 인류 최초의 기전기였던 셈이다.

영국 왕립학회의 실험 책임자였던 프랜시스 혹스비Francis Hauksbee, 1666~1713는 손잡이에 달린 큰 바퀴를 돌리면, 바퀴와 연결된 유리구가 회전하는 방식으로 게리케의 기전기를 개량했다. 그의 기전기는 유황의 구 대신에 유리구를 사용하고, 큰 바퀴로 회전력을 증대시킨 것이었다.

새로운 형태의 기전기는 즉각 유럽 각지에서 모방되어 대중 앞에 모습을 드러냈다. 초기의 기전기는 과학자들의 실험 도구라기보다 오히려 대중의 문화적 관심을 파고들었다. 독일 비텐베르크의 자연철학 교수였던 게오르크 마티아스 보세Georg Matthias Bose, 1710~1761는 혹스비의 기전기를 개량하여 일명 '전기 키스'라는 재미있는 실험을 선보였다. 무대 위 한 남성이 기전기를 회전시켜 정전기를 만들어내고, 그 옆에는 한 여성이 청중 사이에서 선택한 남성에게 환영의 키스를 보낸다. 하지만 그녀의 키스는 매우 자극적인 것이었다. 기전기에서 흘러나온 전류가 그녀의 몸을 통해 흐르고 있기 때문에 그녀와 키스를 나눈 남성의 입술에는 강한 감전이 일어나기 때문이다. 오늘날에는 이 같은

에도 시대 후기 일본에 도입된 에레키테루는 전기에 관한 일본인들의 높은 관심을 불러일으켰다. 큰 방에 많은 사람이 한 줄로 손을 잡고 앉아 있다. 맨 오른쪽에 앉은 두 사람은 문틈 사이로 손을 넣고 있다. 옆방에서 에레키테루를 조작하는 사람이 전류를 흘려보내면, 손을 잡은 사람들은 감전되어 마치 벌에 쏘인 것처럼 펄쩍 뛰어올랐다. 하시모토 소키치, 《네덜란드에서 제작한 에레키테루의 원리》, 1811년. 도쿄대학도서관.

전기유도 실험이 지극히 단순하고 우스꽝스러운 연극의 일종으로 비칠지 모르지만, 당시에는 전기에 대한 대중의 높은 관심에 부합했다.

당시 대중의 흥미로운 인기 상품이었던 기전기는 유럽 각지는 물론 일본과 조선에도 도입되었다는 기록이 있다. 네덜란드어로 Elektriciteit[전기, 전류]에서 파생된 일본어 '에레키테루'는 정전기 발생 장치로 마찰을 이용한 기전기의 일종이었다. 1751년에 한 네덜란드인이 도쿠가와 막부에 에레키테루를 바쳤고, 에도 시대의 박물학자 히라가 겐나이[平賀源內, 1728~1780]는 네덜란드와의 무역이 활발하던 나가사키에서 고장 난 에레키테루를 입수하여 1776년에 모방 제작했다. 그가 만든 에레키테루는 나무통의 손잡이를 돌리면 내부에서 유리가 마찰되어 전기가 발생하고, 구리선을 통해 방전되는 구조였다. 일본인들이 방전되는 구리선을 손으로 잡고 자극에 놀라거나 즐거워하는 모습은 망원경과 마찬가지로 에레키테루를 서양의 새로운 놀이 도구로 받아들였다는 사실을 보여준다.

19세기 조선의 실학자 이규경李圭景, 1788~?의 《오주연문장전산고五洲衍文長箋散稿》에도 이 기전기가 등장한다. 이규경에 따르면, 강이중姜彛中의 집에 뇌법기라는 유리공 모양의 물건이 있었는데 이것을 빙빙 돌리면 마치 별이 쏟아지는 듯했다고 한다.

이처럼 전기를 비교적 쉽게 발생시킬 수 있는 장치가 고안되자, 전기에 대한 연구가 활기를 띠기 시작했다. 1729년 영국의 스티븐 그레이Stephen Gray, 1670~1736는 지구상에 전기를 잘 전달하는 물체와 그것을 담아두는 물체가 있다는 것을 발견하고, '정지되어 있는 전기'라는 뜻의 '정전기' 개념을 고안했다. 곧이어 정전기가 라이덴병에 저장이 가능하다는 것도 알려졌다. 1746년 레이던대학의 물리학 교수였던 피테르 판 뮤셴브로크Pieter van Musschenbroek, 1692~1761는 공기 중에서 쉽게 방전되는 정전기를 병 속에 가두어둘 수 있을 것이라고 생각했다. 그는 유리병 안팎을 금속판으로 감싸고, 금속 막대를 유리병 마개 안으로 통과시켰다. 그리고 막대 끝에서부터 청동 사슬을 달아 유리병 바닥의 금속판에 닿게 했다. 정전기 발생 장치로 만든 정전기(-)를 금속 막대에 접촉하면, 유리병 내부에 정전기를 계속 저장할 수 있었다. 만약 병 안으로 연결된 금속 막대가 도체와 닿으면 순간 방전이 일어난다.

이 새로운 장치는 평소 신기루 같은 정전기를 잡아둘 방법을 고민하던 전기 연구자들을 흥분시켰다. 라이덴병의 발명은 번개에 관한

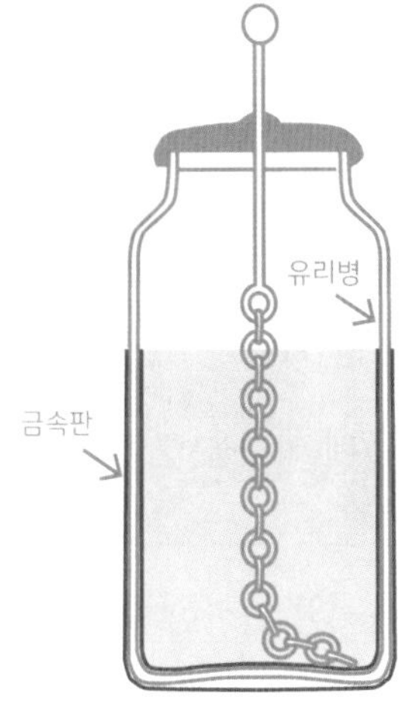

초기의 라이덴병은 유리병 안에 물을 채운 단순한 구조였다. 그러나 곧 유리병 안팎을 금속판으로 감싸면 효율이 훨씬 좋아진다는 사실이 알려졌다. 그림에서처럼 유리병 마개를 통과한 금속 막대에 청동 사슬을 달아 유리병 안의 금속판에 전기를 저장했다. 윌리엄 헨리 머천트William Henry Marchant, 《무선 전신Wireless Telegraphy》, New York: Whittaker and Company, 1914년, 7쪽.

위험한 진실을 밝히려던 벤저민 프랭클린에게 알려졌다. 당시 사람들은 번개의 원인을 제대로 알지 못했다. 하늘의 번개가 라이덴병 안의 전기와 기본적으로 동일한 전기적 현상이라고 생각했던 프랭클린은 금속을 매단 연을 뇌우 속으로 띄우고, 그 끝을 라이덴병과 연결했다. 1752년에 실시한 이 실험은 번개가 비구름과 땅 사이의 강력한 방전 현상이라는 것을 증명했을 뿐만 아니라 벼락 맞기 쉬운 건물에 피뢰침을 달면 전기를 땅속으로 방전시킬 수 있다는 부차적 사실도 알려주었다.

그러나 전기학의 결정적인 발전은 이탈리아에서 진행되었다. 볼로냐대학의 해부학 교수였던 루이지 갈바니Luigi Galvani, 1737~1798는 개구리의 신경을 메스로 건드리자 개구리 다리가 경련을 일으키는 것을 목격했다. 그는 이 우연한 사건을 통해 개구리의 경련이 전기적 작용과 관련 있다는 확신을 얻었다. 그는 경련이 방전이나 번개와의 상호

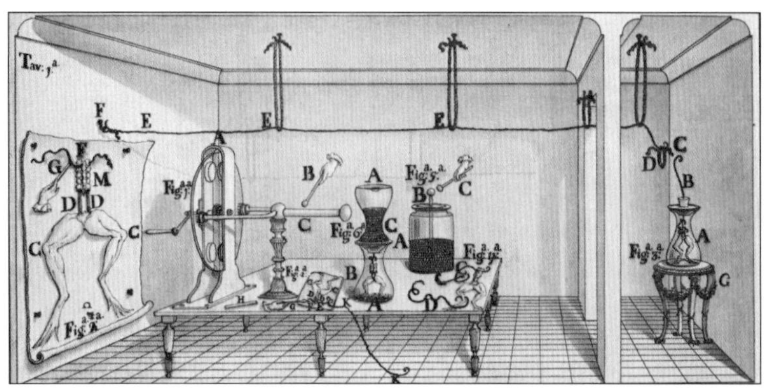

갈바니의 동물 전기. 왼쪽 벽면에 놋쇠 갈고리에 달린 개구리 다리가 보인다. 루이지 갈바니, 《근육 운동에 대한 전기의 효과에 관한 주석서》, 1791년.

작용으로 일어나는지를 확인하기 위해 놋쇠 갈고리에 개구리 다리를 꿰고, 철로 만든 격자에 걸어 두었다. 그러자 개구리 다리는 흐린 날은 물론 맑은 날에도 경련이 일어났으며, 격자와 놋쇠 갈고리를 더욱 가깝게 밀착시킬수록 경련은 더 심해졌다.

갈바니는 이 같은 현상이 일어나는 원인은 동물의 신경과 근육 안에 보통의 전기와 같은 미세한 유체가 들어 있기 때문이라고 생각했다. 그는 이 유체를 '동물 전기'라 명명했는데, 동물의 뇌 속 혈관에서 만들어져 신경을 통해 근육으로 보낸 것이라고 보았다. 다시 말해 개구리의 뇌는 유체를 만드는 중요한 기관이고, 전신에 퍼진 신경은 유체를 전달하는 전도체라고 생각했다. 1791년 갈바니는 실험 결과를 종합하여 《근육 운동에 대한 전기의 효과에 관한 주석서De Viribus Electricitatis in Motu Musculari Commentarius》를 출간했다.

그러나 이탈리아 물리학자 알레산드로 볼타1745~1827는 갈바니의

'동물 전기' 개념에 찬성하지 않았다. 그는 전기가 동물의 몸 안에 있는 것이 아니라 단지 서로 다른 두 개의 금속을 접촉시켜서 얻을 수 있는 것이라고 보았다. 개구리 다리에서 일어나는 경련은 두 개의 금속이 개구리 뒷다리에 접촉할 때 발생한 전류에 개구리의 근육이 반응한 것에 불과하다는 것이다. 그는 1800년 구리와 아연을 샌드위치처럼 포개어 만든 전지로 자신의 해석을 직접 증명했다. 동시에 단순한 방전이 아니라 지속적으로 전류를 공급할 수 있는 인류 최초의 전지가 발명된 것이기도 했다.

전지의 발명은 19세기 거리에서 어둠을 몰아낸 전등의 발명으로 이어졌다는 점에서 기념비적인 사건이다. 그러나 전등이 실용화되기까지는 아직 많은 시행착오가 남아 있었다. 전기학은 오히려 학문적인 영역에서 그 외연을 빠르게 확장시켰다. 1820년 덴마크의 물리학자 한스 크리스티안 외르스테드1777~1851는 나침반이 가리키는 바늘과 같은 방향으로 전선을 놓고 북쪽에서 남쪽 방향으로 전류를 흘려보냈을 때 나침반의 바늘이 동쪽에서 서쪽으로 90도 회전하며 멈추는 현상을 목격했다. 전류가 자기에 영향을 줄 수 있다는 사실을 알아낸 것이다. 그러나 외르스테드의 발견이 더욱 주목받았던 이유는 그 힘이 기존에 알려진 만유인력이나 전기력과는 달리 회전력으로 작용한다는 점이었다. 오늘날 우리가 사용하는 헤어드라이어, 선풍기 등의 전동기는 바로 외르스테드의 발견에 기초한다. 전기와 자기 사이에 장벽이 무너져내리자 전자기학이라는 분야가 새로운 과학 분야로 급속히 성장하기 시작했다.

영국의 물리학자 마이클 패러데이1791~1867는 외르스테드의 발견

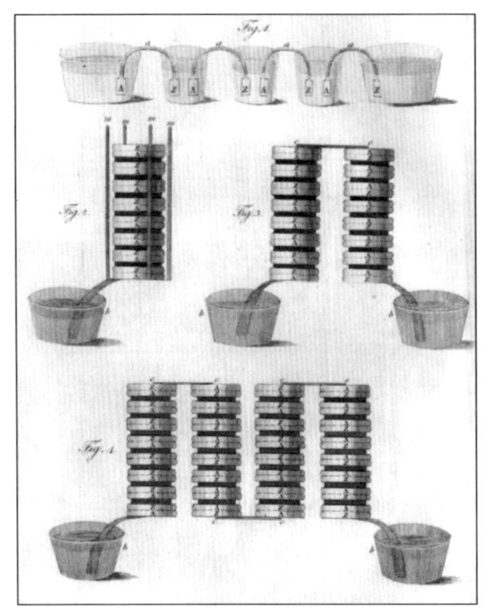

볼타의 전지. 맨 위 그림은 염기성 용액 속에 구리와 아연을 넣은 후 코일로 연결한 것이다. 아래 그림은 구리와 아연을 샌드위치처럼 포개어 전류의 발생을 유도하는 모습이다. 왕립학회 회장에게 보내는 편지 안에 볼타가 직접 그린 이 그림은 인류 역사상 최초의 전지 설계도이다. 영국 왕립학회, 《철학 회보》 Vol.90, 1800년.

처럼 전기가 자기작용으로 전환될 수 있다면, 자기작용 또한 전기를 발생시킬 수 있다고 생각했다. 그리고 무려 10년에 걸쳐 실험을 반복한 결과 그 현상을 증명하는 데 성공했다. 패러데이는 코일 안으로 자석을 넣거나 뺄 때 유도되는 전류의 세기는 단위시간당 도체에 의해 끊어지는 자기력선의 수에 비례한다는 것을 발견했다. 당시 실험 물리학자로서 명성이 높았던 패러데이는 이 같은 발견들을 영국의 왕립연구소The Royal Institution에서 공개 강연하기도 했는데, 대중에게 폭발적인 인기를 끌었다.

패러데이의 연구 결과가 발표된 이후 '전기와 자기가 서로 영향을 미치고, 전기가 또 다른 전기에 영향을 미치는 현상을 어떻게 설명할 것인가?'가 과학자들 사이에 새로운 관심사로 등장했다. 일찍이

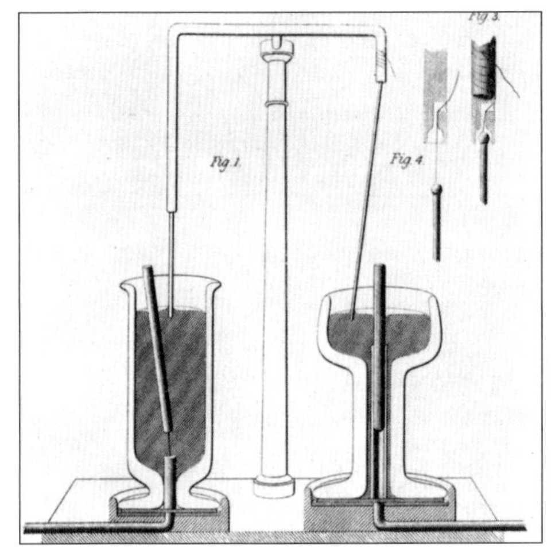

그림 왼쪽에는 수은 비커 안의 막대자석이 전류를 실어 나를 수 있는 와이어 둘레를 돌게 하고 있다. 그림 오른쪽에는 고정된 막대자석 둘레를 와이어가 돌게 하고 있다. 이것으로 전류의 발생을 관찰할 수 있었다. 마이클 패러데이, 《전기에 대한 실험적 연구 Experimental Researches in Electricity》, 1839 ~1855년.

패러데이는 자기와 전기 사이의 흐름만이 아니라 공간을 채우고 있는 매질이 함께 반응함으로써 일어난다는 전자기장field 이론을 제안했다.

그와 같은 이론을 발전시켜 수학적인 결과로까지 이끈 사람은 스코틀랜드의 과학자 제임스 클러크 맥스웰1831~1879이었다. 맥스웰에 이르러 당시 과학자들의 초미의 관심사였던 전기와 자기와의 관계가 완전히 밝혀지고, 전기력과 자기력이 통합된 것이다. 맥스웰은 여기서 더 나아가 전기와 자기가 상호작용을 할 때 생기는 파동을 '전자기파'라고 명명하고, 그 전파 속도는 빛의 속도와 동일할 것이라고 주장했다. 전자기파는 곧 빛이었던 것이다. 이 같은 맥스웰의 이론은 1887년 독일의 하인리히 헤르츠1857~1894가 실험으로 증명했고, 훗날 무선전신과 전파를 이용한 라디오의 발명으로 이어졌다.

26

거리로 나선 과학자, 과학을 찾아 나선 대중

《백과전서》 제1권의 표지. 베일에 싸인 '진리의 여신'이 빛을 뿜어내고 있다. 그 옆에는 왕관을 쓴 '이성의 여신'이 베일을 벗겨내고 있다. 아래에서는 각종 과학도구를 든 여신들이 진리의 여신을 바라보고 있다. 이 그림은 인간이 과학 탐구를 통해 진리의 세계에 도달할 수 있다는 《백과전서》의 이념을 잘 담아내고 있다. 버나드 코헨 컬렉션.

18세기 프랑스에서 하나의 정신 운동으로 대두한 계몽주의 운동은 정치, 사회, 종교 전반을 아울러 기성의 권위와 질서를 타파하려는 대대적인 변혁 운동이었다. 존 로크1632~1704, 샤를 몽테스키외1689~1755, 장 자크 루소1712~1778와 같은 정치철학자들은 시민계급에 기반한 새로운 질서의 구축을 선포했으며, 곧 프랑스혁명이라는 근대적 시민혁명으로 폭발했다. 그런데 시민혁명에 정신적 영감을 주었던 이러한 정치철학자들의 이념은 사실상 근대 과학의 이념과도 깊은 공감대를 이루고 있었다. 과학 또한 자연을 이성적으로 관찰하여 법칙성을 발견하는 지식의 체계라는 점에서 새로운 정치철학의 이념과 동일한 지평에 서 있기 때문이다.

이 같은 계몽주의 운동이 과학과 어떻게 구체적 관련을 맺게 되었는지는 프랑스의 대표적 계몽사상가 볼테르1694~1778를 통해 엿볼 수 있다. 1725년 영국으로 건너간 볼테르는 2년 뒤 런던에서 열린 한 성대한 장례식을 목격한다. 바로 뉴턴의 장례식이었다. 영국 정부는 이 특별한 과학자의 장례를 국장으로 치러 예우했고, 뉴턴의 시신을 왕족이나 영국을 빛낸 인물들에게만 허용했던 웨스트민스터대성당에 안치했다. 당시 영국에서 뉴턴 물리학을 공부하고 있던 볼테르는 영국 정부가 일개 과학자를 국장으로 예우한다는 사실과, 영국인들이 뉴턴을 마치 신처럼 숭배한다는 사실에 엄청난 충격을 받았다. 프랑스로 돌아온 볼테르는 이후 뉴턴 과학의 열렬한 전파자가 되었다. 그가 보기에 당시 프랑스 사회는 편견과 독단, 미신이 뒤범벅된 채 교회와 오랜 관습에 찌든 곳이었다. 그에 비해 뉴턴 과학은 오직 경험과 이성의 눈으로 자연을 관찰하고, 편견과 독단을 배제한다는 점에서 당시 프랑스를 휘어잡고 있던 데카르트나 라이프니츠의 철학과는 완전히 다른 것으로 여겨졌다.

이처럼 볼테르가 프랑스에 전파한 뉴턴 과학은 이후 프랑스 계몽주의 운동의 중요한 바탕이 되었다. 그 구체적 결실은 1751~1765년까지 드니 디드로1713~1784와 장 바티스트 르 롱 달랑베르1717~1783 등이 주도하고, 약 백오십 명에 이르는 지식인들이 참여한 《백과전서Encyclopedie》 28권의 출간이었다.

물론 《백과전서》 출간 이전에도 지식을 집대성하려는 노력이 없었던 것은 아니다. 그러나 기존 백과사전들이 말 그대로 지식의 수집에 불과했다면, 《백과전서》는 뉴턴 과학을 중심으로 17세기에 이룬 근대 과학의 성취를 깊이 녹여냈다. 책에는 이성주의를 기반으로 한 계몽적 색채가 강하게 드러났다. 계몽주의자들은 인간이 과학 탐구를 통해 진리의 세계에 도달할 수 있다는 굳은 확신을 가지고 있었던 것이다.

물론 과학의 진보에 대한 믿음은 프랑스 계몽주의자들만의 몫은 아니었다. 그것은 18세기 서양의 지식인 사회를 휩쓴 일종의 시대정신이기도 했다. 미국 독립선언서의 초안 작성에 참여했고, 과학자로도 유명한 벤저민 프랭클린은 1780년 2월, 영국 버밍엄에 살고 있던 화학자 프리스틀리에게 다음과 같은 편지를 썼다.

> 과학이 만드는 급속한 진보는 가끔 내가 너무 일찍 태어나 버리지는 않았나 하는 후회를 갖게 하는군요. 지금으로부터 1000년 후 물질에 대해 인간의 힘이 도달할 수 있는 높이를 상상하는 것은 불가능할 것 같소. 우리는 편리한 운송 수단을 만들어내기 위해 거대한 물질에서 중력을 제거하는 법을 배울지도 모릅니다. 농업에서 힘든 노동을 없애고도 생산물을 2배로 늘리고, 모든 질병과 노환조차도 확실한 수단에 의해 극복하거나 치료할 수 있게 될지도 모릅니다. 결과적으로 우리의 수명은 노아의 대홍수 이전처럼 길어질 것이라는 생각도 갖

게 되는군요.•

이 편지의 수신자 프리스틀리도 과학이 가져올 미래를 낙관했다. 그는 "이 세계의 시작이 어찌 되었든 간에 끝은 우리가 상상한 것 이상으로 영광스러울 것이고, 그것은 마치 파라다이스와 같을 것입니다"라고 응답했다.

계몽주의 시대 과학의 특징은 한마디로 담론의 공간이 확장되었다는 것이다. 18세기 들어 유럽 도시들에는 각종 학회는 물론 클럽, 커피하우스 등 대중의 소통 공간과 신문, 잡지 등 새로운 매체들이 생겨났다. 이러한 변화는 과학에 대한 대중의 참여와 토론, 정보의 유통을 촉진시켰다.

담론 공간의 확장이라는 새로운 환경은 18세기 학회들에서도 찾아볼 수 있다. 우선 학회의 양적 확대가 일어났는데, 왕이나 국가의 후원을 받는 공식적인 국립 과학 학회는 물론 각종 지방 학회, 식민지 거점 학회 등이 우후죽순처럼 생겨났다. 프랑스에서는 1760년까지 약 육십여 개에 이르는 과학 아카데미가 설립되었다. 아울러 1780년대부터 1840년대까지 영국의 지방 도시들을 중심으로 설립된 '문학·철학 협회'는 스물네 개에 달했다.

더욱 중요한 것은 18세기에 설립된 학회들은 17세기의 학회들과 성격이 달랐다는 점이다. 17세기 학회들이 주로 과학자들만의 교류와

• 벤저민 프랭클린, 《벤저민 프랭클린의 서간집The papers of Benjamin Franklin》 vol. 31, Yale University Press, 1955년, 455쪽.

1783년 파리 근교의 베르사유에서 행해진 열기구 비행 시험. 열기구가 하늘을 나는 것을 목격한 사람들은 열광적인 분위기에 휩싸였고, 흥분을 못 이겨 실신한 사람들도 있었다고 한다.

정보의 소통에 중점을 두었다면, 18세기에 만들어진 학회들은 과학 지식을 대중에게 전달하는 데 매우 적극적이었다. 과학의 대중화 전략에서 놀라운 효과를 발휘한 것은 한 편의 연극처럼 행해지곤 했던 '과학실험'이었다. 대중은 이전에는 접해보지 못했던 신기한 과학실험을 직접 지켜봄으로써 과학에 대한 감동과 희망에 휩싸였다.

1783년 프랑스인 조제프 몽골피에Joseph Montgolfier, 1740~1810와 그의 동생 자크 몽골피에Jacques Montgolfier, 1745~1799는 프리스틀리의 《여러 종류의 공기에 관한 실험과 관찰》을 읽고 열기구를 제작해 세계 최초로 사람을 태워 공중에 띄우는 데 성공했다.

열기구 비행이 성공하자 게이뤼삭은 이 과학적 성과를 즉시 대기 연구에 응용했다. 그는 1804년 8월, 장 바티스트 비오Jean Baptiste Biot, 1774~1862와 함께 열기구를 타고 지상으로부터 약 4,000미터 상공까지 올라가 지구의 자기 강도와 고도 관계를 조사했다. 또 같은 해 9월에는 혼자서 무려 7,016미터까지 올라가 지구의 대기를 조사했는데, 이때 기록된 고도는 향후 반세기 동안이나 깨지지 않았다.

이 열기구 실험들은 과학적 성과만 보면 사실 그리 놀라운 것은 아니었다. 그렇지만 과학의 새로운 이미지를 대중에게 각인시키는 데 최상의 퍼포먼스를 제공했다. 새처럼 하늘을 나는 꿈은 역사상 인류가 가진 가장 큰 소원 중 하나였을 것이다. 그 꿈이 마침내 현실로 다가왔을 때 흥분은 말로 표현할 수 없는 감동을 몰고 왔다. 최초의 열기구가 하늘로 올라간 것을 목격한 사람들은 환호성을 내질렀고, 구경꾼 중에는 실신하는 사람까지 있었다고 한다. 열기구는 18세기에 과학이 도달한 성과를 대중에게 과시했을 뿐만 아니라 과학이 발달하

왕립연구소의 공개 강연. 중앙에서 피실험자의 코를 쥐고 있는 사람은 영국의 과학자이자 강연자인 토머스 가넷Thomas Garnett, 1766~1802이고, 오른쪽에서 가스통을 들고 있는 사람은 왕립연구소의 화학 교수였던 험프리 데이비Humphrey Davy, 1779~1829, 맨 오른쪽에 서서 실험을 지켜보는 사람은 벤저민 톰슨Benjamin Thompson, 1753~1814, 일명 쿤트 럼퍼드 백작이다. 맨 앞줄에서는 한껏 멋을 낸 귀부인과 어린이들의 모습을 볼 수 있다. 제임스 길레이James Gillray, 1756-1815, 〈기체학에서의 새로운 발견New Discoveries in Pneumatics〉, 1802년.

면 인류의 미래는 더욱더 찬란해질 것이라는 희망을 가져다주었다.

1799년 3월, 런던에 설립된 왕립연구소의 공개 강연도 과학과 대중 사이의 거리를 좁히는 데 크게 기여했다. 교양인이 되고자 했던 사람들은 새로운 과학적 발견과도 어깨를 나란히 하길 원했다. 왕립연구소에서는 전자기학에 관한 마이클 패러데이의 공개 강연을 비롯하여, 과학의 새로운 분야로 떠오른 화학 실험, 천체망원경으로 천문 현상 관측하기 등을 선보였다. 일찍이 소수의 과학자들만 이용하던 과학도구도 대중 앞에 모습을 드러냄으로써 대중에게 자연의 신비를 알려주는 데 중요한 부분을 맡았다.

1851년 7월 28일, 일식을 관찰하기 위해 나온 파리 시민들 사이에 천체망원경이 설치되어 있다. 과학도구는 대중에게 매우 친근한 도구가 되었다. 《릴뤼시트라시옹L'Illustration》 18, 1851년.

프랑스의 물리학자 장 앙투안 놀레Jean-Antoine Nollet, 1700~1770는 실험을 대중의 흥미로운 오락물로 만드는 데 뛰어난 능력을 발휘했다. 그는 자신이 행한 실험들을《몸의 전기에 관한 실험Essai sur l'electricité des corps》에서 자세히 소개했다. 풍부한 도판이 실려 있는 이 책은 대중에게 한 편의 과학실험이 마치 눈앞에서 펼쳐지는 것처럼 보여주었다. 벤저민 프랭클린은 그가 연구하던 전기를 이용해서 칠면조를 굽는 실험을 선보이기도 했는데, 이것도 과학의 드라마틱함을 보여주려는 시도 중 하나였다.

이처럼 18세기의 과학은 유럽인들에게 경이로움의 상징이었고, 무엇이든지 가능한 꿈의 지식이었다. 대중은 집단을 이루어 과학 공

놀레가 천장에서 내려온 줄에 한 소년을 매달고 전기 실험을 하고 있다. 오늘날의 시각으로는 매우 위험한 실험이 아닐 수 없다. 장 앙투안 놀레, 《몸의 전기에 관한 실험》, 1746년.

연을 찾아다녔고, 과학에 관한 서적 탐독에 몰입했다. 17세기에 본격적으로 그 모습을 드러냈고, 18세기에 대중 속으로의 진군을 시작했던 과학은 이제 19세기 유럽 사회에서 확고한 지위를 획득하고, 동아시아로의 대대적인 상륙만을 남겨두고 있었다.

27

진화론과 인간의 기원

아리스토텔레스에 따르면, 모든 생물 기관은 각각의 고유한 목적을 가지고 있다. 독수리가 구부러진 날카로운 발톱을 갖고 태어난 것은 먹이를 얻기 위해서이고, 바닷게들이 딱딱한 갑옷을 뒤집어쓰고 태어난 것은 적으로부터 스스로를 보호하기 위해서이다. 불필요한 기관은 애초에 존재하지 않으며, 각각의 고유한 사용 목적을 가진 기관은 생물의 몸 안에서 유기적인 전체를 구성하고 있다. 이러한 논리는 힘없고 미약한 생물들에게는 매우 반가운 이야기였을 것이다. 하루살이 같은 곤충조차도 나름의 목적을 가지고

예순한 살 무렵의 다윈. 영국의 사진가 줄리아 마가렛 카메론Julia Margaret Carmeron이 1869년에 촬영했다.

스칸디나비아 전통 의상을 입고 있는 칼 린네. 로버트 던카턴Robert Dunkarton, 동판화, 1805년.

세상에 태어난 것이라면, 단순히 쓸모없는 곤충으로 치부할 수 없기 때문이다.

하지만 아리스토텔레스의 사유는 결과로부터 원인이 도출된다는 점에서 어딘가 어색한 느낌이 든다. '독수리가 날카로운 발톱을 가진 것은 먹이를 잡기 위한 것이다'라고 한다면, 단지 '먹이를 잡는' 결과적인 행위로 '날카로운 발톱을 가진' 원인을 유추한 것에 불과하기 때문이다. 혀가 생겨난 이유가 말을 하기 위해서라면, 말(언어)이 나타나기 전부터 혀가 존재했음을 설명하기는 힘들 것이다. 고대 이후의 생물학은 오랫동안 아리스토텔레스의 영향권 안에 있었다. 지구상에 아직 인간의 발길이 닿지 않은 무수한 미지의 영역이 존재하는 한 생물학에 관한 새로운 사고가 끼어들 틈은 없었다.

이 같은 고전적 생물학이 새로운 변화에 직면한 것은 18세기에 이르러서였다. 스웨덴의 자연학자 칼 폰 린네1707~1778는 생물의 위계적 분류 체계를 고안해 1735년 자신의 저서 《자연의 체계Systema Naturae》에 소개했다. 그는 생물을 크게 강Class으로 분류하고, 각 강을 목Order으로 나눈 뒤, 각 목을 속Genus, 각 속을 종Species으로 세분했다. 생물 분류 체계와 더불어 린네의 중요한 업적은 소위 이명법으로 알려진 학명을 고안한 일이다. 오늘날 우리 인류의 직접적 조상으로 알려진 호모 사피엔스Homo sapiens는 속명인 호모와 종명인 사피엔스를 차례로 부르는 린네식 라틴어 이명법에서 유래한 것이다.

그런데 프랑스의 박물학자 조르주루이 르클레르 드 뷔퐁1707~1788은 린네의 분류법을 받아들이지 않았다. 뷔퐁은 각각의 생물이 창조주에 의해 불연속적으로 완성되었다고 보는 린네의 주장은 생물들 사이에 드러나는 연속적인 변화의 증거들을 보지 못한 결과라고 지적했다. 현재 서로 다른 종으로 보이는 생물들도 윗대를 거슬러 올라가 보면 선조가 동일할 수도 있다는 것이다. 이와 같은 뷔퐁의 주장은 신학자들의 거센 반발을 샀다. 각각의 생물이 연속적인 변화를 거쳐 오늘날과 같은 모습에 이르렀다는 생각은 창조주가 모든 생물을 동시에 만들었다는 성서의 기록과 정면으로 배치되기 때문이다.

뷔퐁의 이론은 결과적으로 생물들 간의 연속성을 보여주는 실증적인 증거가 있어야 뒷받침될 수 있었다. 그런 점에서 프랑스의 자연학자 루이 장 마리 도뱅통1716~1800의 작업은 매우 중요하다. 도뱅통은 약 182종에 이르는 포유동물을 해부하여 그 기관들을 비교·관찰하는 작업에 몰두했다. 그리고 모든 생물의 기관들이 동일한 조상으로부터 발전해왔다는 사실을 해부학적인 증거로 뒷받침했다.

도뱅통의 실증적인 자료를 곧바로 진화론적 사고와 연결시킨 인물은 장 바티스트 라마르크1744~1829이다. 북프랑스의 귀족 가문에서 태어난 라마르크는 소년 시절을 신학교에서 보냈다. 청년기에 식물학과 의학을 공부한 그는 1778년 《프랑스 식물지Flore Française》를 출간한 경력으로 뷔퐁이 관리하던 왕립식물원에서 일할 수 있었다. 라마르크가 진화에 관한 자신의 생각을 최초로 주장한 것은 1809년 출간한 《동물 철학Phylosopie Zoologique》에서였다. 동물은 주변 환경이 변화할 때 몸의 어떤 부위를 더 자주 사용하거나 덜 사용하게 된다. 이때 자주 사용하는 부위에는 혈관과 근육이 발달하고, 덜 사용하는 부위는 상대적으로 퇴화한다. 기린의 경우 원래 목이 긴 동물이 아니었지만, 키가 큰 나뭇가지에 달린 잎사귀를 뜯어먹다가 결국 목이 길어지게 되었다는 것이다. 이렇게 자연환경에 적응하여 새롭게 변화한 신체는 후손들에게 유전되고, 같은 환경이 지속되면서 그 변화는 점점 고착되어 간다. '용불용설theory of use and disuse'이라고 일컫는 이 관점은 후천적 획득 형질의 유전을 설명하며, 라마르크 진화론의 핵심 이론이 되었다.

라마르크가 《동물 철학》을 출간한 해에 찰스 다윈Charles Darwin, 1809~1882이 태어났다. 다윈은 의사였던 아버지의 권유로 에든버러대학 의학부에 입학했지만, 본인의 취향과 맞지 않아 학교를 중퇴하고 케임브리지대학으로 전학하여 신학을 공부했다. 이때 케임브리지대학의 식물학 교수 존 헨슬로John S. Henslow, 1796~1861와 친분을 쌓으면서 어린 시절부터 관심 있었던 동식물에 대해 본격적인 연구를 시작한다. 그가 1831년 영국의 해군 측량선인 비글호에 승선하여 5년에 걸친 동식물 탐사 여행을 떠난 것도 헨슬로의 권유 때문이었다.

당시 다윈의 탐사 여행은 19세기 영국의 제국주의적 팽창정책과 깊은 관련이 있다. 19세기 영국 해군은 세계의 바다를 지배하고 있었다. 당시 영국은 동인도회사를 경영하며 아시아에서 막대한 재화를 벌어들였고, 군수산업의 발달에 힘입어 1840년에는 중국에서 아편전쟁을 일으키기도 했다. 영국 해군성은 남아메리카 해안의 지도를 작성하기 위해 1831년 12월 27일, 비글호를 파견했다. 다윈이 박물학자의 자격으로 비글호에 올라 5년에 걸친 탐사 여행을 떠난 것은 사실상 영국 해군이 펼치던 대외 팽창정책의 결과였던 셈이다.

다윈은 당시 여행에서 남아메리카와 갈라파고스제도를 비롯한 남태평양의 섬들과 오스트레일리아 등지를 탐험한다. 그는 탐사 여행 중 여러 신기한 동식물을 접했고, 대륙에서 비교적 멀리 떨어진 갈라파고스제도 같은 섬에서 생물들 간의 변이를 확인하면서 진화에 대한 생각을 굳혔다. 특히 다윈은 항해 중에 지질학자 찰스 라이엘Charles Lyell, 1797~1875의 저서 《지질학 원리Principles of Geology》를 읽고 진화에 대한 힌트를 얻었다고 한다. 라이엘은 지구의 지층이 천재지변과 같은 갑작스러운 격변으로 이루어졌다는 '천변지이설' 대신, 지층은 장시간에 걸친 꾸준한 변화가 누적되어 현재와 같은 큰 변화에 도달했다는 제임스 허턴James Hutton, 1726~1797의 '동일과정설'을 지질학적으로 뒷받침해 큰 주목을 끌고 있었다.

1836년 10월, 항해를 마치고 영국으로 돌아온 다윈은 훗날 자신의 진화론을 탄생시키는 데 결정적인 역할을 했던 갈라파고스핀치를 비롯해서 항해하며 수집한 동식물의 표본과 자료들을 분석하기 시작했다. 그때부터 무려 20여 년 동안이나 진화론의 발표를 미루다가 1859년에 이르러서야 마침내 《종의 기원On the Origin of Species》을 세상에 내놓았다.

다윈이 내놓은 진화론의 핵심 키워드는 책의 원제인 《자연선택의 방법에 의한 종의 기원, 또는 생존경쟁에 있어서 유리한 종족의 보존에 대하여On the Origin of Species by Means of Natural Selection, or the Preservation of Favoured Races in the Struggle for Life》에 잘 드러나 있다. 종의 변화는 거스를 수 없는 자연의 질서이고, '자연선택'에 직면한 각각의 종은 스스로를 보존하기 위해 치열한 '생존경쟁'을 벌이고 있다. 이 같은 다윈의 생각은 1798년에 출간된 토머스 맬서스1766~1834의 《인구론An Essay on the Principle of Population》에서 큰 영향을 받았다.

맬서스는 영국의 경제학자이자 인구 통계학자이다. 그는 지구상의 인구는 기하급수적으로 증가하지만, 식량은 산술급수적으로 증가하기 때문에 엄격하게 산아제한을 하지 않는 한 인류의 운명은 나아질 가능성이 없다고 지적했다. 다윈은 이 같은 이론이 동식물의 경우에도 비슷하게 적용된다고 보았다. 한정된 식량을 놓고 동물들은 매일 치열한 생존경쟁을 벌이고 있는데, 이때 자연에 적응한 개체들만이 자신의 형질을 후손에게 전해줄 수 있다. 종의 변이는 라마르크가 주장한 것처럼 환경에 의한 후천적 변화의 산물이 아니라 생존경쟁을 통해 자연에 적응한 개체가 후손을 남기고, 그 과정이 반복됨으로써 일어난 결과라는 것이다.

무엇보다도 다윈은 라마르크와는 달리 종의 개체적 다양성에서 출발했다는 점이 중요하다. 다윈에 따르면, 기린의 목이 길어진 이유는 높은 곳에 있는 나뭇잎을 따먹는 과정에서 얻은 것이 아니다. 당초 기린은 목이 길거나 짧은 개체적 다양성을 지니고 있었으나, 그 기린들 중 목이 긴 기린이 당시의 특정 환경에 적응한 결과라는 것이다. 마찬가지로 갈라파고스제도의 섬들마다 갈라파고스핀치의 부리가 각기 다른 형질을 갖게 된 것은 다양한 부리의 형질을 가졌던 조상 갈라파고스핀치들이 갈라파고스제도 섬들의 특정 환경에 각각 적응했기 때문이다.

아울러 다윈은 라마르크와는 달리 진화가 진보의 과정이라고 생각하지 않았다. 다윈은 진화가 어떤 목표를 향해 나아가는 과정이 아니라 예측하기 힘든 자연에 우연히 가장 잘 적응한 개체들이 살아남아 번식하는 과정이라고 주장했다. 마치 품종개량가가 좋은 품종의 동식물을 얻기 위해 행하는 인위적인 선택과도 유사하지만, 그 주체가 인간이 아닌 자연이라는 점에서 '자연선택'인 것이다.

《종의 기원》은 준비 기간이 매우 길었지만 정작 급하게 출간한 책이다. 항해에서 돌아온 다윈이 오랫동안 출간을 미루고 있을 때, 또 다른 영국인 앨프리드 러셀 윌리스1823~1913는 거의 독학으로 진화 이론에 도달하고 있었다.

부유한 집안에서 태어나 체계적인 교육을 받은 다윈과는 달리 윌리스는 가난 때문에 젊은 시절을 철도 부설을 위한 측량 노동자로 보내야 했다. 측량을 위해 대부분의 시간을 들판에서 보냈던 윌리스는 풍부한 대자연과 접할 기회가 상대적으로 많았고, 이는 불행 중 다행이었다. 그런데 윌리스의 일생을 생물학자보다는 탐험가로 바라보는 것이 더 적합할 듯하다. 그의 탐험 여정은 극적인 사건들로 가득 차 있기 때문이다. 1848년 젊은 동물학자 헨리 베이츠Henry Bates, 1825~1892와 함께 떠난 아마존 정글 탐험은 종의 돌연변이를 조사하기 위한 것이었지만, 사실은 신기한 곤충과 동물 표본들을 수집하여 영국에서 판매하기 위한 상업적 목적을 지닌 것이기도 했다. 자신의 관심사와

1862년 마흔 살 무렵의 윌리스. 그는 당시 싱가포르에 머물고 있었다. 제임스 마천트James Marchant, 《앨프리드 러셀 윌리스: 편지와 추억》 Vol. 1, 1916년.

생계 문제를 동시에 해결하기 위한 방안이었는지도 모른다.

하지만 첫 번째 정글 탐험은 1852년 애써 모은 표본들을 싣고 영국으로 귀항하던 중 불행히도 배에 화재가 나 수포로 돌아가고 만다. 간신히 살아 돌아온 윌리스는 1854~1862년까지 말레이제도와 동인도로 두 번째 탐험 여행을 떠났다. 윌리스는 이 탐험에서 많은 생물 표본을 수집했고, 날개구리와 같은 신기한 동물을 학계에 보고하기도 했다. 특히 이 시기에 종의 자연선택에 대한 확신을 얻게 된 윌리스는 진화 이론을 소논문으로 써서 다윈에게 보냈다. 당시 영국에서 다윈은 이미 명망 높은 생물학자로 알려져 있었다.

1858년 6월, 윌리스의 논문을 받은 다윈은 다급해졌다. 무려 20여 년 넘게 발표를 미루어왔던 진화론, 즉 자연선택설의 선취권을 한 젊은 연구자에게 빼앗길 위기에 처한 것이다. 다윈은 평소 친분이 있었던 지질학자 라이엘과 식물학자 조지프 후커1817~1911 등에게 도움을 요청했고, 그들은 그해 8월 린네학회에서 다윈이 윌리스와 함께 공동으로 논문을 발표할 수 있도록 주선했다. 그러나 당시 논문 발표는

다야크족을 공격하는 오랑우탄을 그린 표지 삽화. 월리스의 흥미진진한 탐험 기록이 담겨 있다. 월리스, 《말레이제도The Malay Archipelago》, 1869년.

두 사람 모두 불참한 탓도 있지만 큰 시선을 끌지 못했다. 어쩌면 다윈과 월리스를 자연선택설의 공동 발견자로 선포한 것에 더 큰 의미가 있었다. 진화론의 충격이 본격적으로 시작된 것은 이듬해인 1859년 다윈이 마침내 《종의 기원》을 출간하면서부터였다. 발매 당일 초판 1,250권이 매진되면서 진화론은 영국 사회에 엄청난 파장을 몰고 왔다. 비록 책의 출간은 늦었지만, 다윈이 이미 자연사 학자로서 확고한 평판을 얻고 있었기 때문에 그의 이론에 더 큰 무게감이 실렸다.

다윈의 학설은 인간이 신의 형상과 비슷하게 창조되었고, 모든 생물 중에서도 최고의 자리에 있다는 당시의 일반적인 믿음과 정면으로 충돌했다. 기독교를 근간으로 한 유럽 사회는 큰 혼란에 휩싸였다. 그의 진화론은 보수적 사상가들로부터 혹독한 비판을 받았을 뿐만 아니라 인간과 원숭이가 친척 관계임을 도저히 받아들일 수 없었던 신학자들의 조롱거리가 되었다. 그러나 진화론을 적극적으로 지지한 학자들도 나타났다. 토머스 헨리 헉슬리1825~1895는 1863년 《자연에서 인간의 위치Evidence as to Man's Place in Nature》를 출간하여 다윈의 학설을 공

다윈의 얼굴과 원숭이의 몸을 결합해 그린 풍자화. 〈호네트〉, 1871년 3월 22일 자.

개적으로 지지했다. 다윈의 불도그로까지 불렸던 그는 이 책에서 긴팔원숭이, 오랑우탄, 침팬지, 고릴라, 그리고 인간의 골격이 매우 유사하다는 것을 보여줌으로써 인간 진화에 대한 가설을 재확인했다. 나아가 진화론의 전도사를 자처한 독일의 생물학자 에른스트 헤켈 1834~1919은 개체가 성장하는 동안 진화의 제반 단계를 반복한다는 이른바 '반복발생설'을 제안했다.

한편 다윈의 진화론은 발표된 뒤 다양한 인접 분야에서 무비판적으로 받아들이면서 미처 예상하지 못했던 심각한 문제가 일어났다. 진화론은 때마침 제국주의의 식민지 침탈이 전 세계적인 규모로 확대되어가는 과정에 등장했다. 특히 19세기 중엽 이후 등장한 사회진화론은 식민지 침탈을 정당화하고자 했던 제국주의 이론가들에게 최고의 선전 도구였다. 그들은 사실상 진화를 진보와 동일시했으며, 인간 사회의 승패를 약육강식에 근거한 '자연의 순리'로 해석함으로써 식민지에 대한 제국주의 침탈을 당연시했다. 메이지 시대의 계몽주의자 가토 히로유키加藤弘之, 1836~1916의 《인권신설人權新說》은 당시 일본에서 싹트고 있던 자유민권 운동을 사회진화론의 입장에서 반박했다. 우승열패, 적자생존 등의 개념에 입각한 그의 사회진화론은 훗날 일본 군부의 대륙 침략을 정당화하는 논리로 발전해나갔다. 나아가 헤켈의 우생학은 나치의 인종차별 정책에 이용되었다. 특히 "정치는 생물학의 응용이다"라고 외친 헤켈의 주장은 진화한 인종이 미개한 인종을 지배하는 것은 당연하다는 나치스트들의 선전 문구로 활용되었고, 결국 가장 극단적 형태인 홀로코스트를 불러왔다.

28

과학, 기술과 결합하다

1833년 케임브리지에서는 제4차 영국과학진흥협회 회의가 열렸다. 참석자 중 한 사람이었던 시인 새뮤얼 콜리지Samuel Taylor Coleridge, 1772~1834는 이 회의에서 문제를 제기했다. 당시 다양한 과학 분야에서 급증하고 있던 천문학자, 식물학자, 화학자, 지질학자 등과 같은 직업적 전문가 집단에 어떤 명칭을 붙일 것인가였다. 영국의 수학자이자 철학자였던 윌리엄 휴엘William Whewell, 1794~1866은 예술가artist에서 유추하여 '과학자scientist'라고 부르길 제안했다.•

라틴어 scientia스키엔티아에 어미 ist를 붙인 'scientist'는 당시 매우

• 휴엘은 자신이 쓴 저서에서도 그 내용을 자세히 소개하고 있다. 윌리엄 휴엘, 《귀납적 과학의 철학The Philosophy of the Inductive Sciences》, 런던, 1840년, cxiii쪽.

좁은 영역을 연구하는 사람을 가리키는 말로, 결코 좋은 어감이라고 볼 수 없었다. 하지만 곧 미국에서 인기를 끌고 영국에서도 쓰이면서 전 세계로 확산되었다. '과학자'라는 명칭의 등장은 19세기 초 영국 사회에서 자연과학 각 분야가 전문화와 세분화되고 있었음을 보여주는 상징적인 사건이다.

물론 자연과학 각 분야의 이 같은 전문화와 세분화가 19세기에 갑작스럽게 나타난 것은 아니다. 오늘날 과학을 의미하는 영어 science의 어원인 스키엔티아는 근대 초기까지만 해도 단순히 '지식' 혹은 '앎'을 의미했다. 베이컨은 1620년《신기관》에서 "아는 것이 힘이다scientia est potentia"라는 유명한 라틴어 경구를 남겼다. 이때 '스키엔티아'는 곧 '아는 것'을 의미했다. 그러나 17세기를 거치며 과학은 점점 다른 학문들과 구분되는 독특한 학문적 방법론을 갖춰가고 있었다. 베이컨, 데카르트 등을 통해 새로운 자연 탐구의 철학이 도입되었고, 각종 실험 도구들은 경험주의적 방법론을 확산시켰다. 특히 천문학과 물리학 분야를 중심으로 일어난 이 같은 독특한 과학적 방법론은 갈릴레이, 뉴턴에 이르러서는 과학을 더 이상 일반인이 쉽게 이해하기 힘든 전문적 수준으로 끌어올렸다. 또 과학혁명 이후 금세 다른 자연과학 분야들에까지 확대되었다.

근대 이후 과학은 관찰, 실험과 같은 증명 가능한 사실에 기반을 둔 자연 세계에 대한 독특한 실증적 지식의 의미를, 또 한편으로는 각 영역별로 분과화된 학문, 다시 말해 세분화된 학문 추구의 방식이라는 의미를 갖게 되었다. 오늘날 영어 사전들에서 단수형 science가 특별한 방법론을 갖춘 지식 체계로, 복수형 sciences가 각 영역별로 나뉜

분과 학문을 총칭하는 것은 앞의 시대적 배경과 관련 깊다.

이처럼 과학혁명 이후 독특한 지적 방법론으로 무장한 과학은 19세기에 이르러 하나의 사건을 통해 더욱 강력한 힘을 갖게 된다. 역사상 친밀했지만 일정한 간극을 유지해왔던 기술과 마침내 결합하기 시작한 것이다. 오늘날 우리는 과학과 기술을 굳이 분리하려 들지 않고, '과학기술'도 거의 한 단어처럼 사용하는 것이 어색하지 않다. 그러나 과학과 기술은 역사상 오랫동안 거리를 유지한 채 발전해왔다.

과학의 기원을 보통 고대 그리스인들의 자연에 대한 철학적 사색에서 찾는다면, 기술은 인류의 출현과 함께 시작되었다고 해도 과언이 아닐 것이다. 오늘날 우리가 기술technology의 어원으로 생각하는 그리스어 '테크네τέχνη'가 '집을 짓는 솜씨'를 의미하는 것은 인류가 생존을 위해 처음부터 기술을 사용했음을 알려준다. 그러나 철학적·과학적 사유를 중시했던 그리스인들은 기술을 삶의 중요한 부분으로 받아들이면서도, 대체로 지식(과학)과 분리해서 이해했을 뿐만 아니라 지식의 하부에 두는 경향이 강했다. 고대 그리스인과 로마인들은 많은 기술적 성과를 남겼지만, 기술은 주로 노예들의 육체노동이라는 생각이 지배적이었고 이러한 경향은 중세 말기까지도 큰 변동이 없었다.

근대 초기에 이르러 기술은 과학과 새로운 관계를 맺기 시작했다. 레오나르도 다빈치는 하천이나 운하에서 물이 어떤 식으로 흐르는지 연구하기 위해 직접 모형을 만들고 착색한 물이나 모래를 흘려보내는 관찰 실험을 시도했다. 다빈치는 당대의 일반적인 장인들과는 달리 기술 이상의 것, 다시 말해 실험과 관찰을 통한 이론적 사고를 기술과 연계해 이해했다. 아울러 베이컨은 《뉴 아틀란티스》에서 공공연히 기술과 과학의 관련성을 외쳤고, 그의 이념은 영국 왕립학회의 설립으로 구체화되었다. 로버트 훅, 갈릴레이, 뉴턴 같은 17세기 과학자들은 각종 과학도구를 통해 자연현상을 실험하고, 그 결과를 수학의 언어로 정리했다.

이처럼 근대 과학자들은 장인artisan들의 기술적 성과를 자연 탐구에 적극적으로 활용하기 시작했고, 비교적 거리를 두고 있던 과학과 기술이 거리를 좁히는 계기가 되었다. 이렇게 탄생한 근대 과학은 이번에는 새로운 기술의 탄생에 영향을 주었다. 다시 말해 '과학에 기초를 둔 기술science-based technology'이 새롭게 등장하기 시작한 것이다.

이 '과학적 기술'은 근대적 공학자를 일컫는 엔지니어의 출현과도 관련이 깊다. 중세 말기 유럽의 각 도시에서는 상인이나 업종별 수공업 기술자들의 조합인 길드가 조직되기 시작했다. 르네상스 시대에 이르기까지 길드는 폭발적으로 성장했으며, 봉건사회의 중요한 생산적 기반이 되었다. 그런데 15세기 무렵부터는 봉건사회가 점점 해체되는 과정에서 길드에 참여하지 않고 궁정이나 신흥 상인의 후원을 받는 자유로운 기술자들이 나타나기 시작했다. 그들은 당시 유럽의 부유한 후원자들이 가장 선호했던 군사기술에 지대한 관심을 기울였다. 이 같은 새로운 유형의 기술을 라틴어로 인게니움ingenium이라 불렀고, 인게니움에 종사하는 사람들을 인게니아토르ingeniator, 지금의 건축자라고 불렀다. 인게니아토르는 기발한ingenious 사람을 의미했는데, 영어의 engineer, 프랑스어의 ingénieur, 독일어의 ingenieur의 어원이 되었다.

오늘날 엔지니어는 보통 전통적인 장인 혹은 직인craftsman들과는 달리 '과학적 소양을 몸에 익힌 기술자', 다시 말해 '과학적 기술의 전문가'라는 의미로 사용한다. 서양에서 이 같은 근대적 의미의 엔지니어가 본격적으로 양성된 것은 대략 18~19세기 무렵이었고, 주로 광산, 토목 등을 비롯한 군사적 요구에서 비롯되었다. 더 튼튼한 요새를 건설하기 위해 역학적 지식이 필요하고 대포 조작에 수학적 이론이 필요한 것처럼 새로운 기술의 탄생에 과학적 이론이 도움이 된다는 인식이 확산되었기 때문이다.

엔지니어의 출현 과정은 각국이 처한 환경에 따라 조금씩 달랐다. 프랑스에서는 이미 1747년 파리의 토목학교에서, 그리고 1748년 메지에르 공병학교에서는 수학, 물리학, 화학 등의 지식을 갖춘 기술자인 엔지니어가 배출되고 있었다. 그러나 과학적 지식을 군사공학과 기술에 본격적으로 활용한 전문 과학 교육기관으로서 유례없는 성공을 거둔 곳은 1794년 파리에 설립된 에콜 폴리테크니크École Polytechnique 이다.

당초 에콜 폴리테크니크의 설립은 프랑스의 정치적 격변과 관련이 깊었다. 1789년 프랑스혁명 이후 구체제에 몸담고 있던 기술자들의 해외 망명, 혁명의 확산을 두려워한 주변국들의 견제 등에 부닥친 프랑스는 긴급히 엔지니어를 길러내야 했다. 에콜 폴리테크니크의 학생들은 프랑스 전역에서 수학 경쟁시험을 통해 선발되었고 수업료는 무료였으며 일정한 장학금이 지급되었다. 물론 졸업 이후에는 공공기관에 근무해야 했다. 어려운 경쟁을 뚫고 입학한 학생들은 피에르 시몽 라플라스1749~1827, 가스파르 몽주1746~1818, 조제프 라그랑주1736~1813와 같은 수학자들을 비롯해서 화학자 클로드 루이 베르톨레, 전기학자 앙드레 앙페르1775~1836와 같은 당대 일류 과학자들에게 전문적인 교육을 받았고, 졸업 후에는 프랑스 과학을 이끌어갈 인재로 성장했다.

정부가 적극적으로 교육 제도화를 주도해 엔지니어를 양성한 프랑스와 달리 이웃 나라인 영국은 과학교육의 도입이 비교적 늦었다. 따라서 영국에서는 국가의 주도보다는 장인들이 자생적으로 성장하거나 민간에서 전문 분야별 기술자 집단이 형성되면서 엔지니어가 등장했다.

산업혁명기 영국의 엔지니어를 대표하는 인물로는 이삼바드 킹덤 브루넬1806~1859을 들 수 있다. 그의 아버지 마크 이삼바드 브루넬1769~1849은 토목 기술자였는데, 고등교육을 거의 받지 못했다고 한다. 그러나 아들은 프랑스에서 교육받은 뒤 영국을 대표하는 유능한 철도 기사로 성장했다. 그는 이전과는 차원이 다른 규모의 현수교, 기차역, 터널, 증기선 등을 제작한 것으로 유명하다. 철도의 아버지로 불리는 조지 스티븐슨1781~1848의 아들 로버트 스티븐슨1803~1859도 에든버러대학에서 공부한 후 거대한 철도교를 건설하는 등 영국을 대표하는 엔지니어로 성장했다.

이 같은 엔지니어들의 주요한 활동 공간은 19세기부터 설립된 다양한 기술자협회들이었다. 1818년 토목기술자협회를 시작으로, 1847년 기계기술자협회, 1869년 철강협회 등 각종 기술자협회는 엔지니어들이 스스로의 권익을 지키고 정보를 교환하는 유용한 안식처가 되어주었다. 이처럼 근대 엔지니어의 출현에는 이른바 과학적 기술의 등장이라는 시대적 배경이 있었다.

에콜 폴리테크니크에서의 수업 광경. 포춘 루이 메울Fortune Louis Meaulle, 1890년.

이삼바드 킹덤 브루넬과 그가 디자인한 브리스톨의 클리프턴 현수교. 브루넬의 현수교 디자인이 채택된 것은 불과 스물네 살이던 1831년이었다. 이 현수교는 오랫동안 착공이 미뤄지다가 그가 죽은 후에야 완공되었다.

19세기 후반에 이르러 과학적 기술은 몇몇 분야를 중심으로 인간의 삶에 강력한 힘을 발휘하기 시작했다. 그 대표적인 분야가 유기화학과 전자기학이었다.

유기화학 분야에서는 화학적 지식을 이용하여 약품이나 염료를 합성하는 화학공업이 급격히 발전했다. 독일의 화학자 유스투스 폰 리비히Justus von Liebig, 1803~1873가 대표적 인물이다. 독일의 다름슈타트에서 염료 제조공의 아들로 태어난 리비히는 일찍부터 화학에 매료되었고, 특히 화학 실험에 큰 재능을 보였다. 프랑스의 소르본대학에서 공부한 리비히는 유명한 화학자 게이뤼삭의 조수가 되어 화학적 방법론을 몸에 익혔다. 1824년 겨우 스물한 살에 독일 기센대학의 교수로 초빙된 리비히는 학생용 실험실을 만들고, 교수와 학생이 함께 실험하고 연구하는 새로운 화학 교육을 도입했다. 이전의 도제식 화학 교육이 교수가 학생들 앞에서 실험을 시연하고 강의하는 방식에 머물렀던 것과 비교하면 리비히의 화학 실험실은 획기적인 변화였다. 그의 실험실에서 배출된 많은 화학자는 이후 기센식 화학 교육을 세계 각국에 전파하는 데 맹활약한다.

아울러 리비히는 유기화학의 성과를 농화학이나 생화학 등 다양한 학문 분야에 응용하는 데 앞장섰다. 그는 질소, 인산, 칼륨이 농작물의 성장에 필수적이라는 사실을 알아냈다. 이러한 과학적 성취는 곧 인공 비료의 개발로 이어졌다.

전자기학 분야도 과학의 기술적 응용이 빠르게 일어난 분야였다. 1800년 볼타가 만든 볼타전지가 안정적인 전류를 생산할 수 있다는 것을 알린 이후 기술적으로 응용한 전신이 상용화되고, 백열전구가 발명되는 등 인간의 삶에 획기적인 변화가 일어나기 시작했다.

이처럼 19세기에 이르러 과학은 전문 영역별로 분업화되는 길을 걷는 한편, 기술과의 유대를 강화하여 이전까지와는 다른 '과학적 기술'이라는 뚜렷한 특징을 드러냈다. 그리고 그 과학적 기술은 서양을 넘어 동아시아를 비롯한 세계 각지로 확산되기 시작했다.

1842년 리비히의 분석 실험실. J. P. 호프만, 《기센대학의 화학 실험실》, 하이델베르크, 1842년.

아인슈타인은
불확정성과 확률적 이해에 사로잡힌
양자역학을 비판했다.

신은 주사위 놀이를 하지 않는다

1841년 1월, 중국의 정크선들이 영국 함대의 공격으로 불타고 있다. 에드워드 덩컨, 1843년.

29

동아시아를 삼킨 서양 근대 과학

서양 과학이 동아시아에 본격적으로 전래되기 시작한 것은 17세기 무렵 중국에 들어온 예수회 선교사들에 의해서였다. 마테오 리치, 아담 샬과 같은 선교사들이 서양의 수학, 천문, 역법 등을 중국에 소개했다는 사실은 잘 알려져 있다. 하지만 당시 중국에 들어온 서양 과학은 규모와 영향력 측면에서 중국의 문화와 질서를 뒤흔들 정도는 아니었다. 당시 선교사들의 주된 임무는 그리스도의 신앙을 전파하는 것이었고, 자연과학은 신앙을 전파하기 위한 도구로 이용된 측면이 강했기 때문이다. 그러나 19세기 들어 동아시아에 유입된 서양 과학은 그야말로 동아시아 사회의 근간을 송두리째 뒤흔드는 강력한 힘을 지니고 있었다. 그렇다면 불과 두 세기 사이에 무엇이 동서 문명 사이에 이와 같은 거대한 차이를 만들었을까?

18세기 후반 영국에서 시작된 산업혁명은 방적, 화학, 제철, 동력 기관 등과 관련된 산업 분야에서 고도의 기술적 혁신을 이루어냈다. 면직 공업의 발달로 값싸고 질긴 직물의 대량생산이 가능해졌고, 수차나 풍차에 의존하던 기존의 동력 시스템은 각종 증기기관과 엔진으로 대치되었다. 철강 산업의 발달은 선반을 비롯한 공작기계와 각종 기계류의 생산으로 이어졌다. 나아가 산업혁명은 단순히 기술상의 발달을 넘어 사회적·경제적 구조 변혁을 초래함으로써 농업 중심의 유럽 사회를 공업 중심의 자본주의 사회로 전환시켰다.

산업혁명을 이끈 기술은 대체로 과학과는 직접적인 관련이 없었다는 시각이 주를 이룬다. 오늘날 산업혁명의 주역으로 손꼽히는 인물 대부분은 자수성가한 전통적 장인들이었다. 증기기관의 원형을 만든 토머스 뉴커먼Thomas Newcomen, 1663~1729은 대장장이였고, 영국 직물 산업의 기계화를 이끈 플라잉 셔틀의 발명자 존 케이John Kay, 1704~1764?는 직포공 출신이다. 안전 자물쇠를 발명한 조지프 브라마Joseph Bramah, 1748~1814, 금속 선반을 발명한 헨리 모즐리Henry Maudslay, 1771~1831, 각종 게이지와 표준 나사 등을 개발한 조지프 휘트워스Joseph Whitworth, 1803~1887는 모두 기계공 출신이다. 방적기를 발명한 리처드 아크라이트Richard Arkwright, 1732~1792는 심지어 글을 잘 쓸 줄 모르는 이발사였다고 한다.

물론 전통적 장인 중에도 영국의 지방 도시에 설립된 각종 학회

영국의 산업혁명을 묘사한 풍자화로, 각종 공장에서 뿜어져 나온 매연과 증기 엔진을 단 마차가 흥미롭다. 헨리 알킨, 〈화이트 채플 로드의 모습A view in white chapel road〉, 1831년.

에 참석하여 과학자들과 빈번한 교류를 나눈 사람도 있었다. 산업혁명의 중심인물로 지목되는 증기기관의 발명자 제임스 와트James Watt, 1736~1819는 글래스고대학에서 과학도구 제작자로 일하는 한편, 각종 과학 학회에도 자주 참석하여 과학자들과 토론을 즐겼다. 그가 증기기관을 발명한 데는 과학자들의 영향이 있었다고 추측할 수 있다.

18세기부터 시작된 산업혁명은 서양 사회에 거대한 변혁을 불러왔을 뿐만 아니라 19세기 동아시아에 대한 제국주의 침탈을 가능케 한 요인이 되었다. 1840년 청나라에서 벌어진 아편전쟁은 산업혁명과 새로운 과학기술로 무장한 서양 제국이 동아시아로 진군하기 시작한 최초의 신호탄이었다. 아시아에 대제국을 건설한 중국이 서양의 군함과 대포 앞에서 맥없이 무너졌을 때, 이웃 나라 조선과 일본 또한 극도의 불안감에 휩싸였다. 아편전쟁이 발발한 이후 군사적 위기는 먼저 일본에 들이닥쳤다.

1853년 미국의 매튜 페리Matthew Perry, 1794~1858 제독이 이끈 원정 함

1854년 페리의 내항 당시 모습을 그린 그림이다. 당시 서양의 선박들을 쿠로부네黑船라고 불렀던 이유는 선체에 방수를 위해 타르를 칠하여 검게 보였기 때문이다. 〈무사시우시오다엔케이武州潮田遠景〉, 니가타켄 쿠로부네칸.

대는 일본 근해에 도착하여 즉각적인 통상을 요구했다. 일본과 미국 간의 첫 외교적 만남에는 흥미로운 에피소드가 있다. 통상조약을 체결하기 위해 이듬해 미국 함대가 다시 일본을 방문했을 때, 양국은 협상에서 심리적인 우위를 점하기 위해 각자가 장기로 하는 '쇼'를 선보였다. 미국 측이 내놓은 것은 실물을 1/4 크기로 줄인 소형 증기기관차와 유선전신기였다. 두 가지는 산업혁명과 서양 과학기술의 성과를 집약한 서양 문명의 대표적인 결실이었다. 반면 일본 측이 의기양양하게 선보인 것은 다름 아닌 스모 공연이었다. 동방의 작은 나라인 일본에도 서양인에게 뒤지지 않는 괴력의 인간들이 살고 있다는 것을 과시하려고 했던 듯, 스모 공연은 사뭇 진지하게 치러졌다고 한다. 훗날 페리는 원정 일기에서 다음과 같이 쓰고 있다.

> 역사力士들의 야만적인 공연 이후에 — 이번에는 일본인들이 초대될 차례였다 — 미국인들은 자부심을 가지고 전신기와 증기기관차를

> 선보였다. 일본 관원들의 보기 흉한 공연에 비하면 그것은 수준 높은 문명이 보여주는 행복한 대조였다. 야만적이고 동물적인 힘을 공연한 그 장소에서 아직 계몽되지 못한 사람들을 대상으로 과학과 기업의 성공에 의한 의기양양한 공연이 펼쳐졌다.•

이 사건은 단순한 에피소드의 차원을 넘어서 당시 서양인들이 자신들의 과학 문명에 얼마나 큰 자신감을 갖고 있었는지를 잘 보여준다. 그러나 미국과의 최초의 만남이 희극적이었다 할지라도, 결과적으로 일본이 동아시아의 이웃 나라들보다 빨리 서양의 과학기술을 받아들였던 것은 분명하다.

아편전쟁 이후 서양 제국의 압도적 군사 기술을 눈앞에서 경험한 중국은 서양 문물을 받아들여 군사적 자강과 경제적 부강을 이룬다는 '양무운동'의 슬로건을 내걸고, 서양 과학기술 도입에 박차를 가했다. 1861년 베이징에 서양 문물 도입의 창구인 '총리아문'을 설치한 것을 시작으로, 1865년에는 상하이에 '강남기기제조총국'이라는 무기 제조를 위한 공장을 세웠고 철도 부설과 방적 공업의 도입을 추진했다. 하지만 중국의 양무운동은 그 성격상 중화사상을 기반으로 서양의 과학기술을 도입하는 절충적인 성격을 지녔다는 점에서 만족할 만한 성과를 얻을 수 없었다. 1880년대 후반에 이르러 양무운동의 한계를 지적하는 목소리가 커지면서 중국은 근대화를 향한 새로운 궤도 수정에

• 매튜 페리, 《일본원정기Narrative of the Expedition of an American Squadron to the China Seas and Japan》, Washington: Beverley Tucker, 1856년, 371~372쪽.

1854년 미일화친조약 당시 일본은 미국 측에 스모 공연을 선보였다. 매튜 페리, 《일본원정기》, Washington: Beverley Tucker, 1856년, 371~372쪽.

직면한다.

조선도 급변하는 국제 정세에 발맞추어 새로운 대응을 모색해야만 했다. 1864년 고종의 왕위 계승과 함께 실질적인 정계의 실력자로 떠오른 흥선대원군은 서양 제국의 침공에 대비해 군사기술의 정비와 개발에 박차를 가했다. 그러나 1880년대에 이르기까지 조선은 서양과 직접적인 외교 관계를 맺지 못했고, 따라서 서양 과학기술도 사실상 중국과 일본을 통해 간접적으로 받아들이는 데 그쳤다.

중국이나 조선과는 달리 일본은 서양 과학기술의 대폭적인 수용을 통해 근대국가로 탈바꿈했다. 일본이 서양 과학기술의 수용과 근대적 산업화에 성공한 배경에는 대내외적 위기 상황이 있었다. 특히 1860년대 벌어진 내전은 서양 군사기술의 폭발적 수용을 불러왔다. 일본은 서양 제국의 침공이라는 외압과 동시에 내적으로는 약 250년 동안 지속되어온 막번 체제의 정치 구조가 와해되는 과정에 있었다. 원래 에도 시대의 정치 구조인 막번 체제는 막부의 쇼군과 각 번의 다이묘들 사이에 있던 정치적 주종 관계를 기반으로 형성되었다. 주종 관계라고 해도 막부의 쇼군은 천황으로부터 통치권을 부여받은 존재에 불과했기 때문에 쇼군과 다이묘들 사이에는 태생적으로 정치적 긴장 관계가 잠재되어 있었다. 이 같은 긴장 관계는 서양 제국의 침공과 함께 점차 확대되어갔고, 마침내 구질서를 고수하려는 막부 세력과 훗날 메이지유신의 주축이 된 새로운 정치 세력 간의 내전으로 폭발했다. 막부와 번은 내전이 격화된 1863~1869년까지 약 56만 정에 이르는 서양식 소총을 경쟁적으로 수입했다. 또 페리의 내항부터 1860년대 말까지 약 119척에 이르는 서양식 함선을 수입했다. 각종 반사로(용광로의 일종)와 조선소들이 건설되었고, 향후 일본 근대 산업의 든든한 기반이 되었다. 결과적으로 일본인들이 막번 체제를 끝내고 1868년 메이지유신 정부를 탄생시켰을 때 군사기술만큼은 이웃 나라들보다 한발 앞서 있었다.

메이지유신 이후 일본은 더 이상 서양 과학기술의 수용을 망설일 이유가 없었다. 유신 이전에는 주로 군사, 의학 분야 등 기술적 부분을 중심으로 수용했다면, 유신 이후에는 서양의 과학 이론을 전면적으로 수용하기 시작했다. 가장 상징적인 현상은 '궁리열窮理熱'이라는 물리학 열풍이었다. 계몽주의자 후쿠자와 유키치福澤諭吉, 1835~1901가 1868년 출간한 《훈몽궁리도해訓蒙窮理圖解》를 시작으로 서양의 물리학 계몽서들이 우후죽순처럼 번역 출간되었고, 이 책들은 새로운 서양의 과학 지식을 갈구하던 메이지인들로부터 큰 인기를 끌었다.

폭발적인 번역 운동 열풍과 더불어 일본어에는 유례없던 변동이 일어났다. 일본의 언어학자 모리오카 켄지森岡健二, 1917~2008는 메이지 시대를 전후로 간행된 대표적 번역 사전들을 상세히 분석한 결과, 메이지유신 이후 불과 20년에서 40년 사이에 전통 에도어의 절반 정도가 메이지의 신조어(신역어)로 전환되는 일본어의 대대적 변동이 일어났다고 밝혔다.• 일본어의 변동 속에서 과학기술 관련 용어도 새롭게 번역되었다. '과학科學'이라는 용어가 만들어진 것도 이때였다. 메이지 일본의 지식인들은 science를 각 전문 영역별로 분업화된 학문, '분과의 학'이라는 의미의 '카가쿠科學'로 번역했다. 이 용어는 1895년 유길준1856~1914의 《서유견문》, 1896년 량치차오梁啓超, 1873~1929의 《변법통의變法通議》 등에 사용되면서 한국과 중국으로 퍼져나간다. 이 밖에도 메이지 시대 일본에서 철학, 자연, 물리, 주관, 객관 등과 같은 근대 학문의 중요한 용어들이 서양어의 번역으로 새롭게 탄생하거나 전통적 개념을 서양어의 개념으로 바꾸었다.

일본은 1870년대 중반 무렵부터 서양의 학회를 본뜬 근대적 과학 학회들을 본격적으로 설립했다. 이때 설립된 과학 학회들은 각 학문 영역별로 전문화된 지식 추구 방법과 학술 용어 번역 및 통일 등을 이끌었다. 아울러 1877년 설립된 도쿄대학을 시작으로 분과 학문이 고등교육의 제도적인 틀 안에 들어오면서 '과학'은 일본 사회에 깊이 뿌리내리게 되었다.

한편 조선은 1880년대에 들어서야 서양으로부터 직접 과학기술을 수용하기 시작했다. 그러나 이미 열강들의 각축장으로 변해가고

• 모리오카 켄지森岡健二, 《근대어의 성립: 메이지기 어휘편近代語の成立: 明治期語彙編》, 〈화영사서에서 역어의 변천和英辞書における訳語の變遷〉, 동경: 메이지서원, 1969년, 2~37쪽.

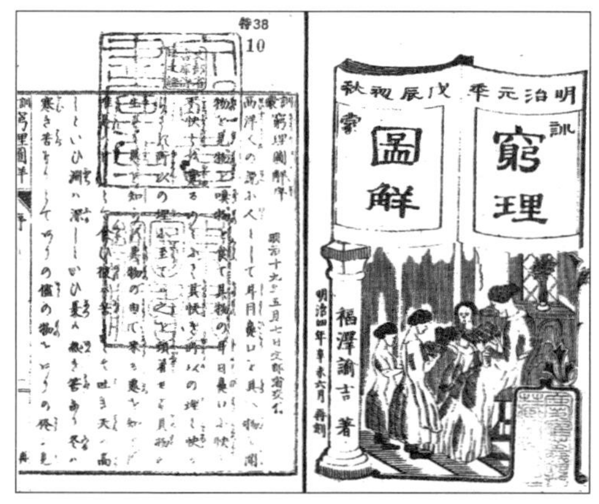

1868년 일본의 계몽주의자 후쿠자와 유키치가 편찬한 《훈몽궁리도해》. 이 책은 당시 물리학에 대한 관심과 유행을 조성하는 데 중요한 역할을 했다.

있던 조선이 의도한 대로 서양의 과학기술을 수용하기란 현실적으로 쉽지 않았다. 서양의 군사기술을 습득하기 위해 조선 정부는 일본과 청에 유학생을 파견하는 등 간접적으로나마 서양의 기술을 수용하기 위해 계속 노력하고 있었고, 조선에 들어온 선교사들이 서양 의학을 전파하기도 했다. 하지만 그것만으로는 근대화의 격차를 좁힐 수 없었다. 나아가 일찍이 유교 문명의 중심지였던 청은 서양 제국과의 오랜 전쟁을 끝으로 마침내 쇠락의 길을 걷게 되었다.

19세기 중반 이후 서양의 과학기술을 수용하여 근대화에 성공한 일본은 청을 대신하여 동아시아의 새로운 맹주로 떠올랐다. 일본의 급속한 근대화는 사실상 서양 열강들을 답습한 것이었고, 향후 일본 군부의 대륙 침략을 가능케 한 발판이 되었다.

이처럼 19세기 서양의 근대 과학기술은 문명의 진보를 상징하는 도구임과 동시에, 군사기술이라는 이면에 감춘 악의 얼굴을 드러냄으로써 식민지 지배의 효율적인 도구로 자리 잡았다.

30

인류의 사고를 다시 한번 뒤흔든 현대물리학의 탄생

오늘날의 과학자들은 물리학을 보통 고전물리학과 현대물리학으로 구분한다. 17세기 뉴턴 역학의 등장으로 시작된 고전물리학은 19세기 맥스웰의 전자기학에 이르기까지 약 두 세기 동안 눈부신 발달을 보였다. 19세기의 많은 과학자는 자연계의 물리적 현상을 그때까지의 고전물리학으로 모두 설명할 수 있다고 믿고 있었다. 그러나 19세기 말에 이르러 상황이 변화하기 시작했다. 기존의 믿음을 뒤흔드는 일련의 자연현상들이 관측되기 시작한 것이다. 가장 먼저 빛의 속도와 원자 내부에 대한 새로운 질문이 찾아왔다. 결과적으로 고전물리학의 아성을 뒤흔든 이러한 난제들은 상대성이론과 양자역학을 두 축으로 하는 현대물리학의 등장을 불러왔다.

원자가 더 이상 쪼갤 수 없는 궁극적인 물질이라는 생각은 고대 그리스에서 등장한 이후 오랫동안 자취를 감추었다가 15세기 무렵에 재등장했다. 근대의 화학자들은 원자론을 이용하여 여러 가지 화학 법칙을 성공적으로 설명할 수 있었고, 이는 원자론의 부활을 이끈 요인이었다. 따라서 19세기 말에 이르러 원자의 존재를 의심하는 과학자들은 거의 찾아볼 수 없었다. 하지만 원자는 극히 미시적인 입자이기 때문에 내부 구조는 여전히 미지의 세계로 남아 있었다.

화학자 존 돌턴이 원자를 더 이상 쪼개지지 않는 단단한 공 모양이라고 추측한 이후, 원자 내부 구조에 한 발 더 다가간 사람은 19세기 말 케임브리지대학의 조지프 톰슨Joseph John Thomson, 1856~1940이었다. 그의 원자 모형 연구는 19세기 중엽 이후 물리학자들 사이에서 유행하던 음극선관 실험을 통해서 이루어졌다. 1869년 독일의 물리학자 율리우스 플뤼커Julius Plücker, 1801~1868와 요한 히토르프Johann Wilhelm Hittorf, 1824~1914는 공기펌프로 공기를 뽑아낸 유리관 양단에 높은 전압을 걸어주었을 때, 양극 사이에 어떤 광선 같은 것이 흐른다는 사실을 발견했다. 1876년 독일의 물리학자 오이겐 골트슈타인Eugen Goldstein, 1850~1930은 그 광선 같은 흐름이 음극에서 시작되기 때문에 음극선독일어 Kathodenstrahlen, 영어 cathode rays이라고 불렀다. 이후 과학자들은 광선 같은 흐름이 무엇인지, 나아가 자기력과는 어떤 관계가 있는지 등의 문제에 관심을 집중하고 있었다.

1895년 빌헬름 콘라트 뢴트겐Wilhelm Conrad Röntgen, 1845~1923이 엑스선을 발견하여 물리학계를 술렁이게 한 지 2년 뒤, 톰슨은 방전관의 두 극 사이에서 생기는 음극선을 연구하던 중 이 음극선이 음전하를 띤 입자의 흐름이라는 사실을 밝혀냈다. 훗날 '전자electron'라고 명명

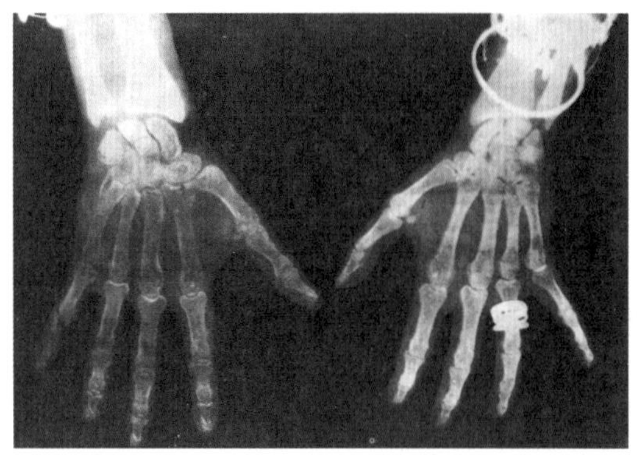

〈일러스트레이티드 런던 뉴스〉는 뢴트겐이 엑스선을 발견한 이듬해인 1896년 7월, 요크 공작과 공작 부인의 손을 촬영하여 판매 부수를 올렸다.

된 이 입자의 발견은 놀라운 사건이었다. 입자의 질량이 당시 원자들 중 가장 작고 가볍다고 여겼던 수소 원자보다 적어도 1,000배 이상은 가벼웠기 때문이다. 다시 말해 이 발견은 원자가 더 이상 쪼갤 수 없는 최소 물질이라는 생각을 뒤집는 것이었을 뿐만 아니라 인류가 미지의 원자 속으로 첫발을 내디딘 사건이었다. 이 발견에 고무된 톰슨은 만약 음전하를 띤 전자가 원자 안에 존재한다면, 원자 안에는 양전하를 띤 물질도 전자와 균등하게 분포되어 있을 것이라고 생각했다. 원자가 중성이라는 사실은 이미 알려져 있었기 때문이다. 이렇게 해서 탄생한 톰슨의 원자 모형은 흔히 '건포도 푸딩 모델'로 불리며, 양전하를 띤 원자 내부에 음전하를 띤 전자들이 촘촘히 박혀 있는 모습이다.•

• 건포도 푸딩 모델은 푸딩에 건포도가 촘촘히 박혀 있는 모습을 연상시킨다. 그러나 톰슨은 당초 전자가 고정된 것이 아니라 움직일 수 있는 것이라고 보았다. 톰슨의 원자 모형은 양전하의 바다에 전자가 떠다닌 것으로 이해할 수 있다.

19세기 말 톰슨은 음극선이 미세한 입자라는 사실을 밝혀냄으로써 음극선의 실체에 관한 오랜 논란에 종지부를 찍었다. 사진은 그가 음극선을 발견했을 당시의 모습이다. 오른쪽에는 실험에 사용했던 음극선관이 놓여 있다. 케임브리지대학 캐번디시연구소.

톰슨의 원자 모형은 일찍이 신이 그 진입을 허용하지 않는다고 믿었던 원자 내부를 최초로 파헤쳤다는 점에서 과학 역사상 중요한 사건으로 기억될 만하다. 하지만 그러한 영광은 머지않아 톰슨의 제자이자 물리학자였던 어니스트 러더퍼드1871~1937의 몫이 되고 말았다.

뉴질랜드에서 케임브리지대학 캐번디시연구소로 유학을 와 있던 러더퍼드는 톰슨의 원자 모형을 가장 가까운 곳에서 들여다본 사람들 중 한 명이었다. 1911년 그는 라듐 88로부터 방출되는 알파입자를 얇은 금박에 충돌시킬 때 어떤 궤적을 그리는지 실험하고 있었다. 러더포드는 이 알파입자의 산란 실험에서 놀라운 현상을 관찰한다. 금의 원자와 충돌한 대부분의 알파입자는 금박을 직선으로 관통했지만, 알파입자 몇 개는 큰 각도로 튕겨 나왔던 것이다. 러더퍼드는 알파입자가 그처럼 큰 각도로 튕겨 나오려면 원자 속에 전자와는 다른, 질량이 매우 큰 어떤 물질이 존재해야 한다고 생각했다. 아울러 그 물질은 알파입자들 중 극히 일부만을 튕겨내기 때문에 아주 작은 부피를 차지하며 모여 있을 것이고, 음전하를 띤 전자와는 달리 양전하를 띠고 있으리라는 추측도 가능했다. 이것이 바로 러더퍼드의 원자 모형이다. 태양계 모델과 흡사한 그의 원자 모형은 아주 작은 양전하의 원자핵이 원자의 중심부에 있고, 원자핵 주위에는 행성들이 마치 태양의 주위를 회전하듯이 전자가 돌고 있는 모습이다.

우연의 일치인지 모르지만, 러더퍼드의 원자 모형은 미시 세계인 원자의 내부가 태양계의 운동 모델과 닮아 있다는 점에서 신비감을 안겨주었다. 나아가 전자들이 원자핵 주위를 회전하는 이유는 태양계의 행성들이 만유인력에 의해 태양으로 떨어지는 것을 막기 위해 운동을 멈추지 않듯이, 전자들도 전기력에 의해 원자핵으로 떨어지는 것을 막기 위한 것이라고 해석했다.

러더퍼드의 원자 모형은 기하학적인 구조 측면에서 우아함을 뽐냈다. 그러나 원자의 안정성에 관해서는 그리 만족스럽지 못했다. 고전물리학의 기초 이론은 전기를 띤 물체가 가속운동을 할 때는 외부로 전자기파(에너지)를 방출한다는 것이다. 러더퍼드의 주장대로 원자핵의 둘레를 전자가 돌고 있다면 전자도 전자기파를 방출해야만 한다. 만약 그렇다면 전자는 운동에너지를 잃어버리기 때문에 회전 속도가 느려지고, 결국은 양전하를 가진 원자핵으로 빨려 들어갈 것이다. 원자 내부에서 원자핵이 차지하는 부피는 극히 미미하기 때문에 원자 안의 전자들이 원자핵으로 빨려 들어간다는 말은 곧 원자들로 이루어진 물체의 크기가 언젠가는 매우 작게 쪼그라든다는 것을 의미한다. 만약 지구상의 모든 원자가 각각의 원자핵으로 빨려 들어간다면 지구의 크기는 당장이라도 형편없이 줄어들고 말 것이다. 하지만 실제로 자연계에 존재하는 원자는 그렇게 줄어들지 않는다. 따라서 러더퍼드의 원자 모형은 여전히 역학적으로 불안정했고, 맥스웰의 전자기학 이론과도 모순되었다.

코펜하겐대학에서 박사학위를 받고 영국의 캐번디시연구소에서 톰슨과 함께 연구를 시작한 닐스 보어1885~1962도 그와 같은 의문에 사로잡혔다. 케임브리지에서 의욕적인 출발을 했지만 톰슨과 그리 좋은 관계를 맺지 못했던 보어는 곧 톰슨의 연구실을 떠나 맨체스터대학에 있던 러더퍼드의 연구실에 합류했다. 영국 유학을 마치고 코펜하겐대학 교수로 부임한 보어는 러더퍼드의 원자 모형이 가진 모순은 막스 플랑크1858~1947의 '양자quantum' 개념으로 풀 수 있다는 사실을 발견한다.

독일의 물리학자 플랑크는 오늘날 양자역학의 아버지로 일컫는다. 그는 19세기 말 물리학자들을 괴롭히던 흑체의 복사 문제에 매달리고 있었다. 흑체는 말 그대로 '검은 물체'를 의미한다. 그러나 물리학에서의 흑체는 단순히 검은 물체가 아니라 외부에서 오는 빛을 완벽하게 흡수해서 반사되는 빛이 거의 없는 이상적인 물체를 말한다. 주변의 사물 중에서 흑체를 찾기는 힘들지만, 스스로 빛을 내는 태양은 흑체에 가깝다고 볼 수 있다. 흑체는 에너지를 받으면 받은 에너지를 모두 내보내면서 열적 평형 상태에 도달하고, 이때 모든 영역의 파장(진동수)의 빛을 방출한다. 이것을 흑체복사라고 하며, 이때 복사되

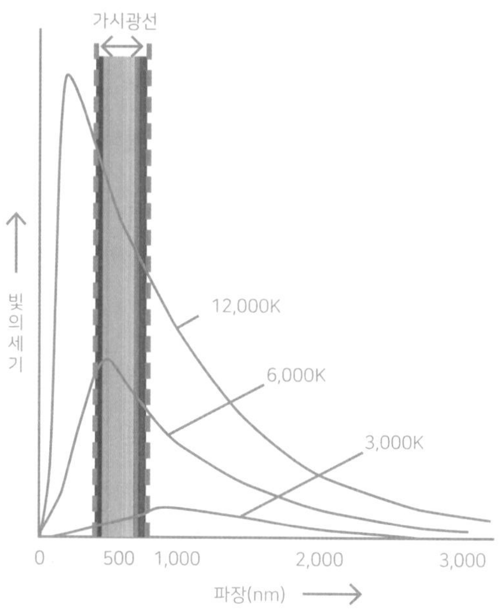

흑체복사 스펙트럼. 가로축은 파장을, 세로축은 빛의 세기를 보여준다. 절대온도 6,000K가량의 태양은 가시광선을 가장 많이 방출한다. 온도가 점점 떨어질수록, 빛의 세기(밝기)는 줄어들고 파장은 점점 긴 쪽으로 이동하는 것을 볼 수 있다.

는 빛의 파장과 세기는 오직 온도에 따라서만 달라진다.

19세기 물리학자들은 이미 흑체복사 스펙트럼을 실험적으로 얻을 수 있었다. 당시 물리학자들이 흥미를 가졌던 것은 스펙트럼으로 관찰할 때 흑체가 어떤 물체나 형태로 이루어졌든지 간에 그 온도가 같다면 흑체복사 곡선은 항상 동일하다는 점이다. 예를 들어 가열된 주전자가 태양과 같은 약 6,000도라면, 이때 그 주전자에서 나오는 빛은 태양과 동일한 스펙트럼을 보여준다. 다시 말해 주전자가 뿜어내는 빛의 스펙트럼은 태양처럼 가시광선 영역이 가장 센 스펙트럼이다. 그런데 당시 물리학자들은 실험으로 얻은 이 흑체복사 스펙트럼을 완벽하게 설명하는 데 어려움을 겪고 있었다. 몇몇 물리학 법칙이 흑체복사 곡선을 부분적으로는 설명할 수 있었다. 빈의 변위 법칙은 파장이 짧은 쪽의 스펙트럼을 설명할 수 있었고, 레일리-진스의 법칙은 파장이 긴 쪽의 스펙트럼을 설명할 수 있었다. 하지만 어느 쪽도 스펙트럼 전체를 설명하지는 못했다.

플랑크도 당시 흑체복사 스펙트럼을 설명하는 데 관심을 기울이고 있었다. 플랑크는 빈이나 레일리-진스가 부분적으로만 설명할 수 있었던 흑체복사 스펙트럼을 통합하고자 노력했다. 그 결과 훗날 플랑크 공식으로 불리게 된 하나의 공식을 유도해냈다. 플랑크는 흑체에서 나오는 빛이 끊이지 않는 흐름, 즉 파동이라는 고전물리학적 시각을 버리고 그 빛의 에너지 양이 불연속적인 알갱이들처럼 덩어리져 나온다고 가정하면, 자신의 공식으로 흑체복사 스펙트럼을 잘 설명할 수 있다는 것을 발견했다. 이것이 양자 개념의 출발이다. 플랑크는 미시 세계에서 빛은 파동으로 행동하지만 물질과 특정한 반응을 할 때는 입자처럼 행동한다고 간주했고, 이때의 에너지 알갱이를 '양자'라고 명명했다.

아인슈타인에게 노벨 물리학상을 안겨준 1905년의 광양자가설도 빛이 양자라는 사실을 증명한 실험이었다. 금속판에 빛을 쏘아주면 전자가 튀어나오는 현상을 광전효과라고 한다. 당시 이 광전효과에는 두 가지 큰 의문이 있었다. 첫째, 진동수가 높은 빛을 쏘아주면 전자가 튀어나오는데, 파동의 특징 중 하나인 진폭의 변화는 왜 전자가 튀어나오는 현상과 아무런 관계가 없을까? 빛을 파동으로 본다면,

진폭이 큰 빛은 에너지가 크기 때문에 더 많은 전자를 튀어나오게 해야 한다. 그러나 실험 결과는 그렇지 않았다. 둘째, 금속판에 쏘아주는 빛의 시간과 전자가 튀어나오는 현상 사이에는 왜 관계가 없을까? 만약 빛이 파동이라면, 빛을 오랫동안 쏘아주면 금속판에는 에너지가 축적되므로 전자가 튀어나올 것이다. 그러나 특정한 빛은 아무리 오래 쏘아주어도 전자가 튀어나오지 않았다.

이 두 가지 큰 의문에 대해 아인슈타인은 과감하게 플랑크의 양자 이론을 도입했다. 아인슈타인은 우리가 빛을 입자로 보면 광전효과를 설명할 수 있다고 생각했다. 빛이 입자라면, 파장의 특징인 진폭은 사라질 것이기 때문에 광전효과가 왜 진폭과 무관한지를 설명할 수 있다. 또한 빛을 쏘아주는 시간이 길더라도 빛은 축적되지 않기 때문에 전자가 튀어나올 이유도 사라진다.

이제 양자 개념은 물리학의 중요한 키워드가 되기 시작했다. 보어도 양자 개념을 도입하여 원자로부터 빛이 불연속적으로 방출되는 현상을 설명했다. 1913년 보어가 제시한 원자 모형은 원자 내에 전자가 안정적으로 회전할 수 있는 궤도들이 존재한다고 가정한다. 원자가 빛을 발산하는 현상은 그 원자 내의 전자가 바깥 궤도로부터 안쪽 궤도로 떨어지면서 에너지를 쏟아내기 때문이다. 전자가 궤도를 이동할 때 그 궤도 사이에서 발생하는 에너지의 차이가 불연속적인 에너지의 광자로 쏟아져 나온다는 것이다. 예를 들어 수소는 가시스펙트럼 속에 적색, 청록색, 청색의 띠를 가진다. 적색 띠는 전자가 세 번째 궤도에서 두 번째 궤도로 이동할 때 생기며, 청록색 띠는 네 번째 궤도에서 두 번째 궤도로 이동할 때 생긴다. 보어는 이처럼 러더퍼드의

1927년 스물일곱 살 무렵의 하이젠베르크. 미국물리학연구소.

원자 모형이 가진 난점들을 설명하며, 새로운 원자 모형과 전자의 궤도 이동, 전자파의 방출 원인 등을 그럴듯하게 설명했다.

그러나 보어의 원자 모형도 결코 완전하지는 않았다. 보어의 원자 모형은 원자의 안정성과 수소의 선스펙트럼을 설명할 수 있었기 때문에 설득력 있어 보였지만, 수소 원자 이외의 선스펙트럼을 설명할 수는 없었기 때문이다.

영국에서 코펜하겐으로 돌아온 보어는 코펜하겐대학에 이론물리연구소를 세웠다. 당시 이 연구소에는 세계 각지로부터 젊고 유능한 물리학자들이 모여들어 보어와 함께 연구를 진행했다. 독일에서 온 베르너 하이젠베르크1901~1976도 그중 한 사람이었다.

1927년 하이젠베르크는 양자역학의 근간이 된 중요한 이론을 발표했다. 이른바 '불확정성의 원리'로 일컬어지는 그의 이론은 우리가 측정을 할 때 어떤 식으로든 측정 대상인 계system를 변화시킬 수밖에 없음을 지적한다. 불확정성의 원리에 따르면, 전자의 위치와 속도(운동량)를 동시에 정확히 측정하는 것은 불가능하다. 자동차가 고속도로를 달리고 있는 상황을 가정해보자. 경찰관은 스피드건으로 자동차의 속도와 위치를 파악할 수 있다. 이때 스피드건에서 나온 전자기파는 달려가는 자동차에 부딪치더라도 자동차의 움직임에 거의 아무런 영향을 미치지 않는다. 그러나 만약 그런 일이 미시 세계에서 일어난다면 어떻게 될까? 전자 하나로만 만들어진 자동차가 고속도로를 달리고 있을 때 이 전자 자동차의 속도와 위치를 알기 위해서 미시 세계의 경찰관은 마찬가지로 전자기파를 쏘아주어야 한다. 이때 전자기파는 달리고 있는 전자 자동차의 움직임을 크게 변화시키고 말 것이다. 물론 전자 자동차의 속도를 방해하지 않기 위해서는 에너지가 작은 전자기파를 쏘아주면 된다. 그러나 에너지가 작다는 것은 파장이 큰 빛이고, 파장이 큰 빛은 전자의 위치 측정을 더욱 어렵게 만든다.

하이젠베르크는 '하이젠베르크의 현미경'이라는 사고실험을 통해 이러한 상황을 다음과 같이 설명했다. 우리가 현미경으로 전자의 위치를 들여다보기 위해서는 빛을 전자와 충돌시켜야 한다. 이때 파장이 큰 빛은 에너지가 작기 때문에 전자의 속도를 덜 방해하는 반면, 위치 측정에 필요한 해상도를 떨어뜨리고 만다. 따라서 해상도를 높여주기 위해서는 파장이 짧은 빛을 쏘아주어야 하지만, 이번에는 에너지가 커진 빛이 전자의 속도를 크게 방해하고 만다. 어느 쪽이든 결국 전자의 위치를 정확히 측정하면 할수록 그 순간의 전자 속도는 덜 정확하게 알 수 있고, 전자의 속도를 정확히 측정하면 할수록 그 순간의 전자 위치는 덜 정확하게 알 수 있다.

불확정성의 원리는 인간의 측정 활동과 측정할 수 있는 대상에 물리적 한계가 존재한다는 점에서 기존의 물리학적 상식을 뒤흔든 것이다.

이미 양자의 개념을 받아들이고 있던 보어도 코펜하겐에 모인 젊은 물리학자들과의 교류를 통해 자신의 원자 모형을 조금씩 수정해갔

파울 에렌페스트Paul Ehrenfest가 1927년에 촬영한 닐스 보어(왼쪽)와 앨버트 아인슈타인. 미국물리학연구소 에밀리오 세그레 비주얼아카이브.

다. 그리고 결국 파동과 입자처럼 서로 배타적으로 보이는 것이 미시 세계에서는 서로 보완적으로 작용한다는 '상보성의 원리'를 발표한다.

하이젠베르크의 불확정성의 원리와 보어의 상보성의 원리로 현대물리학은 양자역학이라는 미시 세계의 자연법칙에 새롭게 다가갔다. 그리고 마침내 1927년 10월, 보어를 중심으로 한 코펜하겐의 물리학자들은 벨기에 브뤼셀에서 열린 제5차 솔베이 회의에서 양자역학의 이론을 발표했다. 20세기 양자역학에 대한 표준 해석으로 알려진 코펜하겐 해석의 출발이었다. 코펜하겐 해석은 그때까지 예측 가능한 것으로 생각했던 물리학에서의 운동을 예측 불가능한 영역으로 끌어들였다. 파동함수는 입자의 시간에 따른 위치를 나타내는 수학적 함수이다. 그런데 양자역학의 파동함수는 입자가 어디에 있을지에 대한 확률을 말해줄 뿐이며, 관측자가 그 입자를 측정하는 순간에 파동함수의 붕괴가 일어나면서 입자의 파동함수는 하나의 상태로 결정된

1927년 제5차 솔베이 회의 기념사진. 이 회의는 당시 고전물리학과 현대물리학의 최전선에 있던 과학자 거의 대부분이 참석한 것으로 유명하다. 맨 위줄 왼쪽에서 여섯 번째에 슈뢰딩거와 아홉 번째에 하이젠베르크가 보인다. 가운데 줄 맨 오른쪽에는 보어가 앉아 있다. 맨 아랫줄 왼쪽에서 두 번째는 플랑크, 세 번째는 마리 퀴리, 그리고 다섯 번째는 아인슈타인이 앉아 있다. 미국물리학연구소 닐스보어도서관.

다. 한마디로 기존 관측 대상과는 무관한 것으로 여겨졌던 관측 행위가 관측 대상의 상태와 결정에 개입한다는 것이다.

솔베이 회의에는 이미 광전효과를 통해 양자역학의 이론적 토대를 쌓은 아인슈타인도 참석했다. 그러나 막상 아인슈타인은 양자역학에 찬성하지 않았다. 솔베이 회의에서 만난 양자역학의 리더 보어와 아인슈타인 사이의 논쟁은 과학사에서 가장 유명한 한 페이지를 장식한다. 일주일간 개최된 회의에서 당시 아인슈타인은 양자역학을 부정하는 질문을 매일 아침 보어에게 던졌고, 저녁이면 보어는 아인슈타인의 질문에 대해 적절한 답을 제시하거나 그 질문이 가진 논리적 모순을 말해주었다고 한다. 하지만 아인슈타인은 결코 굽히지 않았을 뿐만 아니라 "신은 주사위 놀이를 하지 않는다"라는 말로 불확정성과 확률적 이해에 사로잡힌 양자역학을 비판했다.

어찌 되었든 대세는 고전물리학이 미시 세계에는 더 이상 적합하지 않다는 것과 미시 세계의 자연법칙은 양자역학으로 풀 수 있다는 쪽으로 기울어갔다. 미시 세계는 이제 확률이 지배하는 영역으로 탈바꿈했고, 관찰이라는 행위는 관찰 대상과 분리할 수 없다고 인정했다. 19세기 말부터 몇 차례의 수정을 거친 원자 모형도 다시 새롭게 구상되었다. 보통 '전자구름 모형' 또는 '궤도함수 모형'이라고 부르는 현대의 원자 모형은 전자의 위치를 정확히 아는 것은 불가능하고, 그 위치를 오직 확률적으로만 파악할 수 있다고 본다.

한편 솔베이 회의 이후로도 원자의 내부 구조를 밝히려는 시도는 계속되었다. 원자가 전자와 원자핵으로 구성되어 있다는 생각은 1932년 제임스 채드윅1891~1974이 원자핵을 깨뜨림으로써 더 이상 의미가 없어졌다. 채드윅은 원자핵이 양성자와 중성자로 구성되어 있다는 것을 발견했다. 이 발견은 당시까지 풀리지 않았던 원자의 질량 문제를 해결해주었다. 양성자와 전자를 합한 질량은 원자보다 훨씬 작기 때문에 제3의 물질이 원자 속에 있을 것이라는 추측이 제기되었고, 그것이 바로 중성자였던 것이다. 하지만 과학자들은 그것마저도 깨뜨려보길 원하면서 곧 입자가속기가 등장했다.

입자가속기는 미국인 물리학자 어니스트 올랜도 로런스1901~1958가 전자나 양성자 같은 하전입자를 강력한 전기장이나 자기장 속에서 가속시키면 큰 운동에너지를 얻을 수 있다고 추측한 데서 시작되었다. 로런스는 1931년 1월, 양성자를 8만 전자볼트eV로 가속시키는 데 성공했고, 이는 양성자 입자가속기의 출발이 되었다.

1964년 미국의 물리학자 머리 겔만1929~2019은 양성자나 중성자와 같은 소립자가 쿼크라는 세 개의 더 작은 입자로 구성되어 있다면, 양성자와 중성자로부터 관찰 가능한 특성을 더 잘 설명할 수 있다고 주장했다. 이후 물리학자들은 쿼크 여섯 개와 렙톤 여섯 개, 그리고 이들을 매개하는 입자 네 개 등 열여섯 개의 기본 입자와 이들에 질량을 부여한다고 알려진 힉스 보손 입자까지 총 열일곱 개의 입자로 세상을 설명하는 표준 모형을 널리 받아들였다. 물론 이 입자들이 과연 데모크리토스가 말했던 의미의 '원자', 즉 더 이상 쪼갤 수 없는 입자들인지는 여전히 확신하기 힘들다.

2008년 말 완성된 거대 강입자 충돌기. 이 충돌기 건설에는 약 66억 달러라는 막대한 자본이 투입되었다. 유럽입자물리연구소.

31

두 차례의 세계대전과 전쟁에 참여한 과학자들

인류 역사상 과학자들의 전쟁 참여는 그리 드문 일이 아니다. 일찍이 아르키메데스는 시라쿠사를 침략한 로마 군대에 맞서 집광경과 고성능의 투석기를 비롯한 각종 신무기를 개발했다. 레오나르도 다 빈치도 성곽 방어용 무기와 같은 당시로서는 혁신적인 무기를 설계한 군사기술자였다. 오늘날과 같은 '과학자'의 개념이 그리 명확하지 않았던 시대에 그들은 전쟁의 이론가이자 전략가였고, 직접 무기를 만드는 군사기술자이기도 했다. 물론 과학의 도구가 전쟁의 도구로 활용되었던 사례도 역사 속에서 수없이 찾아볼 수 있다. 갈릴레이가 하늘을 관측했던 망원경은 해상에서 적의 동태를 관측하는 데 필요한 대표적인 무기였고, 한때 근대 과학의 화려함을 상징했던 열기구도 전쟁에서 적진을 탐색하는 군사 무기로 활용되곤 했다. 실제 열기구

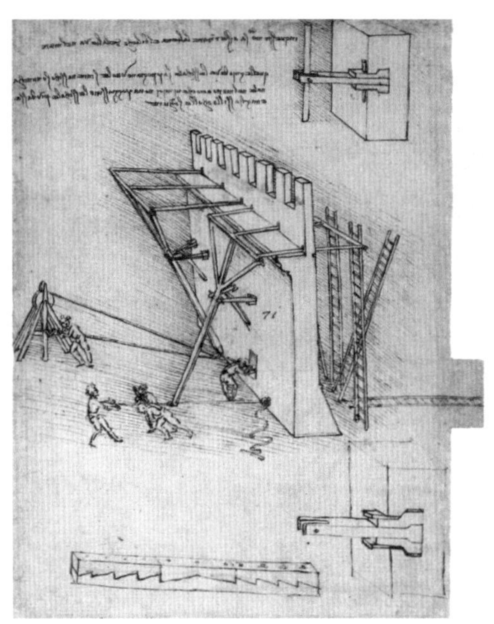

레오나르도 다빈치가 고안한 무기 중의 하나. 성곽을 공격하기 위해 적이 건 사다리를 안쪽에서 밀어내는 장치로 보인다. 1482년경의 고사본. 밀라노 암브로시아나도서관.

제작에 성공한 프랑스의 몽골피에 형제는 전장에서 열기구를 군사적 목적에 활용할 수 있을 것이라는 편지를 프랑스군에 보내기도 했다.

근대 이후 과학이 고도로 발달할수록 전쟁에서 과학이 차지하는 비중 또한 커져갔다. 특히 20세기 전반에 벌어진 두 차례의 세계대전과 과학자들의 전쟁 참여는 인류의 삶에 유례없는 깊은 상처를 남겼다. 절제되지 못한 과학은 참혹한 결과를 초래한다는 사실을 생생하게 보여준 것이다.

1915년 4월 22일, 프랑스, 영국, 알제리, 캐나다 연합군과 독일군이 대치하던 벨기에의 예페르 전선에서는 최초로 독가스가 살포되었

염소가스 살포를 준비하고 있는 독일군들.
막스플랑크재단.

다. 공기보다 무거운 황갈색 염소가스는 독일군 진영에서 연합군 진영으로 바람을 타고 서서히 흘러들어 갔다. 참호 속에 숨어 있던 연합군 병사들은 소리 없이 찾아온 죽음의 그림자에 사로잡혔고, 연합군의 방어선은 순식간에 무너져내렸다.

제1차 세계대전이 발발한 이후 교착 상태에 빠져 있던 참호전을 타개할 목적으로 독일군이 추진한 것이 독가스의 개발이었다. 카이저빌헬름연구소의 화학자 프리츠 하버Fritz Haber, 1868~1934가 독가스의 개발을 주도했다. 유대인이었던 하버는 전쟁이 발발하자 독일군에 협력했고, 맨 먼저 염소가스를 개발했다. 염소가스는 보통 수질 정화나 청소에 사용하는 것으로, 사람이 마시면 기관지와 폐에 심각한 장애를 일으키고 곧 죽음에 이르게 하는 치명적인 가스다. 또한 염소가스는 비교적 보관이 용이하고 운반하기 쉬울 뿐만 아니라 공기보다 무거워 참호 안으로 스며드는 특성이 있었다. 용기에 담긴 채 전선에 배치된 액화 염소가스는 적진으로 바람이 불 때 적의 참호 쪽으로 살포되었

전선에서의 프리츠 하버(오른쪽). 등을 보이고 있는 독일군은 방독면을 메고 있다. 막스플랑크재단.

다. 독가스 살포가 독일군에 큰 승리를 안겨주자 하버는 단숨에 독일의 영웅으로 떠올랐다. 성공에 고무된 하버는 더욱 효과적인 독가스 개발에 박차를 가했다.

연합군 측은 독가스 살포를 비인도적인 행위라고 맹비난했다. 하버 또한 독가스가 얼마나 비인도적인 무기인지를 잘 알고 있었지만, 자신의 임무는 독가스를 제조하는 것일 뿐 사용하는 것은 독일 정부의 선택이라고 강변했다. 남편의 독가스 개발을 강력히 만류했던 그의 부인 클라라 임머바르Clara Immerwahr, 1870~1915는 스스로 목숨을 끊고 말았지만, 하버는 여전히 독가스 개발을 멈추지 않았다.

그런데 독일군의 독가스 살포를 비난했던 연합군 측은 자신들도 독가스를 사용할 구실을 얻었다고 판단하고, 즉시 제조에 착수했다. 염소가스에 대항하여 영국군이 사용한 가스는 포스겐가스였다. 강한 자극성을 지닌 포스겐가스는 호흡을 통해 폐로 들어가면 폐부종을 일으켜 질식사한다. 그 밖에 염화피크린이나 겨자가스도 전선에 투입했다. 독가스가 전쟁에 이용되자 양측은 독가스로부터 호흡기를 보호하기 위해 방독면 개발에도 박차를 가했다.

제1차 세계대전은 결국 연합군의 승리로 끝났다. 그러나 1918년 노벨 화학상은 하버에게 돌아갔다. 전쟁 이전에 발견한 암모니아 합성 방법 때문이었다. 19세기 말부터 증가하기 시작한 유럽의 인구는 당시 급격한 식량 문제를 초래했다. 작물을 대량생산하게 되자 식물이 성장하는 데 필수적인 원소인 질소가 점차 고갈되었다. 따라서 새로 식물을 재배하기 위해서는 땅에 질소를 포함한 초석 같은 비료를 반드시 공급해주어야 했다.

하버가 철을 촉매로 하여 공기 중의 질소와 수소로부터 암모니아를 합성하는 방법을 발견함으로써 질소비료를 대량생산할 수 있었다. 물론 그가 독일군의 독가스 개발을 주도한 책임자였다는 것이 알려지면서 노벨상 수상은 논란을 불러왔다. 그러나 연합군 측의 과학자들도 자국을 위한 독가스 개발에 깊이 관여했기 때문에 논란은 흐지부지되었고, 노벨상은 결국 하버에게 돌아갔다.

제1차 세계대전이 끝난 후 국제 사회는 화학무기를 전선에서 추방하기 위해 공동의 노력에 돌입했다. 그래서 마련한 대안이 전쟁에서 화학무기 사용을 금지는 1925년 제네바의정서였다. 그러나 이 의정서는 미국과 일본이 끝내 비준하지 않음으로써 여전히 독가스 사용의 불씨는 남아 있었다. 특히 제1차 세계대전 당시 급격히 늘어난 미국의 화학 단체들은 독가스 사용 금지가 몰고 올 조직의 축소와 폐지를 우려하여 독가스가 다른 살상 무기보다 오히려 치명적이지 않다는 연구 결과를 발표했다. 적극적으로 정부를 움직여서 결국 미국 정부가 제네바의정서 비준을 거부하게 만든 것이다.

한편 독일로 돌아온 하버는 전쟁 참여에 대해 참회하기는커녕 더욱 강력한 독가스 개발에 매진했다. 그러나 독일에 충성을 바쳤던 하버의 운명도 히틀러의 등장과 함께 막을 내린다. 히틀러가 집권한 1933년 하버는 카이저빌헬름연구소의 소장직에서 물러나 국외로 추방되었다. 제1차 세계대전 당시 독일의 영웅으로 추앙받았던 그가 독일을 떠난 이유는 나치의 반유대인 정책 때문이었다. 그는 이듬해 스위스 바젤의 한 호텔에서 심장마비로 세상을 떴다.

제네바의정서는 국가가 과학자들을 전쟁에 동원하는 상황에 대한 경각심을 불러일으켰다. 하지만 그것으로 과학자들의 전쟁 참여가 종식된 것은 결코 아니었다. 1914~1918년에 벌어진 제1차 세계대전이 화학자들의 전쟁이라면, 1939~1945년에 벌어진 제2차 세계대전은 물리학자들의 전쟁으로 일컫는다. 제2차 세계대전은 화학무기보다 더욱 가공할 만한 무기의 등장을 불러왔고, 그 정점에는 미국의 원자폭탄 개발이 있었다.

나치에 쫓겨 뉴욕에 머물던 헝가리 태생의 미국 물리학자 레오 질라드1898~1964가 아인슈타인을 방문한 때는 1939년 여름이었다. 질라드는 당시 원자핵 분열을 이용해 원자폭탄을 만들 수 있다는 것을 알고 있던 과학자 중 한 명이었다. 당시 아인슈타인은 독일에서 미국으로 망명하여 이미 유명 인사가 된 과학계의 거인이었다. 질라드의 방문 목적은 과학자들이 루스벨트 미국 대통령에게 쓴 편지에 아인슈타인의 서명을 받는 것이었다. 히틀러의 독일이 원자폭탄을 만들게 되면 전쟁은 돌이킬 수 없는 결과를 초래할 것이라는 점과 미국이 독일보다 먼저 원지폭탄을 제조해야 한다는 내용을 담고 있었다. 이 편지가 루스벨트 미국 대통령에게 전달된 것은 제2차 세계대전이 발발한 직후인 그해 10월 11일이었다. 그로부터 3년 뒤인 1942년 가을 무렵 핵무기 제조 계획을 뜻하는 '맨해튼 프로젝트'가 본격적으로 시작되었다. 맨해튼 프로젝트는 원자폭탄 제조를 위한 핵분열 연구가 주로 맨해튼의 컬럼비아대학에서 추진되었기 때문에 붙은 이름이다. 그해 8월 루스벨트 대통령은 핵에너지의 군사적 개발을 본격화할 것을 승인하고, 책임자로 미 육군 준장 레슬리 그로브스1896~1970를 임명했다.

그해 10월 그로브스 준장은 이 거대한 계획을 이끌어갈 과학자로 당시 캘리포니아공과대학의 젊은 교수였던 로버트 오펜하이머1904~1967를 지명했다. 총액 20억 달러라는 천문학적 비용이 들어간 맨해튼 프로젝트에는 나치 독일을 피해 유럽 인접국이나 미국으로 망명한 물리학자들을 포함하여 세계 각지의 명망 있는 과학자들이 참여했다. 입자가속기를 발명한 어니스트 로런스, 레오 질라드, 리처드 파인먼1918~1988, 중성자를 발견한 제임스 채드윅, 닐스 보어 등 당시 물리학 최전선에서 활약했던 과학자들이 맨해튼 프로젝트에 참여했다.

1938년 12월, 독일의 오토 한1879~1968과 프리츠 슈트라스만1902~1980이 한 가지 사실을 발견했다. 중성자를 우라늄 235의 원자핵에 충돌시키면 핵분열 때문에 질량수가 작은 바륨과 크립톤으로 변한다는 것이다. 당시 카이저빌헬름연구소에서 일하고 있던 오토 한은 일찍이 하버를 도와 독가스 개발에 직접 참여했던 인물이다.

핵분열의 주요 원료인 우라늄 235와 우라늄 238 모두 자연에 존

아인슈타인(왼쪽)과 레오 질라드. 질라드의 방문 목적은 과학자들이 루스벨트 미국 대통령에게 쓴 편지에 아인슈타인의 서명을 받는 것이었다.

1945년 7월, 뉴멕시코의 앨러모고도 사막에서 최초의 원자폭탄 실험을 했다. 실험 후 잔해를 둘러보는 오펜하이머(왼쪽)와 레슬리 그로브스(오른쪽). 로스앨러모스국립연구소.

재하는 물질이지만, 핵폭탄의 원료가 되는 우라늄 235는 우라늄 238에 비하면 극소량만 존재한다. 오토 한과 슈트라스만은 우라늄 235의 원자핵을 분열시키면 두세 개의 중성자가 방출되는데, 그 중성자들은 또 다른 우라늄 235의 원자핵을 분열시킴으로써 급격한 연쇄반응이 일어난다는 것을 알았다. 그런데 이때 우라늄 235의 원자핵이 분열되어 생긴 바륨과 크립톤의 질량과 배출된 중성자들의 질량의 합은 원래 우라늄 235의 질량보다 작았다. 다시 말해 이 핵분열에서는 손실된 질량만큼의 에너지가 외부로 방출되는데, 아인슈타인의 '질량에너지 등가원리 $E=MC^2$'에 따르면 엄청난 양이다. 이것이 곧 원자폭탄 제조의 이론적 기초가 되었다.

물론 원자폭탄의 개발까지는 몇 가지 기술적 어려움이 있었다. 먼저 우라늄 238로부터 우라늄 235를 추출하는 방법은 1942년에 이르러서야 발견되었다. 핵분열의 속도를 조절할 감속재도 필요했는데, 흑연이 감속재로 적합하다는 사실을 알아내기까지 시간이 더 필요했다. 이러한 기술적 문제가 해결되자, 중성자가 우라늄 235의 원자핵을 때려 일으키는 이론상의 연쇄반응이 과연 현실에서도 그대로 일어나는지에 관한 실험이 행해졌다.

1942년 12월, 시카고대학의 운동장 지하에서 한 실험이 진행되었다. 많은 양의 흑연을 구 형태의 구조물로 쌓아놓은 다음 미리 꽂아놓은 카드뮴 제어봉을 제거하자 중성자 수가 증가하면서 충돌이 진행되는 것을 확인했다. 과학자들은 이 실험에서 연쇄반응이 성공적으로 일어남을 확인했을 뿐만 아니라 핵분열을 일으키는 또 다른 원소인 플루토늄 239를 발견한다. 이 같은 실험을 통해 1945년 미국은 마침내 두 개의 원자폭탄인 '리틀보이'와 '팻맨' 제조에 성공했다. 당시 과학자들은 리틀보이를 미국의 대통령 루스벨트를 칭하는 은어로, 팻맨을 영국의 총리 처칠을 칭하는 은어로 사용했다.

1944년 6월, 노르망디 상륙 작전 이후 패색이 짙던 독일은 1945년 5월에 이미 연합군 측에 항복한 상태였다. 하지만 독일의 항복에도 불구하고 일본은 여전히 전쟁을 포기하지 않았다. 1945년 7월, 뉴멕시코에서 최초의 원자폭탄 실험이 성공적으로 끝난 뒤, 미국은 그해 8월 6일 히로시마에 리틀보이를, 3일 뒤인 8월 9일에는 나가사키에 팻맨을 투하함으로써 제2차 세계대전은 막을 내린다.

원자폭탄의 투하는 순식간에 수십만 명의 목숨을 앗아가는 참혹한 결과를 초래했다. 결과적으로 일본 군부를 종전으로 이끌었지만, 다른 한편으로는 대량 살상 무기의 시대를 불러온 신호탄이 되었다. 맨해튼 프로젝트를 주도했던 오펜하이머는 원자폭탄의 위력을 실감하고, 훗날 원자폭탄 개발에 참여한 것을 깊이 후회했다고 한다. 1939년 미국의 원자폭탄 개발을 촉구하며 과학자들이 루스벨트 대통령에게 보낸 편지에 서명했던 아인슈타인도 1945년 유럽에서 전쟁이 끝나자, 이미 개발된 원자폭탄의 사용을 반대했다. 과학이 절제되지 못할 때 가공할 만한 위험을 일으킨다는 사실을 뒤늦게 깨달은 과학자들의 양심선언과 같은 것이었다.

20세기 초에 벌어진 두 차례의 세계대전은 과학자의 사회적 책임과 과학의 이미지를 크게 바꾸어놓았다. 근대 이후 계몽과 진보를 상징하던 과학은 언제든지 인류에게 재앙이 될 수도 있는 양날의 칼이라는 것이 드러났다. 하지만 과학은 사실상 탄생부터 군사 연구와 동행해왔고, 근대 이후 그 관계를 더욱 강화시켰을 뿐이다. 전파천문학은 제2차 세계대전에서 발달한 레이더 연구의 부산물이었고, 우주탐사는 로켓 개발의 연장선상에 서 있다. 나아가 오늘날 수많은 사람이 이용하는 컴퓨터도 군사적 용도에서 출발했다는 것은 잘 알려진 사실이다.

1945년 제2차 세계대전이 막을 내렸지만, 전후 세계는 또다시 냉전의 시대로 빠져들었다. 나아가 냉전이 해체된 오늘날에도 과학기술은 새로운 병기 제조에 이용되고 있다. 과학은 인류의 복리를 증진시킬 수 있는 진보의 상징임과 동시에 재앙의 출발점이 될 수도 있다는 현실을 20세기 이후의 역사가 적나라하게 보여주고 있다.

나가사키에 떨어진 원자폭탄과 버섯구름. 구름은 약 12킬로미터가 넘는 높이까지 치솟았다고 한다. 미 육군 맨해튼 공병 관구.

1953년 DNA 분자 구조 모형 앞에 있는 왓슨과 클릭. 영국과학사진도서관.

32

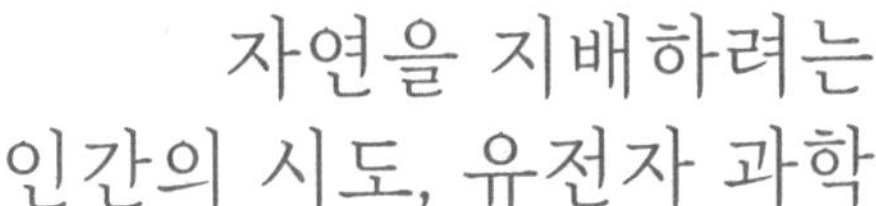

자연을 지배하려는 인간의 시도, 유전자 과학

인간은 왜 자신을 낳아준 부모와 비슷한 얼굴을 갖게 되는 것일까? 한 번쯤은 이런 질문을 해보았을 것이다. 이 질문에 대해 가장 널리 퍼진 생각은 혈액때문이라는 것이다. 오늘날까지도 혈액에 대한 미신은 강력해서 혈연, 혈통 등이 여전히 유전을 상징하는 일상적인 어휘로 사용되곤 한다. 이 같은 생각의 기원은 멀리는 아리스토텔레스에게 찾아볼 수 있지만, 19세기에 이르기까지 대부분의 생물학자, 심지어 진화론을 주장한 다윈조차도 동의했다.

과학의 역사에서 이 문제에 최초로 분석적

1939년 단치히(지금의 폴란드 그단스크)에서 발행된 그레고어 멘델의 우표.

인 접근을 시도한 사람은 유전학의 창시자로 일컫는 그레고어 멘델 1822~1884이다. 1843년 멘델은 브륀(지금의 체코 브르노)의 성 토마스 수도원에 들어가 수도사가 되었다. 그는 한때 대수도원장의 추천으로 빈 대학에 입학하여 물리학, 화학, 동식물학 등을 공부했으며, 빈에서 브륀의 수도원으로 돌아온 1856년경부터는 어린 시절에 관심이 있었던 식물 유전에 대한 연구를 시작했다. 그가 수도원의 작은 정원에서 유전을 실험하기 위해 최초로 선택한 식물은 완두였다. 성장 속도가 빠른 완두는 유전 현상을 관찰하기에 매우 적합한 식물이다. 유전에 대한 본격적인 연구가 시작되기 전, 전통적 식물학자들은 부모 식물이 교배해서 태어난 제1세대는 양친이 가진 특성의 중간 형태를 가질 것이라고 믿었다. 키가 큰 완두와 키가 작은 완두를 교배하면 다음 세대 완두의 키는 중간 크기일 것이라는 믿음이었다.

멘델은 완두를 색깔(노란색과 녹색), 모양(둥근 콩과 울퉁불퉁한 콩), 키(큰 것과 작은 것) 등 일곱 가지 대립형질로 구분하고, 그것들을 서로 교배했을 때 자손에게 어떤 형질이 나타나는지 실험했다. 그런데 결과는 당대 식물학자들의 예상을 벗어났다. 대립형질 중 하나인 우성의 키 큰 완두와 열성의 키 작은 완두를 교배해 태어난 잡종 제1세대는 중간 크기의 완두가 아니라 키가 큰 완두였다. 멘델은 이어서 잡종 제1세대 완두로부터 잡종 제2세대 완두를 얻을 경우에는 어떠한지 실험했다. 멘델이 잡종 제1세대로 태어난 키 큰 완두를 자가수분한 뒤 결과를 지켜보았더니, 잡종 제2세대에서는 키 큰 완두와 키 작은 완두가 3:1의 비율로 태어났다.

이 같은 뜻밖의 결과를 통해 멘델은 중요한 결론에 도달했다. 키 큰 완두와 키 작은 완두를 교배했음에도 불구하고, 잡종 제1세대에서 키 큰 완두가 태어난 것은 부모 식물의 대립형질 중에서 어느 한쪽만 자손에게 전달된다는 것이다.• 잡종 제1세대 완두는 우성인 키 큰 완두의 형질이 자손에게 유전된 결과라고 볼 수 있다. 아울러 우성과 열성인자를 갖게 된 잡종 제1세대를 자가수분해서 태어난 잡종 제2세대에서는 열성과 열성인자가 결합한 경우에만 키 작은 완두가 태어났다.

멘델은 이 완두 실험을 무려 7년 동안이나 계속했고, 다윈도 알지 못했던 유전 법칙에 대한 실마리를 발견했다. 그런데 멘델의 이 발

• 잡종 제1세대에 나타나는 형질을 우성, 나타나지 않은 형질을 열성이라고 한다. 우성은 뛰어나다는 의미가 아니다. 완두의 경우, 잡종 제1세대에서 키 큰 완두가 나오기 때문에 그것을 우성으로 간주한다. 후대 과학자들은 이것을 '우열의 법칙'이라 명명했다.

견은 또 다른 의미에서도 획기적이었다. 멘델 이전의 생물학은 주로 '관찰' 위주의 연구 방식을 취하고 있었다. 다윈과 월리스 같은 생물학자는 수많은 종류의 동식물을 관찰하고, 거기서 특별한 이론을 도출해냈다. 그러나 멘델은 당시 생물학 연구에서 매우 생소했던 '실험'과 '통계'의 방법을 도입함으로써 생물학에도 실험과학이 적용될 수 있다는 것을 보여줬다.

1865년 멘델은 자신의 실험 결과를 《식물의 잡종에 관한 실험 Versuche über Pflanzen-Hybriden》이라는 논문으로 브륀의 학회지에 기고했고, 그중 약 40부를 유럽 각지의 과학 기관에 보냈다. 그러나 생물학자들의 반응은 거의 없거나 냉소적이었다. 멘델의 논문이 당시 생물학에는 너무나 생소한 수학적 연구의 결과물이라는 점에서 쉽게 받아들이지 못했던 것이다.

멘델의 연구가 빛을 보기 시작한 것은 그로부터 무려 34년이 지난 후였다. 1900년 네덜란드의 식물학자 휘호 더프리스 Hugo de Vries, 1848~1935, 독일의 식물학자 카를 코렌스 Carl Correns, 1864~1933, 오스트리아의 식물학자 에리히 체르마크 Erich Tschermak von Seysenegg, 1871~1962 세 사람이 멘델의 이론을 동시에 인용한 것이다. 과학자들은 서둘러 도서관 서고에 잠들어 있던 멘델의 논문을 꺼내 읽었고, 오랫동안 잊혔던 멘델의 명성은 마침내 빛을 보게 되었다.

20세기 초부터 생물학은 유전을 담당하는 물질을 찾는 일에 온통 관심을 쏟아부었다. 1904년 미국의 과학자 월터 서턴 Walter Sutton, 1877~1916이 유전물질이 있음 직한 범위를 매우 좁혀놓았다. 그는 신비한 유전물질이 모든 세포핵의 중심에 있는 소시지 모양의 물체 속에 들어 있다고 발표했다. 당시 생물학자들은 이 소시지 모양의 물체를 염색해서 관찰했기 때문에 '염색체'라고 불렀다.

1909년에는 덴마크의 식물학자 빌헬름 요한센Wilhelm Johanssen, 1857~1927이 염색체 안에서 그 개체의 특성을 조절하는 '인자'를 발견했고, 이를 그리스어로 '새로운 삶을 준다'라는 의미의 '유전자Gene'로 부를 것을 제안했다.

염색체는 단백질과 핵산DNA, RNA으로 구성되어 있다. 그중에서도 유전을 책임지는 것이 DNA라는 사실은 1940년대에 들어서야 확인되었다. 폐렴에 관해 연구하던 미국의 세균학자 오즈월드 에이버리Oswald Avery, 1877~1955가 폐렴을 옮기는 감염성 박테리아 균주로부터 탄수화물, 지방, 단백질, RNA, DNA를 분리하여 각각 살아 있는 세포에 주입한 결과, DNA를 주입한 세포에만 감염이 일어난다는 사실을 확인했다.

에이버리의 실험 결과는 '유전자가 무엇인가'라는 오랜 질문에 사실상 종지부를 찍었다. 유전 정보의 비밀이 이 DNA에 있다는 것이 알려진 뒤부터 모든 관심은 DNA의 구조를 밝히는 일에 모아졌다. 과학자들은 DNA가 인, 당, 염기로 이루어져 있으며, 그중에서도 염기는 네 종류의 특수한 분자인 티민T, 시토신C, 구아닌G, 아데닌A으로 이

Versuche über Pflanzen-Hybriden.

Von

Gregor Mendel.

(Vorgelegt in den Sitzungen vom 8. Februar und 8. März 1865.)

Einleitende Bemerkungen.

Künstliche Befruchtungen, welche an Zierpflanzen desshalb vorgenommen wurden, um neue Farben-Varianten zu erzielen, waren die Veranlassung zu den Versuchen, die her besprochen werden sollen. Die auffallende Regelmässigkeit, mit welcher dieselben Hybridformen immer wiederkehrten, so oft die Befruchtung zwischen gleichen Arten geschah, gab die Anregung zu weiteren Experimenten, deren Aufgabe es war, die Entwicklung der Hybriden in ihren Nachkommen zu verfolgen.

Dieser Aufgabe haben sorgfältige Beobachter, wie Kölreuter, Gärtner, Herbert, Lecocq, Wichura u. a. einen Theil ihres Lebens mit unermüdlicher Ausdauer geopfert. Namentlich hat Gärtner in seinem Werke „die Bastarderzeugung im Pflanzenreiche" sehr schätzbare Beobachtungen niedergelegt, und in neuester Zeit wurden von Wichura gründliche Untersuchungen über die Bastarde der Weiden veröffentlicht. Wenn es noch nicht gelungen ist, ein allgemein giltiges Gesetz für die Bildung und Entwicklung der Hybriden aufzustellen, so kann das Niemanden Wunder nehmen, der den Umfang der Aufgabe kennt und die Schwierigkeiten zu würdigen weiss, mit denen Versuche dieser Art zu kämpfen haben. Eine endgiltige Entscheidung kann erst dann erfolgen, bis Detail-Versuche aus den verschiedensten Pflanzen-Familien vorliegen. Wer die Ar-

1*

멘델, 《식물의 잡종에 관한 실험》, 1866년.

루어져 있다는 것을 알아냈다. 하지만 '이토록 단순한 DNA가 어떻게 그렇게 복잡한 유전 정보를 전달할 수 있단 말인가?' 이 질문이 20세기 중엽의 생물학계를 온통 사로잡고 있었다.

제2차 세계대전이 막 끝났을 때 DNA의 구조에 관한 연구는 킹스칼리지런던의 모리스 윌킨스1916~2004와 로절린드 프랭클린1920~1958이 주도하고 있었다. 특히 1951년 윌킨스의 연구에 합류한 여성 과학자 프랭클린은 DNA 구조의 발견에 가장 근접한 과학자였는데, 그녀는 엑스선 회절 사진을 통해 DNA 구조를 연구하는 독보적인 기술을 가지고 있었다. 그들의 경쟁자는 1954년에 단백질 연구로 노벨 화학상을 받은 미국의 라이너스 칼 폴링1901~1994이었다. 조만간 어느 쪽에서든지 DNA의 분자구조를 밝혀내리라는 기대가 모아지고 있었다.

1953년 4월 25일, 과학 저널 《네이처》에는 〈핵산의 분자 구조: 디옥시리보오스 핵산의 구조Molecular Structure of Nucleic Acids: A Structure for Deoxyribose Nucleic Acid〉라는 불과 한 쪽짜리 짧은 논문이 실렸다. 20세기 분자생물학에 혁명을 몰고 온 이 논문은 윌킨스나 프랭클린, 폴링이 쓴 것이 아니다. 당시 케임브리지대학의 캐번디시연구소에서 일하던 미국의 제임스 왓슨1928~과 영국의 프랜시스 크릭1916~2004이 쓴 것이었다. 바로 DNA의 이중나선구조를 밝힌 논문이었다.

1951년 가을 무렵, 왓슨은 캐번디시연구소의 크릭과 함께 DNA의 분자구조를 연구하기 위해 영국으로 건너왔다. 그들은 의욕적으로 공동 연구를 시작했지만 그다지 만족스러운 결과를 얻지 못했다. 그사이 킹스칼리지런던의 프랭클린은 더욱 선명한 DNA의 엑스선 회절 사진을 찍으며 목표에 다가가고 있었다. 한 일화에 따르면, 프랭클

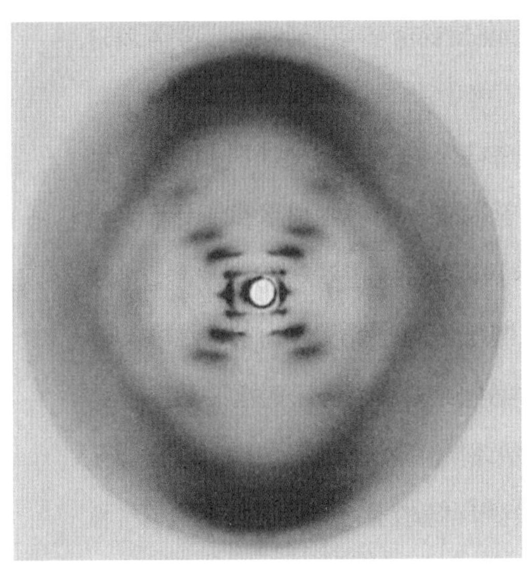

로절린드 프랭클린이 촬영한 DNA의 엑스선 회절 사진 51번. 선명한 X 패턴이 DNA가 이중나선 모양을 하고 있음을 분명히 나타내고 있다. 1952년, 킹스칼리지런던.

린과 별로 사이가 좋지 않았던 윌킨스는 프랭클린이 찍은 엑스선 회절 사진을 그녀의 동의 없이 가지고 나와 왓슨과 크릭의 연구실을 자주 방문했다. 결과적으로 왓슨과 크릭이 DNA의 이중나선구조를 밝히는 데 중요한 단서를 제공했다고 한다.

왓슨과 크릭이 고안한 DNA의 이중나선구조는 나선의 등뼈가 인산과 당으로 되어 있고, 나선 안쪽으로는 네 가지 염기가 달려 있는 모습이다. 한쪽 가닥에 달린 염기가 다른 가닥에 달린 염기와 수소 결합을 이루는데, 이것이 바로 염기쌍이다. 염기는 아데닌과 티민이 쌍을 이루고, 구아닌과 시토신이 쌍을 이루고 있다. 그리고 이 염기 순서가 바로 생명체의 유전 정보를 전달해주는 핵심이다.

이 발견으로 1962년 왓슨과 크릭, 그리고 윌킨스는 노벨 생리 의학상을 받게 된다. 그러나 결과적으로 자신이 찍은 엑스선 회절 사진으로 왓슨과 크릭에게 결정적인 힌트를 제공했던 프랭클린은 1958년에 난소암으로 죽고 말았다. 잦은 엑스선 촬영으로 인한 다량의 방사선 노출과 난소암이 관련 있을 것이라고 추정된다. 사망자에게는 노벨상이 수여되지 않는 관례에 따라 프랭클린은 수상자에서 제외되었다.

왓슨과 크릭이 DNA의 이중나선구조를 발견한 이후, 유전자 연구는 과학기술의 미래를 책임질 새로운 기술로 떠오르기 시작했다. 1972년 미국의 폴 버그1926~는 바이러스와 대장균의 DNA를 연결하여 최초의 재조합 DNA를 만드는 데 성공했다. 이 기술의 발견은 이제 인간이 마음만 먹으면 특정한 DNA를 멋대로 재단하여 재조합할 수 있는 시대가 열린다는 것을 의미했다. 1970년대 말에는 DNA의 염기 서열에 대한 해독이 시작되었다. DNA의 염기 서열은 손가락의 지문처럼 사람마다 다르기 때문에 그 차이를 밝히는 것은 다른 사람과 구별되는 특정한 개인의 신체 정보를 확인하는 것과 같다. 오늘날 범죄 수사 등에 쓰이고 있는 신원 확인이나 친자 확인 등은 바로 이 같은 기술에 의존하고 있다.

의학 분야에서도 유전자 기술을 응용한 치료가 시작되었다. 그동안 유전적인 질병에 대해서는 특별히 효과적인 치료법이 알려지지 않았다. 그러나 만약 질병에 걸린 유전자 부위를 변형시키거나 삭제, 교환할 수만 있다면, 유전자를 조작한 건강한 세포는 환자의 몸속에서 일생 동안 계속 분열할 것이다.

유전자 변형을 통해 생산성을 높이거나 병충해에 강한 식물을 만드는 유전자 조작 식품도 시장에 등장한 지 오래다. 그 밖에도 유전자 연구는 다양한 분야에서 동시에 진행되고 있다. 인간의 유전 정보를 해독하는 인간 게놈 프로젝트가 출발했고, 1997년에는 마침내 체세포 핵의 이식을 통해 복제 양 '돌리'를 출산하기에 이르렀다. 유전자의 특정 부위를 잘라내서 유전체를 교정하는 데 사용되는 유전자 가위는 1세대 징크핑거 뉴클레이즈, 2세대 탈렌을 거쳐 2012년에는 지금까지보다 훨씬 정교한 3세대 크리스퍼가 발견되어 세상을 떠들썩하게 했다. 일찍이 천상계와 지상계를 통합한 뉴턴의 물리학이 17세기의 과학에 혁명을 몰고 왔듯이, 유전자 과학은 20세기 후반에 화려하게 등장하여 미래의 과학을 책임질 주도적 위치에 올라선 것이다. 특히 20세기 말부터 시작된 유전자 과학에서의 눈부신 성과는 21세기에는 인간이 '생명'에 대한 근본적인 이해에 도달할 것이라는 장밋빛 전망을 가져다주고 있다.

하지만 그것으로 과연 충분할까? 현대사회는 이 혁신적이고 놀라운 기술 앞에서 여전히 많은 과제를 안고 있다. 세계의 과학자 사회는 유전자 연구가 어디까지 허용될 수 있는지에 대해 여전히 공통된 합의에 이르지 못하고 있다. 긴 역사를 거쳐 인간의 몸속에 자연스럽게 형성된 유전자가 하루아침에 인간의 손으로 변형되고 조작될 때, 당장은 아니더라도 장시간이 흐른 뒤에는 어떠한 결과를 불러올지 추측하는 것도 현재로서는 불가능하다.

20세기 초 두 차례의 세계대전에서 목격했듯, 절제되지 못한 과학은 인류에게 쓰라린 교훈을 남기기도 한다. 그런 점에서 우리는 지금 새로운 갈림길에 서 있다. 유전자 과학은 인간이 에덴동산으로 들어가기 위해 신으로부터 넘겨받은 열쇠인지 아니면 결코 열지 말아야 할 판도라의 상자인지, 선택은 여전히 우리의 몫으로 남아 있다.

찾아보기

ㄱ

ㄹ

ㅁ

ㅂ

ㅅ

ㅇ

ㅈ

ㅊ

ㅋ

ㅌ

ㅍ

ㅎ

그림으로 읽는 서양과학사

1판 1쇄 발행 | 2022년 3월 11일
1판 4쇄 발행 | 2024년 2월 29일

지은이 | 김성근
펴낸이 | 박남주
편집자 | 박지연
펴낸곳 | 플루토
출판등록 | 2014년 9월 11일 제2014-61호

주소 | 07803 서울특별시 강서구 공항대로 237 (마곡동) 에이스타워마곡 1204호
전화 | 070-4234-5134
팩스 | 0303-3441-5134
전자우편 | theplutobooker@gmail.com

ISBN 979-11-88569-34-2 03400